权威·前沿·原创

皮书系列为
"十二五""十三五""十四五"时期国家重点出版物出版专项规划项目

BLUE BOOK

智库成果出版与传播平台

内蒙古蓝皮书

BLUE BOOK OF INNER MONGOLIA

内蒙古生态文明建设报告
（2024）

ANNUAL REPORT ON ECOLOGICAL CIVILIZATION
CONSTRUCTION IN INNER MONGOLIA (2024)

组织编写 / 内蒙古自治区社会科学院

主　　编 / 文　明

副主编 / 花　蕊　刘小燕　塔　娜

社会科学文献出版社
SOCIAL SCIENCES ACADEMIC PRESS（CHINA）

图书在版编目（CIP）数据

内蒙古生态文明建设报告 . 2024 ／ 文明主编；花蕊，
刘小燕，塔娜副主编 . --北京：社会科学文献出版社，
2024. 10. -- （内蒙古蓝皮书）. -- ISBN 978-7-5228
-4414-5

Ⅰ . X321. 226

中国国家版本馆 CIP 数据核字第 20241T8E14 号

内蒙古蓝皮书

内蒙古生态文明建设报告（2024）

主　　编／文　明
副 主 编／花　蕊　刘小燕　塔　娜

出 版 人／冀祥德
责任编辑／吴　敏
责任印制／王京美

出　　版／社会科学文献出版社·皮书分社（010）59367127
　　　　　地址：北京市北三环中路甲 29 号院华龙大厦　邮编：100029
　　　　　网址：www. ssap. com. cn
发　　行／社会科学文献出版社（010）59367028
印　　装／天津千鹤文化传播有限公司

规　　格／开　本：787mm×1092mm　1/16
　　　　　印　张：20.5　字　数：304 千字
版　　次／2024 年 10 月第 1 版　2024 年 10 月第 1 次印刷
书　　号／ISBN 978-7-5228-4414-5
定　　价／158.00 元

读者服务电话：4008918866

内蒙古蓝皮书编委会

主　任　简小文

副主任　包银山　刘满贵　乌云格日勒　朱　檬　双　宝
　　　　史　卉

策　划　吴英达

成　员　（按姓氏笔画排序）
　　　　天　莹　乌云格日勒　文　明　双　宝　史　卉
　　　　白永利　包银山　　　朱　檬　刘满贵　苏　文
　　　　吴英达　张　敏　　　范丽君　娜仁其木格
　　　　韩成福　简小文　　　额尔敦乌日图

《内蒙古生态文明建设报告（2024）》

研创单位　内蒙古自治区社会科学院牧区发展研究所
　　　　　　内蒙古自治区社会科学院生态文明研究中心

研创人员　（以姓氏笔画为序）

王　琦　天　莹　文　明　巴达拉夫　史主生

包玉珍　永　海　刘小燕　齐　舆　花　蕊

李　娜　李　莹　何永哲　辛倬语　陈晓燕

武振国　其其格　明　月　庞立东　屈　虹

赵建强　郝百惠　姜艳娟　高雅罕　塔　娜

额尔敦乌日图

主要编撰者简介

文　明　内蒙古自治区社会科学院牧区发展研究所所长、生态文明研究中心主任、研究员，主要研究方向为草原生态与草牧场制度、草原畜牧业经济与牧区综合发展。出版学术著作多部，发表学术论文、研究报告 70 余篇，智库报告 10 余篇。主持完成两项国家社科基金项目、多项省部级科研项目。先后入选内蒙古"新世纪 321 人才工程"二层次人才、内蒙古自治区"草原英才"工程青年创新创业人才一层次人才。

花　蕊　内蒙古自治区社会科学院牧区发展研究所、生态文明研究中心研究员，主要研究方向为牧区经济。主持国家社科基金项目 1 项、自治区社科规划办项目 1 项，参与完成多项国家及省部级科研项目，参与编撰多部学术著作。发表学术论文、研究报告 20 余篇，成果获内蒙古自治区第五届哲学社会科学优秀成果奖三等奖。

刘小燕　内蒙古自治区社会科学院牧区发展研究所、生态文明研究中心研究员，内蒙古自治区党外知识分子联谊会副会长，主要研究方向为区域经济、三农问题。合作出版著作 1 部，发表学术论文、研究报告 20 余篇。主持完成多项省部级以上科研项目。入选内蒙古自治区"新世纪 321 人才工程"二层次人才。

塔　娜　内蒙古自治区社会科学院牧区发展研究所、生态文明研究中心研究员，主要研究方向为草原生态保护、草原灾害经济。主持完成国家社科基金项目1项，参与完成多项国家及省部级科研项目。公开发表学术论文20余篇、咨询报告10余篇。参与编纂多部专著，成果获内蒙古自治区第六届哲学社会科学优秀成果奖二等奖。

摘　要

　　《内蒙古生态文明建设报告（2024）》由内蒙古自治区社会科学院牧区发展研究所、生态文明研究中心研创，重点反映党的十八大以来内蒙古生态文明建设的实践探索和取得的成效，旨在总结经验、发现不足，更好地服务于内蒙古生态文明建设事业。

　　本年度总报告以"内蒙古筑牢我国北方重要生态安全屏障研究"为题，肯定了长期以来，尤其是党的十八大以来，内蒙古在保护和建设由多种自然形态构成的综合性生态系统方面取得的显著成效，并深入分析内蒙古筑牢我国北方重要生态安全屏障面临的多重困难和瓶颈。内蒙古综合性生态系统本底脆弱、历史欠账较多、生态退化严重且多样，加之严重缺水的基本区情和长期以来倚重倚能的产业结构，依然是内蒙古生态环境保护建设和绿色低碳转型的瓶颈。为此，必须以习近平生态文明思想为指导，在全面认清生态区情、准确把握战略定位的基础上，顶层设计与地方探索相结合，坚决贯彻水资源"四定原则"，保持以水定绿的底线思维，推进生产发展、生活改善和生态建设的同时，注重经济社会生态复合系统各要素之间的彼此依存、相互促进关系，做到综合性生态系统的一体化保护和系统治理。坚持以推进传统产业绿色低碳转型为基础，深入挖掘山水林田湖草沙综合性生态系统本身拥有的生态资源，以及地域性生态文化资源的优势，探索生态产业化的多重路径，发挥生态文化对生态环境保护和生态文明建设的促进作用，不断筑牢我国北方重要生态安全屏障。

　　专题篇主要围绕习近平生态文明思想之绿色低碳发展、山水林田湖草沙

系统治理、良好的生态环境是最普惠的民生福祉、人与自然和谐共生等核心理念，总结和分析内蒙古在生态友好型农牧业发展、资源型产业绿色低碳转型、畜牧业特色优势产业发展、绿色金融助力生态建设、人口与生态环境协调发展、重点生态系统（森林、草原和沙漠沙地）保护和治理、农牧民增收及绿色消费、重点区域（牧区、城市）绿色转型方面取得的成绩和面临的问题，并针对性地提出了克服困难、解决问题、推动发展的对策和建议。调研篇以实地调查为主要研究方法，就内蒙古多种自然形态所构成的综合性生态系统的保护和建设问题展开讨论，肯定各地区在山水林田湖草沙系统治理、森林生态保护、草原生态修复、流域水生态治理、防沙治沙实践、传统能源绿色转型，以及特定区域——农牧交错带绿色转型发展方面取得的成绩的同时，从微观视角剖析具体案例中面临的困境，旨在为其他地区、其他生态系统的保护和治理提供可借鉴的经验和做法，服务于全区更好地学习贯彻习近平生态文明思想，服务于全区筑牢我国北方重要生态安全屏障的火热实践，努力推动内蒙古生态文明建设迈上新台阶。

关键词： 生态文明　生态环境　内蒙古

目 录 ⟩⟩

Ⅲ　调研篇

皮书数据库阅读**使用指南**

总 报 告

B.1
内蒙古筑牢我国北方重要
生态安全屏障研究

——内蒙古生态文明建设报告（2024）

内蒙古自治区社会科学院牧区发展研究所/生态文明研究中心课题组*

摘　要：　高品质生态环境是推进生态文明建设的支撑和基石。长期以来，尤其是党的十八大以来，内蒙古在保护和建设由多种自然形态形成的综合性生态系统方面取得了显著成效。然而，内蒙古综合性生态系统本底脆弱、历史欠账较多、生态问题复杂多样，加之严重缺水的基本区情和长期以来倚重倚能的产业结构，使内蒙古生态环境保护建设和绿色低碳转型依然面临多重困难和瓶颈。因此，今后必须以习近平生态文明思想为指导，在全面认清生态区情、准确把握战略定位的基础上，顶层设计与地方探索相结合，坚决贯

---

* 课题组负责人：文明，内蒙古自治区社会科学院牧区发展研究所所长、生态文明研究中心主任、研究员，主要研究方向为草牧场制度、草原生态保护和牧区发展；课题组成员是来自内蒙古自治区社会科学院牧区发展研究所、经济研究所、马克思主义研究所、科研管理处、杂志社，以及内蒙古财经大学资源与环境经济学院、呼和浩特民族学院经济管理学院、赤峰市喀喇沁旗林业和草原局等科研部门的专家学者（详见专题报告）。执笔人：文明、郝百惠、高雅罕。

彻水资源"四定原则"，以水定绿的底线思维推进生产发展、生活改善和生态建设的同时，注重经济社会生态复合系统各要素之间的彼此依存、相互促进关系，做到综合性生态系统的一体化保护和系统治理。坚持以推进传统产业绿色低碳转型为基础，深入挖掘山水林田湖草沙综合性生态系统本身拥有的生态资源，以及地域性生态文化资源的优势，探索生态产业化的多重路径，发挥生态文化对生态环境保护和生态文明建设的促进作用，不断筑牢我国北方重要生态安全屏障。

关键词： 生态文明建设　北方重要生态安全屏障　内蒙古

生态文明建设是关系中华民族永续发展的根本大计，是关系党的使命宗旨的重大政治问题，是关系民生福祉的重大社会问题。① 而生态环境保护是实现生态文明建设的重要举措，高品质生态环境是推进生态文明建设的支撑和基石。内蒙古作为我国北方面积最大、种类最全的生态功能区，其生态状况如何，不仅关系全区各族群众的生存和发展，而且关系华北、东北、西北乃至全国的生态安全。② 党的十八大以来，习近平总书记先后3次到内蒙古考察、连续5年参加全国人代会内蒙古代表团审议，关注最多、论述最多、部署最多的就是内蒙古的生态环境保护和生态文明建设问题，要求"把内蒙古建设成为我国北方重要生态安全屏障"是内蒙古必须牢记的"国之大者"。③

长期以来，特别是党的十八大以来，内蒙古把筑牢我国北方重要生态安

---

① 《习近平在首个全国生态日之际作出重要指示强调：全社会行动起来做绿水青山就是金山银山理念的积极传播者和模范践行者》，https://www.gov.cn/yaowen/liebiao/202308/content_6898387.htm，2023年8月15日。

② 《习近平在参加内蒙古代表团审议时强调保持加强生态文明建设的战略定力守护好祖国北疆这道亮丽风景线》，https://www.gov.cn/xinwen/2019-03/05/content_5371037.htm，2019年3月5日。

③ 《习近平在内蒙古考察时强调：把握战略定位坚持绿色发展 奋力书写中国式现代化内蒙古新篇章》，https://www.gov.cn/yaowen/liebiao/202306/content_6885245.htm，2023年6月8日。

全屏障作为"五大任务"之首，努力践行习近平生态文明思想，出台并执行《内蒙古自治区建设我国北方重要生态安全屏障促进条例》，坚持山水林田湖草沙一体化保护和系统治理，不断加大生态保护、污染防治、绿色转型力度，努力把祖国北疆这道风景线构筑得更加亮丽。内蒙古生态本底脆弱且发展方式有待进一步转型升级，生态保护和建设形势依然严峻，筑牢北方重要生态安全屏障仍需破解一些困难，"必须以更大的决心、付出更为艰巨的努力"。

一　内蒙古生态系统概述

内蒙古地处祖国北疆，东西长 2400 公里，南北宽 1700 公里，横跨三北，外壤俄罗斯、蒙古国，内接黑龙江、吉林、辽宁、河北、山西、陕西、宁夏、甘肃八省区，是我国北部边疆重要的安全稳定屏障区。内蒙古生态资源丰富、种类齐全。从地势地貌看，内蒙古的高原面积较大，海拔多在 1000~1500 米，1000 米以上的高原约占全区总面积的 1/2。高原地面结构相对单调，起伏和缓，地形辽阔坦荡，地貌类型简单。主要地貌类型有山地、丘陵、高平原、平原和滩地、沙地、沙漠、盐碱和盐沼地及水面。其中，高平原面积最大，约占全区土地面积的 32%；其次是山地，约占 20%；丘陵、沙漠、沙地面积则分别约占全区土地面积的 16%、10% 和 9%。水热分布则受地理位置、地形地貌和气候条件等多种因素影响，呈水湿条件自东向西递减，热量则由东北向西南递增。全区多年平均年降雨量为 50~450 毫米，大部分地区年平均气温为 0~8℃。

从生态类型看，内蒙古拥有草原、荒漠、森林、农田和城市等陆地生态系统，以及湿地生态系统和沙地生态系统等，是一个长期形成的综合性生态系统。内蒙古天然草原面积达 13.2 亿亩，占内蒙古总土地面积的 74%，占全国草原面积的 1/5 多，[①] 是我国面积最大、系列最完整、类型最多样的温

---

① 《草原资源》，https：//lcj. nmg. gov. cn/lcgk_ 1/。

性天然草原,从东向西依次分布有草甸草原、典型草原、荒漠草原、草原化荒漠和荒漠等地带型草原类型。林地面积 3.85 亿亩,其中森林面积达 3.57 亿亩,森林覆盖率为 20.79%,① 是我国森林资源相对丰富的省区之一。在区域上,森林集中分布于大兴安岭、燕山北部、阴山及贺兰山等山地,主要是大兴安岭原始林区和 11 片次生林区,以及长期建设形成的人工林区。内蒙古也是我国荒漠化和沙化土地最为集中的省区之一。根据 2019 年第六次全国荒漠化和沙化调查结果,全区荒漠化和沙化土地面积分别为 8.89 亿亩和 5.97 亿亩,占全国荒漠化和沙化土地面积的近 1/4,辖内分布着巴丹吉林、腾格里、乌兰布和、库布其四大沙漠,以及毛乌素、浑善达克、科尔沁、呼伦贝尔四大沙地,形成了独特的荒漠和沙地生态系统。同时,内蒙古拥有额尔古纳湿地、乌梁素海等重要湿地生态系统。据相关资料,全区湿地面积达 485.52 万公顷,② 以沼泽草地、内陆滩涂为主,主要分布在呼伦贝尔市、锡林郭勒盟等盟市。除此之外,还拥有耕地面积约 1150 万公顷、城市用地约 12 万公顷的农田和城市生态系统。

当然,内蒙古大部分地区处在 400 毫米等降水量线以北干旱半干旱区域,生态本底条件较脆弱。从降水情况看,时间和空间上极不均,东部多、西部少,夏季多、春季少,最东段的呼伦贝尔市东北部,年降水量可达 450~480 毫米,而最西段的额济纳旗,年降水量仅有 37.4 毫米。春季多干旱,春季降水量仅占全年降水量的 10%~12%,素有"十年九春旱"之说。同时,土壤有机质含量普遍较低,呈由东北向西南明显递减的趋势,中西部地区栗钙土含量仅为 1.5%~2.5%,西部极端干旱地区有机质含量甚至不足 0.5%,草原和荒漠地区土壤层较薄,属于生态脆弱区域,极易受到外部扰动。同时,内蒙古在生态保护和建设方面的历史欠账多,使原本脆弱的生态系统服务功能大大降低,整体生态状况并不乐观,筑牢祖国北方重要生态安全屏障任重而道远。

---

① 《林地和林木资源》,https://lcj.nmg.gov.cn/lcgk_1/。
② 《内蒙古自治区人民政府办公厅关于印发自治区湿地保护规划(2022—2030 年)的通知》,https://www.nmg.gov.cn/ztzl/sswghjh/zxgh/nmls/202312/t20231229_2434024.html,2023 年 12 月 29 日。

表1　内蒙古综合性生态系统面积及其占全国总面积的比重

单位：万公顷，%

项目	草地	天然牧草地	人工牧草地	林地	荒漠化土地	沙化土地	湿地
内蒙古	5437.42	4792.2	12.72	2436.79	5931.07	3981.53	380.94
全国	26453.01	21317.21	58.06	28412.59	25737	16878	2346.93
比重	20.56	22.48	21.91	8.58	23.04	23.59	16.23

项目	耕地	400毫米以下	城市用地	水域及水利设施用地	河流水面	湖泊水面	水库水面
内蒙古	1150.36	379.46	12.17	106.45	30.88	39.65	7.12
全国	12786.19	2020.77	522.19	3628.79	880.78	846.46	336.84
比重	9.00	18.78	2.33	2.93	3.51	4.68	2.11

资料来源：第三次全国国土调查主要数据公报、内蒙古自治区第三次国土调查主要数据公报、第六次全国荒漠化和沙化调查结果、内蒙古自治区第六次荒漠化和沙化土地监测结果。

二　内蒙古建设我国北方重要生态安全屏障的主要做法及进展

"天苍苍，野茫茫，风吹草低见牛羊"曾是内蒙古生态状况的真实写照，然而数百年来，由于气候变化及人为不合理开发利用，加之生态保护和建设投入不足等，内蒙古生态环境严重恶化，土地退化、沙化、盐渍化面积不断扩大，各种生态灾害频繁发生。新中国成立以来，尤其是党的十八大以来，为了遏制生态环境日益恶化，改善当地居民的生产生活环境，构筑祖国北疆生态安全屏障，全区各族人民做出了艰苦卓绝的努力，取得了显著成效。

（一）党的十八大之前的生态建设

新中国成立以来的内蒙古生态建设历程，可追溯到20世纪50年代，以宝日勒岱为代表的第一代治沙人带领广大牧民群众在毛乌素沙地治沙种树，

"改造沙漠、建设草原"。特别是进入 21 世纪以来，内蒙古把生态建设作为实施西部大开发战略的根本和切入点，提出了"把内蒙古建设成为祖国北方重要的生态防线"的宏伟目标。在国家重大生态建设工程及内蒙古地方性生态建设项目带动下，全区生态保护与建设水平有了显著提升。

据相关监测结果，截至"十一五"末期，内蒙古实现了森林面积、蓄积量持续"双增长"，荒漠化土地、沙化土地面积首次实现"双减少"。四大沙漠周边重点区域的沙漠扩展现象得到遏制，沙漠面积相对稳定，四大沙地林草盖度均有提高，沙地向内收缩。科尔沁沙地、毛乌素沙地生态状况呈现区域性好转，浑善达克沙地生态建设成效显著。阴山北麓长 300 公里、宽50 公里的绿色生态屏障初见成效。内蒙古的生态环境基本实现了"整体遏制、局部好转"的历史性转变。① 其一，荒漠化和沙化扩展趋势得到初步遏制，2004～2009 年全区荒漠化土地面积减少 4671 平方公里，年均减少 934平方公里。② 其二，沙地生态状况有所好转。经过多年的治理，2004 年科尔沁沙地面积已减少 1200 万亩，实现了沙化面积由不断扩大向逐步减少的整体性逆转，③ 浑善达克沙地明沙面积由 2001 年的 534.62 万亩减少到 2007 年的 433.04 万亩。④ 其三，草原生态状况得到局部改善。2000 年以来，国家相继实施了京津风沙源治理工程、退牧还草工程，以禁牧休牧轮牧为标志的草原生态建设工程全面推行。截至 2009 年，全区禁牧休牧草原面积达 7.23亿亩，草原建设总体规模达到 7457.98 万亩，可利用草原植被盖度达到38.85%。⑤ 其四，森林生态建设成效显著。2001～2007 年，全区共完成林业生态建设任务 8289 万亩，年均 1184 万亩，全区森林覆盖率达到 17.57%。⑥

---

① 方弘：《全力打造我国北方绿色屏障》，《内蒙古日报》2008 年 7 月 29 日。
② 《内蒙古加快生态建设 构筑祖国北疆生态安全屏障》，http：//news. cntv. cn/20120617/103959. shtml，2012 年 6 月 17 日。
③ 刘红星、乔雪峰、马艳军：《中国最大沙地的伟大变迁》，《内蒙古日报（汉）》2004 年 4月 1 日。
④ 韩国建等：《建立现代牧草产业推进生态经济协调发展》，中国牧草产业论坛，2008 年 8 月。
⑤ 《2009 年内蒙古禁牧休牧草原面积力争达到 7.4 亿亩》，http：//nm. cnr. cn/xwzx/jjnmg/200906/t20090605_ 505356507. html，2009 年 6 月 5 日。
⑥ 方弘：《全力打造我国北方绿色屏障》，《内蒙古日报》2008 年 7 月 29 日。

在此期间，内蒙古重点实施了退耕还林（草）等一系列重大生态建设工程。一是退耕还林（草）工程。自2000年开始实施，主要布局在黄河流域、京津风沙源区、嫩江流域和西辽河流域三大区域，覆盖96个旗县，涉及退耕户151万户597万名农牧民。截至2010年底，累计完成退耕还林工程任务4117万亩，其中退耕地还林1383万亩、荒山荒地造林2454万亩、封山育林280万亩。① 在推进退耕还林工程中，内蒙古坚持生态优先、因地制宜，坚持"生物措施与工程措施相结合，乔、灌、草相结合"的原则，宜林则林、宜草则草，在充分考虑水分平衡的条件下，合理选择树种、草种，不断优化造林种草模式。特别在退耕地重点推广了"两行一带"的林草间作模式，在干旱、半干旱丘陵山区重点推广了山杏、柠条水土流失治理模式，在沙区重点推广了旱柳、沙柳、杨柴等防风固沙模式。同时为了兼顾农牧民利益，在立地条件较好的地区还推广了生态经济沟和生物经济圈治理模式。二是京津风沙源治理工程。2000年启动该项目，涉及内蒙古4个盟市31个旗县，工程面积达36.9万平方公里，占全区总面积的31.9%。在工程实施过程中，内蒙古实行"保护与建设并重，防治结合、综合治理"的方针，尤其针对严重沙化、生态极度脆弱地区，采取围封禁牧、转移人口措施。截至2009年底累计治理面积达2796.3万亩。② 三是退牧还草工程。自2003年起，国家在西部11个省区实施退牧还草工程。内蒙古以"通过休牧育草、划区轮牧、封山禁牧、舍饲圈养等措施，把草原建成我国北方一道天然屏障"为宗旨，全面推行退牧还草工程。截至2011年底，全区实施退牧还草工程面积达2.55亿亩，占全区草原总面积的22.7%，其中禁牧10852万亩，休牧12948万亩，轮牧610万亩，补播1087万亩。③ 四是天然林资源保护工程。内蒙古自1998年开始实施天然林资源保护工程，工程总面积

---

① 《内蒙古：退耕还林工程十年来共惠及597万农牧民》，https：//www.gov.cn/jrzg/2010-12/12/content_1763994.htm，2010年12月12日。

② 《内蒙古自治区10年来治理京津风沙源近2800万亩》，https：//www.gov.cn/jrzg/2009-12/16/content_1489000.htm，2009年12月16日。

③ 《内蒙古退牧还草工程面积达2.55亿亩，面积稳步提升》，https：//www.gov.cn/gzdt/2012-01/15/content_2044586.htm，2012年1月15日。

6.1亿亩，森林面积2.1亿亩，占全区森林面积的58.6%。林木蓄积量10.7亿立方米，占全区林木蓄积量的78.7%，天然林面积1.45亿亩，占全区天然林面积的69%，涉及全区9个盟市66个旗县。该工程通过全面禁止黄河上中游天然林商品性采伐和大力调整重点国有林区的木材产量等，使得2.08亿亩森林得到有效管护，完成公益林建设任务2925万亩、调减木材产量2346.26立方米，① 有效解决天然林资源的休养生息和恢复发展问题。五是国家水土保持重点工程。该工程自1983年开始实施，包括内蒙古库伦旗在内的全国43个县被列入全国水土保持重点治理的八大片区。通过水土保持重点工程，"十一五"时期全区共治理水土流失面积3860万亩，其中建设基本农田66万亩，营造水土保持林草1785万亩。②

除此之外，内蒙古各地也积极探索适合当地自然生态与经济社会条件的生态保护建设模式和实践路径，取得了良好的生态、经济和社会效益。比如，阿拉善盟的"转移发展"战略。在20世纪90年代中期，由阿拉善盟委、盟行署提出以"适度收缩、相对集中"为核心的"转移发展"战略，并将其作为全盟生态治理、社会经济发展的指导方针。该政策的核心是，"适度收缩、相对集中、转移发展"，即"人口向资源富集区转移，工作重点向城镇经济转移，主攻方向向非国有经济转移"。在"十五"期间，阿拉善盟将"转移战略"扩充和完善为"三个集中"，即"人口向城镇集中，工业向园区集中，农业向绿洲集中"。再如，锡林郭勒盟"围封转移"战略。为了遏制草原生态退化，锡林郭勒盟于2001年开始实施了以"围封禁牧、收缩转移、集约经营"为主要内容的围封转移战略，把全盟划分为"四区、六带、十四基点"，分别采取不同的措施进行保护和治理。"四区"，即围封禁牧区、沙地治理区、休牧轮牧区和退耕还林还草区；"六带"，即在浑善达克沙地南、北缘和交通干线两侧，建设"四横两纵"绿色生态屏障。"十四基点"，即对十四个旗县市（区）所在地的城区周围有计划、分步骤地实

① 《内蒙古天然林资源保护工程概述》，《内蒙古日报》2011年9月29日。
② 《今年内蒙古要治理水土流失面积650万亩》，http://www.chinadaily.com.cn/dfpd/2011-06/02/content_12631515.htm，2011年6月2日。

行围封禁牧，建设草、灌、乔相结合的城市生态防护体系，等等。

当然，在这期间，像自费治沙的王明海、"全国十大杰出青年"席宝力皋、全国"三八"绿色奖章获得者殷玉珍、"愚公移山"的贾义祥、"全国劳动模范"王果香、"全国十大治沙标兵"唐臣等千千万万农牧民群众，以及诸多企事业单位，积极参与生态建设事业，探索了符合当地实际、全民积极参与的生态保护和建设道路。

（二）党的十八大以来的生态建设

要保持加强生态文明建设的战略定力，牢固树立生态优先、绿色发展的导向，持续打好蓝天、碧水、净土保卫战，把祖国北疆这道万里绿色长城构筑得更加牢固，[①] 这是以习近平同志为核心的党中央对内蒙古提出的殷切希望，是内蒙古的战略定位。党的十八大以来，内蒙古自觉扛起建设我国北方重要生态安全屏障的重大政治责任，牢固树立以生态优先、绿色发展为导向的高质量发展观，持续改善全区生态环境质量，把72%的土地面积划入生态空间，把59.69万平方公里土地划入生态红线，划定国家级重点生态功能区42个（旗、县、市、区）、自治区级重点生态功能区3个（旗、县），构筑"三山两带一弯多廊多点"的全域生态空间格局。[②]

坚持把保护草原、森林作为首要任务。保护好内蒙古大草原的生态环境，是各族干部群众的重大责任。要积极探索推进生态文明建设，为建设美丽草原、建设美丽中国做出新贡献。[③] 党的十八大以来，内蒙古把保护草原、森林作为全区综合性生态系统保护的首要任务，严格落实禁牧休牧和草

---

① 《习近平在参加内蒙古代表团审议时强调 坚持人民至上 不断造福人民 把以人民为中心的发展思想落实到各项决策部署和实际工作之中》，https：//www.gov.cn/xinwen/2020-05/22/content_ 5513968. htm，2020 年 5 月 22 日。

② 《内蒙古自治区人民政府关于印发〈内蒙古自治区国土空间规划（2021—2035 年）〉的通知》，https：//www.nmg.gov.cn/zwgk/zfxxgk/zfxxgkml/20240 7/t20240719_ 2544586. html，2024 年 7 月 19 日。

③ 《习近平赴内蒙古调研 向全国各族人民致以新春祝福》，http：//www.xinhuanet.com//politics/2014-01/29/c_ 119185638_ 6. htm，2014 年 1 月 29 日。

畜平衡制度，全面落实中央草原生态保护补助奖励政策，使全区草原植被盖度由2012年的40.3%提高到44%，① 并连续三年稳定在45%，较2000年提高15个百分点，② 草原退化趋势得到整体遏制，局部好转。特别是，2023年6月习近平总书记考察内蒙古时指出"总体上看，内蒙古草原过牧了，要注意休养生息"以来，内蒙古立即在全区17个旗县开展解决草原过牧问题试点工作，提出5个方面的17项具体任务，采取一地一策方式有序推进。在此期间，内蒙古先后出台《内蒙古自治区基本草原保护条例》《关于加强草原保护修复的实施意见》等文件，划定基本草原7.32亿亩。③ 严格落实草原生态保护补助奖励政策，把全区3.8亿亩草原以五年期划入禁牧区、5.9亿亩草原实行草畜平衡并开展春季休牧的同时，每年种草面积保持在2800万亩以上，④ 最大限度保护草原生态安全。

强化荒漠化沙化土地治理。党的十八大以来，内蒙古高度重视荒漠化沙化土地防治工作，持续开展"三北"防护林体系建设、京津风沙源治理等重大生态工程。尤其2023年6月6日加强荒漠化综合防治和推进"三北"等重点生态工程建设座谈会召开以来，内蒙古全面部署并开展黄河"几字弯"攻坚战、科尔沁和浑善达克沙地歼灭战、河西走廊—塔克拉玛干沙漠边缘阻击战。2019年内蒙古自治区第六次荒漠化和沙化土地监测结果显示，相比2014年第五次荒漠化和沙化土地监测结果全区荒漠化和沙化土地面积持续"双减少"、程度连续"双减轻"。⑤ 仅2023年，内蒙古就完成防沙治沙950万亩，截至2024年5月底已完成防沙治沙720万亩。⑥ 另

① 《五年来内蒙古草原植被平均盖度提升至百分之四十四》，https：//lcj. nmg. gov. cn/xxgk/zxzx/202101/t20210112_ 498686. html，2021年1月4日。

② 《内蒙古自治区近期部分工作动态（2024年第31期）》，https：//hbdc. mee. gov. cn/hbdt/nmdt/202408/t20240816_ 1084039. shtml，2024年8月16日。

③ 《内蒙古精准划定基本草原》，https：//www. forestry. gov. cn/c/www/dfdt/536890. jhtml，2023年12月12日。

④ 《内蒙古自治区近期部分工作动态（2024年第31期）》，https：//hbdc. mee. gov. cn/hbdt/nmdt/202408/t20240816_ 1084039. shtml，2024年8月16日。

⑤ 《自治区召开第六次荒漠化和沙化土地监测结果新闻发布会》，https：//www. nmg. gov. cn/zwgk/xwfb/fbh/zzqzfxwfb/202306/t20230619_ 2334500. html，2023年6月19日。

⑥ 霍晓庆：《大国治沙的内蒙古实践》，《内蒙古日报（汉）》2024年6月6日。

据自治区 2021 年度林草湿数据和第三次全国国土调查数据对接融合成果，全区森林面积、森林覆盖率和森林蓄积量分别比 2013 年增加 1904. 25 万亩、1. 07 个百分点和 1. 82 亿立方米，[①] 正在努力"守好这方碧绿、这片蔚蓝、这份纯净"，为"打造青山常在、绿水长流、空气常新的美丽中国"贡献内蒙古的力量。

加强河湖湿地保护和修复，推进水土流失综合治理。党的十八大以来，内蒙古全面落实河湖长制度，出台相关规范性政策文件，统筹水环境治理与水生态修复，不断改善河湖湿地生态，提升水生态对全区生态环境可持续的支撑力。截至 2023 年底，二黄河入选全国第二届"最美家乡河"，兴安盟哈拉哈河、鄂尔多斯市无定河入选生态环境部美丽河湖优秀案例；"一湖两海"治理成效明显，呼伦湖面积达到 2237. 1 平方公里，乌梁素海水面稳定在 293 平方公里，岱海面积达到 45. 1 平方公里，东居延海实现连续 19 年不干涸，且自治区 121 个国考断面水质优良比例达到 78. 5%。黄河支流断面全部消除劣Ⅴ类；完成"十四五"期间黄河滩区迁建任务，累计迁出 1687 户4213 人。[②] 2023 年全年全区完成水土流失综合治理面积达 1163 万亩，截至年底累计完成水土流失综合治理面积 25933. 6 万亩，水土保持率达到52. 37%，水土流失面积、强度呈现持续下降态势。[③] 在湿地保护方面，2017年自治区政府办公厅印发《内蒙古自治区湿地保护修复制度实施方案》，2018 年修订了《内蒙古自治区湿地保护条例》，2023 年编制印发《内蒙古自治区湿地保护规划（2022—2030 年）》。同时通过湿地保护奖励等项目形式，实施湿地保护项目 51 个，不断加大湿地保护修复投入，有效改善湿地生态，使湿地退化趋势整体得到有效遏制。[④]

---

① 《林地和林木资源》，https://lcj. nmg. gov. cn/lcgk_ 1/。
② 《内蒙古：以改善河湖生态环境支撑高质量发展》，http://www. chinawater. com. cn/df/nmg/202404/t20240402_ 1040308. html，2024 年 4 月 2 日。
③ 《内蒙古自治区水土保持公报 2023》，2024 年 9 月 4 日。
④ 《内蒙古自治区湿地保护规划（2022—2030 年）》，https://www. nmg. gov. cn/zwgk/zfxxgk/zfxxgkml/ghxx/zxgh/202312/t20231229_ 2434024. html，2023 年 12 月 29 日。

打好蓝天、碧水、净土保卫战，深入推进环境污染防治。党的十八大以来，内蒙古始终牢记习近平总书记在 2019 年 7 月考察内蒙古时所强调的"守好这方碧绿、这片蔚蓝、这份纯净，要坚定不移走生态优先绿色发展之路，世世代代干下去，努力打造青山常在、绿水长流、空气常新的美丽中国"的要求，强抓污染治理、环境整治工作，使全区大气、水、土壤环境质量逐年向好，生态环境整体质量稳步提升。2023 年，全区环境空气质量平均优良天数比例为 90.20%，其中呼伦贝尔市、兴安盟、锡林郭勒盟、赤峰市优良天数比例均达到 90% 以上，单项污染物浓度指标较 2017 年显著下降。在全区地表水 115 个国考断面监测中，Ⅰ～Ⅲ类水质断面占79.1%，地表水水质较 2017 年明显改善（见表 2）。① 尤其是 2024 年上半年，全区地表水国考断面水质优良比例达 80.7%，同比上升 1.6 个百分点，黄河流域国考断面水质优良比例达 88.5%，黄河内蒙古段干流 9 个断面水质保持Ⅱ类。② 而全区受污染耕地安全利用率保持在 98% 以上，农村牧区生活垃圾收运处置体系行政村覆盖率达到 58.5%，畜禽粪污综合利用率达 82%，土壤环境监测点达标率多年保持在 98% 以上，土壤环境质量总体良好。全区生态质量指数（EQI）达 61.16，生态质量为二类，生态质量基本稳定。③ 2023 年城市建成区绿化覆盖率达 40.2%，人均公园绿地面积达 20.6 平方米，高于全国 15.29 平方米的平均水平。④ 呼和浩特市、包头市、鄂尔多斯市被列入生态环境部"十四五"时期"无废城市"建设名单。⑤

---

① 《内蒙古自治区生态环境状况公报 2023》。
② 《上半年全区环境空气质量优良天数比例同比上升 1.8 个百分点》，http://slt.nmg.gov.cn/sldt/szyw/202408/t20240815_ 2558325.html，2024 年 8 月 15 日。
③ 《内蒙古自治区生态环境状况公报 2023》。
④ 《环境保护显成效 生态建设展新颜》，内蒙古统计微讯，2024 年 9 月 27 日；《着力开展森林城市建设》，https://www.forestry.gov.cn/c/www/stcjslcs/556895.jhtml，2024 年 4 月 12 日。
⑤ 《关于发布"十四五"时期"无废城市"建设名单的通知》，https://www.mee.gov.cn/xxgk2018/xxgk/xxgk06/202204/t20220425_ 975920.html，2022 年 4 月 24 日。

表2　2012～2023年内蒙古主要生态环境指数变化情况

年份	大气环境						
	优良天数比例(%)	SO_2	PM_{10}	NO_2	$PM_{2.5}$	CO	O_3
2012	94.80	29	68	21	56*	—	—
2017	85.30	21	74	26	32	1.6	143
2023	90.20	11	52	21	23	0.9	139

年份	水环境**			土壤达标率	生态质量指数***
	地表水Ⅰ～Ⅲ类水质断面比例(%)	劣Ⅴ水质断面比例	城市级集中式饮用水水源地取水水质达标率		
2012	58.3	11.1		—	—
2017	50.5	21.9	87.2	98.19	44.36
2023	79.1	1.7	86.7	98.70	61.16

注：单项污染物浓度单位：SO_2、PM_{10}、NO_2、$PM_{2.5}$、O_3（日最大8小时滑动平均值第90百分位浓度平均值）为微克/米³；CO（日均值第95百分位浓度平均值）为毫克/米³；"—"表示当年没有该项数据。

"＊"表示2012年没有$PM_{2.5}$数据，用2013年数据代替。

"＊＊"表示不同年份地表水监测国考断面数不同，2012年为72个、2017年为105个、2023年为115个；

"＊＊＊"表示2017年统计口径与2023年有所不同。

资料来源：2012年、2013年、2017年、2023年《内蒙古自治区生态环境状况公报》。

　　加快推进全面绿色转型，推动资源节约集约高效利用。2024年7月31日中共中央、国务院发布了《关于加快经济社会发展全面绿色转型的意见》，绿色化、低碳化发展已成为建设人与自然和谐共生现代化的内在要求。党的十八大以来，内蒙古在传统产业绿色转型和产业生态化生态产业化方面持续发力。近年来，编制完成自治区国土空间规划，把全区一半以上的土地面积划入生态红线以内。坚决遏制和摒弃"两高一低"（高耗能、高排放、低水平）项目，加快培育高端、智能、低碳产业，探索传统产业转型发展的绿色路径。"十四五"以来，全区腾出用能空间1100多万吨标准煤，减少二氧化碳排放2600多万吨。累计实施工业绿色化改造项目300个，共计节能1500万吨标准煤，减少二氧化碳排放3000万吨。① 2023年，全区非

---

① 《推动绿色低碳转型实现美丽与发展双赢》，https://www.nmg.gov.cn/ztzl/tjlswdrw/staqpz/202312/t20231204_ 2420232.html，2023年12月4日。

煤产业增加值比上年增长 12.1%，占规模以上工业增加值的比重为 60.7%；规模以上工业中，战略性新兴产业、高技术制造业、新能源装备制造业增加值分别同比增长 13.5%、11.4%、11.4%，在全区 6000 千瓦及以上电厂发电设备装机容量中风电、太阳能发电装机容量占比达 42.7%。① 注重生态产业化，2023 年全区林草产业总产值达 856.8 亿元，同比增长 42%，② 完成碳汇交易量 80.5 万吨、交易额 2709 万元，新创建绿色园区 4 个、绿色工厂 67 家。③ 同时，不断强化资源节约集约利用制度约束，出台《关于深入贯彻习近平生态文明思想 推进全社会资源全面节约集约的指导意见》。2023 年内蒙古万元地区生产总值用水量 82.4 立方米，万元工业增加值用水量 15.0 立方米，农田灌溉亩均毛用水量 207 立方米，分别比 2017 年降低 6.78 立方米、3.32 立方米和 101 立方米，农田灌溉水有效利用系数从 2017 年的 0.538 提升到 2023 年的 0.583，④ 资源利用效率不断提高。

三 内蒙古筑牢我国北方重要生态安全屏障 形势及面临的问题

（一）内蒙古筑牢我国北方重要生态安全屏障形势

总体上看，长期以来，尤其是党的十八大以来通过实施国家多项重大生态保护和建设项目，以及全区上下社会各界、企事业单位和广大农牧民的积极参与，内蒙古生态环境保护和建设事业取得了显著成效，把我国北方重要生态安全屏障构筑得更加牢固。尤其是 2023 年 6 月习近平总书记考察内蒙

① 《内蒙古自治区 2023 年国民经济和社会发展统计公报》，https：//tj. nmg. gov. cn/tjyw/tjgb/ 202403/t20240321_ 2483646. html，2024 年 3 月 21 日。
② 《在美丽中国建设中展现内蒙古新担当》，http：//www. nmgsjw. cn/djyd/202407/t20240705_ 32328. html，2024 年 7 月 5 日。
③ 《政府工作报告》，https：//www. nmg. gov. cn/zwgk/zfggbg/zzq/202402/t20240204_ 2464438. html？dzb＝true，2024 年 2 月 4 日。
④ 数据来源于《内蒙古自治区水资源公报 2023》。

古以来，内蒙古牢记"国之大者"，坚持山水林田湖草沙一体化保护和系统治理，围绕坚决打好"三北"工程攻坚战，解决草原过牧问题，"一湖两海"水生态综合治理，加强大气、水、土壤污染防治等重大生态问题，主动担当、积极作为，从制度安排、政策支持、资金保障、产业支撑等多方面投入大量的人力物力财力，并取得了一系列标志性成果。2023 年内蒙古全区造林 556 万亩、种草 1817 万亩、防沙治沙 950 万亩，形成磴口模式、库布其模式、光伏治沙模式等行之有效的防沙治沙模式；2023 年内蒙古启动解决草原过牧问题试点方案，种草 1817 万亩，草原过目预警面积较上年减少 1496 万亩；呼伦湖、岱海水域面积稳定在合理区间，乌梁素海湖心断面水质达到 Ⅳ 类，全区地表水国考断面优良水体比例、大气污染浓度和重污染天数等主要指标均高于国家考核目标。特别是 2024 年上半年，全区已完成黄河"几字弯"沙化土地治理 512 万亩；① 已完成人工饲草种植 1586 万亩，退化沙化羊草草地修复治理 40.58 万亩，柠条改良草场和营造灌木林种植柠条 92.19 万亩；② 环境空气质量和水生态环境质量总体均持续提升，环境空气质量优良天数比例平均为 84.4%，同比上升 1.8 个百分点，地表水国考断面水质优良比例 80.7%，同比上升 1.6 个百分点，黄河流域国考断面水质优良比例 88.5%，黄河内蒙古段干流 9 个断面水质保持 Ⅱ 类，全面落实 10.5 万亩安全利用类耕地、1.29 万亩严格管控类耕地任务，全区受污染耕地和重点建设用地安全利用得到有效保障。③

可见，全区生态环境保护和建设工作正紧锣密鼓地推进，北方生态安全屏障作用更加凸显，但把我国北方重要生态安全屏障筑得更加牢固并不是轻而易举就能够实现的，仍需要破解诸多瓶颈。

---

① 《推进生态文明建设筑牢生态安全屏障 内蒙古黄河"几字弯"完成沙化土地治理 512 万亩》，http：//fgw. nmg. gov. cn/xxgk/ztzl/zxzt/tjstw mjs/202406/t20240621_2527897. html，2024 年 6 月 17 日。
② 《推进生态文明建设筑牢生态安全屏障 内蒙古"三管齐下"保护草原生态》，http：//fgw. nmg. gov. cn/xxgk/ztzl/zxzt/tjstwmjs/202408/t202408 09_2552931. html，2024 年 8 月 9 日。
③ 《上半年全区环境空气质量优良天数比例同比上升 1.8 个百分点》，http：//slt. nmg. gov. cn/sldt/szyw/202408/t20240815_2558325. html，2024 年 8 月 15 日。

（二）内蒙古筑牢我国北方重要生态安全屏障面临的问题

1. 生态欠账较多，保护和建设任务重

"我们在生态环境方面欠账太多了，如果不从现在起就把这项工作紧紧抓起来，将来付出的代价会更大"，① 内蒙古亦是如此。内蒙古生态资源丰富但本底脆弱，且曾因没有重视生态保护和建设工作而一度成为生态极度恶化地区。21世纪以来，特别是党的十八大以来，内蒙古生态保护和建设力度前所未有，但巨额的生态欠账，难以在短期内"还清"。比如，内蒙古荒漠化和沙化土地面积仍分别占全区土地面积的50.14%和33.66%，2014~2019年减少面积分别仅占总面积的2.64%和2.38%，治理任务繁重。再如，2000~2021年，内蒙古高原湖泊总面积减少43.23%，且面积萎缩的湖泊数量大于扩张的数量，同期湖泊蓄水量减少24.87亿立方米，年均减少量达1.13亿立方米，② 而大面积"内陆湖泊干涸导致生物多样性的栖息地丧失，地面出现沙化现象，温差加大，气候变得不稳定，使得周边地区出现干旱情况"。③

2. 水资源对生态环境建设的刚性约束仍不可忽视

缺水且分布不均，是内蒙古生态系统最鲜明的本质特征。内蒙古水资源总量占全国的比重不足2%，却需满足全国1.7%人口的生活用水，为全国6.22%的灌溉面积和5.68%的粮食、3.05%的肉类、18.40%的奶类产量提供支撑，同时为全国26.63%的原煤产量提供工业用水，为全国6.23%的造林面积、33.49%的种草改良面积提供生态补水。④ 在水资源分布上，东部松花江流域水量占全区的67%，而人口规模和耕地面积分别占全区的16.3%和10.6%，生态条件相对优越；生态条件相对恶劣的中西部辽河、

① 中共中央文献研究室编《习近平关于社会主义生态文明建设论述摘编》，中央文献出版社，2017。
② 马荣、宁凯等：《内蒙古高原湖泊面临的生态风险与挑战》，http://www.iheg.cgs.gov.cn/kpxch/202303/t20230323_727291.html，2023年3月23日。
③ 《守护内陆湖，筑牢北方重要生态安全屏障》，https://www.rmzxb.com.cn/c/2024-02-01/3488232.shtml，2024年2月1日。
④ 数据来源于《中国统计年鉴2023》。

海河、黄河流域水量仅占全区的 23.8%，却需承载 72.9% 的人口、浇灌 83.1% 的耕地，尤其是黄河流域水量仅占全区的 11.36%，却是内蒙古重工业集中区、矿产资源型产业集聚区、农业集中连片区，也是荒漠化沙化治理重点区，全区 60% 以上的荒漠化沙化土地分布在黄河流域。近年来，内蒙古在农业灌溉、工业用水、生活用水方面不断提高水资源节约集约利用成效，但限于资源总量，总体用水效率仍存在较大提升空间。2023 年内蒙古全区人均综合用水量为 846 立方米，万元地方生产总值（当年价）用水量为 82.4 立方米，分别比全国平均用水量高出 427 立方米和 35.5 立方米。① 显然，水资源供给对生态环境建设的制约作用依然不可忽视。

3. 生态问题复杂多重且相互作用与影响

内蒙古生态系统是综合性的，生态问题也是多种多样的。不管从 2022 年中央生态环境督察组反馈的内蒙古生态环境问题来看，还是从 2024 年自治区生态环境督察组反馈的各盟市生态环境问题来看，侵占草原、黑土地保护不到位、违规取水、湿地保护不力、"三废"排放不达标等问题屡禁不止。② 通过内蒙古各盟市的实地调查，我们也发现由于气候干旱、后期管护跟不上，或一些不具备种树造林条件的地区，人工造林出现大片枯死现象；部分地区大力发展人工草地，却因大量抽取地下水而加剧了周围草原退化；部分农牧交错带对草地不同程度地开垦，加大了草原沙化风险；部分湖泊河流因地下水位下降而出现干涸断流现象，冬春季大风天气湖底沙土吞噬周围；等等。当然，有些生态治理项目的可持续性也有待进一步观察，如部分地区在推进荒漠化沙化治理过程中，过分强调植被盖度、高度，采取"以浇水保绿色"的方式，过度抽取地下水资源；部分地区在解决草原过牧问题时，弱化适度放牧对生态保护的积极作用，采取时空转移方式，变相索取牧草和水资源。

---

① 数据来源于《中国水资源公报 2023》《内蒙古自治区水资源公报 2023》。
② 《中央第三生态环境保护督察组向内蒙古自治区反馈督查情况》，https://www.mee.gov.cn/ywgz/zysthjbhdc/dcjl/202206/t20220602_ 984282. shtml，2022 年 6 月 2 日；《自治区生态环境保护督察组向 4 市反馈督察情况》，https://www.nmg.gov.cn/ztzl/tjlswdrw/staqpz/202404/t20240402_ 2488392. html，2024 年 4 月 2 日。

4.绿色低碳转型仍有一定压力

实现发展方式的低碳绿色转型，是内蒙古在建设国家重要能源和战略资源基地、国家重要农畜产品生产基地的同时，发挥其作为我国北方重要生态安全屏障作用的唯一出路。然而，目前绿色低碳转型仍面临较大压力。据《内蒙古自治区 2023 年国民经济和社会发展统计公报》，内蒙古经济发展中第二产业的贡献率依然高达 45.7%，比全国 38.3% 的平均水平高 7.4 个百分点，其中工业增加值占第二产业的 84.5%，煤炭工业增加值占工业的比重高达 43%。2021 年，在生产端全区原煤生产量占能源生产总量的 89.20%；在消费端同年万元 GDP 能源消费量为 1.33 吨标准煤/万元，是全国平均水平的 2.73 倍，其中原煤消费比重逐年下降，但仍处于主导地位，① 发展仍然倚重倚能。而从农村牧区常住居民人均收入结构也可以看出，来自农牧业的净收入分别占人均可支配收入和经营净收入的 49.3% 和 90.4%，均高于全国平均水平，农牧民对生态（耕地和草地）资源的依赖度不减。

四 筑牢我国北方重要生态安全屏障的建议

面对上述困难和瓶颈，为筑牢我国北方重要生态安全屏障，内蒙古须以习近平生态文明思想为指导，全区上下齐心协力、攻坚克难。正如习近平总书记所指出的那样，"把内蒙古建设成为我国北方重要生态安全屏障"是内蒙古必须牢记的"国之大者"，② "要保持加强生态环境保护建设的定力，不动摇、不松劲、不开口子"。③

---

① 据《内蒙古自治区人民政府办公厅关于印发自治区"十四五"应对气候变化规划的通知》，到 2025 年，煤炭消费占能源消费总量的比重降至 75% 以下，煤电机组平均供电煤耗力争降低到 305 克标准煤/千瓦时，非化石能源装机占比力争达到 45% 左右，非化石能源消费占比达到 18%。

② 《习近平在内蒙古考察时强调：把握战略定位坚持绿色发展 奋力书写中国式现代化内蒙古新篇章》，https：//www.gov.cn/yaowen/liebiao/202306/content_6885245.htm，2023 年 6 月 8 日。

③ 《习近平在参加内蒙古代表团审议时强调保持加强生态文明建设的战略定力守护好祖国北疆这道亮丽风景线》，https：//www.gov.cn/xinwen/2019-03/05/content_5371037.htm，2019 年 3 月 5 日。

（一）全面认清生态区情，准确把握战略定位，守护北方重要生态安全底线

内蒙古东西狭长，横跨三北，生态资源丰富多样，集山水林田湖草沙综合性生态系统于一体，却地处干旱半干旱带，生态本底脆弱，属于非均衡性生态系统，多种生态资源在东中西区域间的差异性较大，生态环境承载能力也不尽相同。这就决定了内蒙古各地人口分布特征、经济发展方式、百姓生产生活方式也会因生态区位的不同而不同。因此，内蒙古的生态环境保护和建设模式也不可能是整齐划一的，或放之四海而皆准的。例如，在 400 毫米等降雨量线以南的大兴安岭南麓种植青贮玉米，能够给牲畜提供舍饲喂养的饲草，降低天然草原的放牧强度，而在年降雨量不足 200 毫米的苏尼特草原种植青贮只会破坏土壤层，增加蒸发量，导致草原退化。

以习近平同志为核心的党中央立足全国发展大局为内蒙古确立的战略定位——建设我国北方重要生态安全屏障，是统一的，需要准确把握，深入贯彻落实。当前，自治区党委、政府围绕"五大任务"，结合《国务院关于推动内蒙古高质量发展 奋力书写中国式现代化新篇章的意见》，出台一系列法规及政策文件，也编制了全区国土空间规划，划定了生态空间和生态红线，为全区生态环境保护和建设乃至生态文明建设提供了制度保障。这就要求各地区，或者生态类型相近的盟市或旗县，在全面认清各自生态情况的基础上，准确找到各自在落实"五大任务"尤其是在建设我国北方重要生态安全屏障中的战略位置，实行适合自身的生态保护和建设模式。国家和自治区层面也对地方选择契合自身生态特征的模式给予相应的指导、支持，不会"一把尺子量到底"，真正把问题导向、结果导向运用到实际工作中，避免对实施过程的过度干预。当然，关键是要进一步强化党对生态环境保护和建设及生态文明建设的全面领导，实行党委书记负责制，彰显制度优势，并完善落实生态环境保护责任制，明确不同部门之间关于生态环境保护和建设的具体任务和职责，加强正面清单管理体系建设和激励机制建设，确保主动担当、自觉作为。

（二）坚持水资源"四定原则"，树立以水定绿底线思维，不断强化水资源对生产发展、生活改善和生态建设的强制约束

始终牢记"缺水"这一基本事实，把"以水定绿、以水定地、以水定人、以水定产"作为生产发展、生活改善和生态建设的底线和红线。近年来，内蒙古自治区在节约集约水资源方面积极作为，取得了显著成效。然而在个别地区、个别环节，甚至是生态环境保护和建设过程中，水资源的刚性约束常常被忽略。从 2012～2023 年全区水资源公报可以看出，全区总用水量、总耗水量、人均综合用水量均呈上升趋势，其中 2023 年人均综合用水量甚至超过全国平均水量的一倍。尤其是随着以"打好黄河'几字弯'攻坚战，科尔沁、浑善达克沙地歼灭战，河西走廊—塔克拉玛干沙漠边缘阻击战"为重点任务的"三北"防护林（第六期）工程的深入推进，内蒙古四大沙漠、四大沙地全面进入"绿化"阶段，水资源的需求量必然上升。对此，习近平总书记反复强调，要合理利用水资源，坚持以水定绿、以水定地、以水定人、以水定产，把水资源作为最大的刚性约束，大力发展节水林草，① 足见生态建设同样需要节约集约利用水资源。应防患于未然，不能以生态建设之名，不顾水生态系统自身的循环规律，大肆消耗宝贵的水资源（特别是地下水），把防沙治沙做成耗水工程，甚至要防止出现新的沙化现象。同样，在生产发展、生活改善过程中，始终坚持"四定原则"，树立并践行节约集约理念，不断提高用水效率，而不能以扩大耕地面积、提高粮食产量、保障能源安全、提升生活质量之名增加用水指标，"不能因为经济发展遇到一点困难，就开始动铺摊子上项目、以牺牲环境换取经济增长的念头，甚至想方设法突破生态保护红线"，而是要探索节约集约利用水资源的技术突破和方式方法革新。

---

① 《习近平在内蒙古巴彦淖尔考察并主持召开加强荒漠化综合防治和推进"三北"等重点生态工程建设座谈会》，https：//www.gov.cn/yaowen/liebiao/202306/content_ 6884930. htm，2023 年 6 月 6 日。

（三）坚持山水林田湖草沙一体化保护和系统治理，使多种生态系统彼此依存、相互促进

内蒙古有森林、草原、湿地、河流、湖泊、沙漠等多种自然形态，是一个长期形成的综合性生态系统，生态保护和修复必须进行综合治理。① 同样经济、社会和生态环境之间也是一个复合系统，生态环境保护和建设必须与经济系统和社会系统的可持续相适应和协调。其一，在国土空间规划约束下，优化区域人口、产业和生态空间布局，探索人口和经济社会发展与生态环境资源之间的均衡关系，使经济社会和生态环境复合系统稳定和可持续，既要摒弃脱离生态环境资源禀赋，甚至违背自然生态规律的经济社会发展路径，也要摒弃不顾经济社会发展脱离实际的生态环境保护和建设路径。其二，形成山水林田湖草沙一体化保护和系统治理机制，协同推进山、水、林、田、湖、草、沙不同生态系统的保护和治理工作，彼此依存、相互促进，从而推动综合性生态系统的良性循环，既要摒弃孤立的各个击破的，甚至顾此失彼式的生态治理行动，也要摒弃全面开花却难以企及的无效生态建设模式。其三，选择适宜性的生态建设模式，杜绝违背自然规律、盲目追求短期效应的建设行为。森林、草原、沙漠、河流、湖泊和湿地，不同的自然形态形成于不同的自然条件下，有各自不同的演替规律和演变过程。不管是自然资源的开发利用，还是生态系统的保护建设，都不能违背自然规律，而应"尊重自然、顺应自然、保护自然"，"要坚持以自然恢复为主、辅以必要的人工修复，宜林则林、宜草则草、宜沙则沙、宜荒则荒"。② 其四，引导社会各界积极参与生态环境保护和建设，形成筑牢我国北方重要生态安全屏障的多元投资机制。作为公共物品，或准公共物品，生态资源的消费往往不具有竞争性和排他性，也决定了保护和建设生态环境的国家主体性。然

---

① 《习近平在参加内蒙古代表团审议时强调保持加强生态文明建设的战略定力守护好祖国北疆这道亮丽风景线》，https://www.gov.cn/xinwen/2019-03/05/content_5371037.htm，2019 年 3 月 5 日。

② 习近平：《推进生态文明建设需要处理好几个重大关系》，《求是》2023 年第 22 期。

而，如果没有社会各界的广泛参与，仅靠国家投资、国家建设难以保证其可持续性。近年来，在各种补贴政策、土地政策引导下，企业、公众积极参与生态保护和建设行动，产生了良好的社会和生态效益，需持续予以推进。尤其是要调动广大农牧民主体的积极性，发挥其主观能动性，汲取其生态智慧。

（四）坚持生态优先、绿色发展，践行"绿水青山就是金山银山"理念

内蒙古始终坚持走生态优先、绿色发展的高质量发展道路，向绿色低碳转型迈出了坚定的一步，在高质量发展和高水平保护方面取得了一系列成果，也正在破解转换发展动能所带来的一系列困难和瓶颈。对此，2023年6月7~8日习近平总书记在考察内蒙古时明确指出，"在这方面内蒙古方向明确、路子对头、前景很好，大有作为、大有前途"，① 内蒙古需加以坚持并不断探索实现路径，在资源型地区转型发展、构建体现内蒙古特色优势的现代化产业体系方面做足做好文章。同时，进一步挖掘"绿水青山就是金山银山"发展理念的深层含义，立足内蒙古自身的发展条件、自然资源禀赋、生态区位优势，探索并构建内蒙古绿色低碳循环经济体系，摆脱"羊煤土气"的产业结构与生态环境相互矛盾的发展困境，走出一条发展和保护协同共生的现代化路径。山水林田湖草沙，本身就是一种资源，可以在不改变其原有面貌的基础上，获得更多的发展机会。山有山珍，水（湖）有水产，林有林下经济、林中林上果实，田有生态有机米，草有草原生态游学研，沙有"沙产业"，如果能够良性循环，不变绿洲同样可以变黄金。拥有多种自然形态的综合性生态系统，就是硕大的"金山银山"。所谓的"绿水青山"并不一定是绿色的，而是多种自然形态原有的颜色。要让它变为"金山银山"，应该从认识、利用和开发原有生态系统开始。例如，内蒙古草原从荒

---

① 《习近平在内蒙古考察时强调：把握战略定位坚持绿色发展 奋力书写中国式现代化内蒙古新篇章》，https://www.gov.cn/yaowen/liebiao/202306/content_6885245.htm，2023年6月8日。

漠到草甸有多种地带型分布，有不同的自然景观，以及依附于此的生产方式和文化形态，形成了各自不同的经济社会文化资源。它可以提供多样的物种资源、更多的自然景观、更好的生态产品（不仅农畜产品）、更丰富的文化享受、多一种的生计体验、多一项的研学对象……，需要人们去探索草原多重价值的实现路径，最终将生态转化为产品、文化、财富，而不再是不断治理的自然生态本身。

（五）挖掘、保护和弘扬生态文化，努力建设人与自然和谐共生的美丽内蒙古

早在19世纪70年代恩格斯在《自然辩证法》中就指出，人类利用、改造自然，应该遵循自然界的发展规律，如果单凭自己的需要，无休止地向大自然索取资源，肆无忌惮地向自然抛洒废料，违背自然界的发展规律，不仅达不到预想的目的，而且还必定会遭到自然界的惩罚。马克思也指出，我们不要过分陶醉于我们人类对自然界的胜利。对于每一次这样的胜利，自然界都对我们进行报复。习近平总书记多次强调，人因自然而生，人与自然是一种共生关系，对自然的伤害最终会伤及人类自身，大自然是包括人在内一切生物的摇篮，是人类赖以生存发展的基本条件。大自然孕育抚养了人类，人类应该以自然为根，尊重自然、顺应自然、保护自然。不尊重自然，违背自然规律，只会遭到自然报复。自然遭到系统性破坏，人类生存发展就成了无源之水、无本之木。显然，千百年来在与自然的共存过程中，人们总结和归纳的很多与之和谐共生的生态智慧，可称为生态文化。在内蒙古不同的自然生态环境中，同样形成了与森林、草原、沙漠（沙地）、山地和谐共生的丰富多彩的生态文化。它们是北疆文化的核心之一，也是中华优秀传统文化的组成部分，需要在新时代不断挖掘、保护、传承和弘扬，需要去创新性发展和创造性转化。反过来，使其服务于美丽内蒙古建设全过程，把我国北方重要生态安全屏障构筑得牢不可破。

参考文献

中共中央文献研究室编《习近平关于社会主义生态文明建设论述摘编》，中央文献出版社，2017。

习近平：《推进生态文明建设需要处理好几个重大关系》，《求是》2023年第22期。

天莹：《筑牢我国北方重要生态安全屏障面临的问题及系统治理方略》，《内蒙古社会科学》2023年第6期。

简小文主编《黄河流域生态保护和高质量发展报告（2024）》，社会科学文献出版社，2024。

生态环境部环境与经济政策研究中心：《生态文明建设理论与实践研究（2023年）》，人民日报出版社，2024。

专题篇

B.2
内蒙古生态友好型农牧业发展报告

刘小燕*

摘　要： 党的十八大以来，内蒙古着力转变农牧业经营方式、生产方式、资源利用方式和管理方式，围绕耕地保护与质量建设、草原保护与修复、节水增效、农牧业污染防治、农牧业产业化科技化现代化水平提升等方面采取了积极有效的政策措施，推动农牧业向产出高效、产品安全、资源节约、生态友好型方向发展。但在生态环境脆弱、水资源刚性约束趋紧、农牧业抗风险能力弱、农牧业综合效益和竞争力不高、农牧民持续增收压力大等多重因素影响下，耕地、草牧场资源保护利用存在一些问题，内蒙古农牧业生态友好型发展面临挑战。本文从优化土地休养生息制度、健全农牧业生态补偿制度体系、实施农牧生态空间系统性保护修复和强化法治化保护等方面提出对策建议。

关键词： 生态友好型　农牧业　内蒙古

---

* 刘小燕，内蒙古自治区社会科学院牧区发展研究所研究员，主要研究方向为区域经济、生态经济。

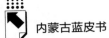

当前，我国开启全面建设社会主义现代化国家的新征程，"三农"工作重心历史性转向全面推进乡村振兴，加快中国特色农业农村现代化进程。[①]推进农业农村现代化，必须立足于农业产业特性，遵循农业生产规律，注重地域特色，推进农业绿色发展。2023年10月，发布《国务院关于推动内蒙古高质量发展 奋力书写中国式现代化新篇章的意见》（以下简称《意见》），要求以生态优先、绿色发展为导向，加快经济结构战略性调整，探索资源型地区转型发展新路径，推动内蒙古在建设"两个屏障""两个基地""一个桥头堡"上展现新作为。[②]着眼于提升重要农畜产品生产基地综合生产能力的要求，《意见》提出"大力发展生态农牧业"，为内蒙古立足绿色生态优势推动生态友好型农牧业发展提供了实践指引。

一 内蒙古农牧业资源及农牧空间生态状况

（一）农牧业资源状况

内蒙古耕地主要分布在西辽河平原、松嫩平原嫩江右岸、河套平原和土默川平原，园地主要分布在赤峰市、呼和浩特市、通辽市和兴安盟，林地主要分布在呼伦贝尔市、兴安盟、通辽市、赤峰市，草地主要分布在锡林郭勒盟、阿拉善盟、呼伦贝尔市、鄂尔多斯市、巴彦淖尔市和乌兰察布市。据《中国自然资源统计公报2022》《内蒙古自治区2022年度国土变更调查主要数据》，[③]内蒙古耕地面积17352.39万亩、林地面积36596.12万亩、草地面积81284.3万亩，农牧用土地资源量占全国的12.97%。内蒙古耕地资源整

① 《国务院关于印发"十四五"推进农业农村现代化规划的通知》，https://www.12371.cn/2022/02/11/ARTI1644572008568314.shtml，2022年2月11日。

② 《国务院关于推动内蒙古高质量发展 奋力书写中国式现代化新篇章的意见》，https://www.gov.cn/zhengce/zhengceku/202310/content_6909412.html，2023年10月16日。

③ 《内蒙古自治区2022年度国土变更调查主要数据》，https://zrzy.nmg.gov.cn/zfxxgkzl/fdzdgknr/sjfb/202112/t20211202_1967301.html，2023年10月10日；《中国自然资源统计公报2022》，https://www.mnr.gov.cn/sj/tjgb/202304/P020230412557301980490，2023年4月12日。

体质量较低，大部分土地土层浅薄，存在不同程度的风蚀沙化现象。其中，1~4等高产田占比为31.92%，5~7等中产田占比为46.56%，8~10等低产田占比为21.52%，中低产田面积合计占耕地总面积的68.08%。内蒙古属于温带高原干旱、半干旱气候，整体天然降水量偏少，33%的耕地位于降雨量400毫米以下的地区。内蒙古草原是欧亚大陆草原的重要组成部分，自东向西依次分布着温性草甸草原、温性典型草原、温性荒漠草原、温性草原化荒漠和温性荒漠类五大地带性草原类型，隐域分布着山地草甸类、低平地草甸类和沼泽类3类非地带性植被。[1] 各类植物2781种，科、属比例分别占全国的39.1%、22.1%。[2] 全区草原产草量地带性差异较大，自东向西各类草场平均单产为191~23公斤/亩，载畜能力每个羊单位为7~106亩。[3]

按照自然条件和水系差异，内蒙古域内有大兴安岭西麓黑龙江水系、呼伦贝尔高平原内陆水系、大兴安岭东麓山地丘陵嫩江水系、西辽河平原辽河水系、阴山北麓内蒙古高平原内陆水系、阴山山地海河滦河水系、阴山南麓河套平原黄河水系、鄂尔多斯高平原水系、西部荒漠内陆水系等，地表地下水资源总量自东向西差异很大。全区平均年降水量低于400毫米，平均年蒸发量接近2000毫米，大部分地区严重缺水。全区水资源总量的70%以上用于农田、草牧场、林地等农业生产，部分地区达到90%以上。总体来说，内蒙古水资源、耕地资源与人口资源在空间上分布很不均衡。大兴安岭沿麓农牧业发展带人口占全区的14.9%，耕地面积占全区的31.82%，年降水量400毫米以上。西辽河农牧业主产区人口占全区的30.25%，耕地面积占全区的30.36%，年降水量为260~320毫米。阴山沿麓农牧交错带人口占全区的12.81%，耕地面积占全区的1.06%，年降水量为200~400毫米。沿黄流域农牧业主产区人口占全区的25.47%，耕地面积占全区的27.31%，年降水量为250~300毫米。草原畜牧业发展带年均降水量为100~400毫米。内蒙古降水

①《林草概况》，https：//lcj. nmg. gov. cn/lcgk_ 1/。

②《内蒙古自治区"十四五"草原保护修复利用规划》，https：//lcj. nmg. gov. cn/xxgkzl/fdzd gknr/ghjh/202409/t20240906_ 2569943.html，2022年11月14日。

③《林草概况》，https：//lcj. nmg. gov. cn/lcgk_ 1/。

量的年内、年际间变化也很大。年内降水量集中在 6~9 月，属于雨热同期。但近年来秋冬季节水量增加、春夏季水量减少的趋势越来越明显。

（二）农牧空间生态状况

内蒙古立足资源环境禀赋和农牧业发展条件，构建了"六牧四农"农牧空间格局。按照空间用途的主导功能，将农牧空间细分为种植业空间、畜牧业空间和乡村建设空间。种植业空间主要由耕地、园地、农业设施建设用地构成。畜牧业空间主要由重要割草地、人工草地及农区零散分布的草地等构成。呼伦贝尔、科尔沁、锡林郭勒、乌兰察布、鄂尔多斯、阿拉善六大草原畜牧区构成了自治区畜牧生产功能区，大兴安岭沿麓、西辽河流域、阴山沿麓和沿黄干流平原构成了自治区农牧生产功能区。全区气候自东向西依次为湿润、半湿润、半干旱、干旱、极干旱带，植被类型逐渐呈现为森林、灌木林、草原、荒漠，生态空间的环境质量等级自东向西逐渐下降。

内蒙古农牧空间与国家、自治区生态屏障区多有重合，与生态修复区高度重叠，[①] 自治区划定的生态保护红线主要分布在呼伦贝尔市、锡林郭勒盟、阿拉善盟、巴彦淖尔市和兴安盟。内蒙古立足自然条件和资源禀赋，构建了"三山两带一弯多廊多点"生态空间格局。"三山"（大兴安岭、阴山、贺兰山）构成了自治区"一线"生态屏障，是全区天然林和山地草甸分布的主要区域，"一线"的"两翼"是内蒙古高原草原集中分布区和山前丘陵平原农业生产集中分布区域。"两带"（北部草原保护带、南部农牧交错修复带）、"一弯多廊多点"（黄河流域、重点河流水系廊道、重要功能湖泊）位于我国"三区四带"修复重大工程布局区内，涵盖了全区 103 个旗县的大部分地区。28 个旗县市区位于黄河重点生态区，其中有 4 个牧业旗县、4 个半农半牧区旗县，这一区域是全区荒漠化和水土流失较为严重的区域，存在功能退化等问题。67 个旗县市区位于北方防沙带，其中有 29 个牧业旗县、

---

① 《内蒙古自治区人民政府关于印发〈内蒙古自治区国土空间规划（2021—2035 年）〉的通知》，https://zrzy.nmg.gov.cn/zfxxgkzl/fdzdgknr/ghjh/gh/202407/t20240723_2545743.html，2024年 7 月 23 日。

14 个半农半牧区旗县，这一区域土地荒漠化和沙化严重，土地开垦和矿山资源开发引发的生态问题突出，存在局部超载问题。

内蒙古耕地、草原等生态系统敏感脆弱、自我修复能力差，由于 20 世纪末到 21 世纪初采用重开发、轻保护、重经济、轻生态的不合理生产方式，基于能源资源开发和农牧业生产的农牧空间生态承载力已接近饱和，农牧生态空间保护和修复难度大、战线长。

二 内蒙古推动生态友好型农牧业发展的举措与实施效果

（一）加强耕地保护与质量建设

2022 年自治区划定耕地保护目标 1.7 亿亩、永久基本农田 1.33 亿亩。[①]2023 年 12 月国务院关于《内蒙古自治区国土空间规划（2021—2035 年）》的批复要求，到 2035 年，内蒙古自治区耕地保有量不低于 17050.00 万亩，其中永久基本农田保护面积不低于 13382.82 万亩。为保障耕地保有量和永久基本农田保护面积不减少，坚决制止耕地"非农化"、防止耕地"非粮化"，自治区发布了《关于进一步加强耕地保护工作的实施意见》《关于加强耕地保护提升耕地质量完善占补平衡的实施意见》等，推进耕地数量、质量、生态"三位一体"保护，明确各级人民政府主要负责人是耕地保护第一责任人，建立完善党委领导、政府负责、部门协同、公众参与、上下联动的耕地保护共同责任机制，建立旗县（市、区）、苏木乡镇、嘎查村三级联动的耕地保护网格化监管机制。实施意见明确提出，加强耕地占补平衡管理，"严格落实耕地占补平衡责任""严格补充耕地来源""严格补充耕地检查验收""强化补充耕地监管"，明确严格设施农业用地监管、严控设施农业用地占用永久基本农田。

[①] 《内蒙古自治区自然资源厅关于 2022 年度生态环境保护工作的专题报告》，https://zrzy.nmg.gov.cn/zwgk/gsgg/qtgsgg/202301/t20230131_2224318.html，2023 年 1 月 31 日。

2022年6月，第十三届全国人民代表大会常务委员会通过《中华人民共和国黑土地保护法》，对包括内蒙古在内的四省区相关区域范围内的黑土地进行立法保护。内蒙古赤峰市、通辽市、呼伦贝尔市、兴安盟和满洲里市的36个旗县（市、区）域内有黑土耕地，其中呼伦贝尔市阿荣旗、莫力达瓦达斡尔族自治旗、鄂伦春自治旗、扎兰屯市和兴安盟扎赉特旗等5个旗（市）为全国典型黑土区重点旗县。黑土地历来以肥沃著称，但当前黑土地面临变少、变薄、变瘦、变硬、肥力下降的多重危机。自治区党委、政府先后成立黑土地保护相关工作小组，建立厅际协调机制，构建黑土地保护利用高质量体系。内蒙古自然资源厅发布了《关于进一步加强黑土耕地保护的通知》，结合国土空间规划编制和"三区三线"划定工作将黑土耕地全部带位置纳入耕地保护红线任务，优先把黑土层深厚、土壤性状良好的黑土耕地划为永久基本农田，强化对占用黑土耕地的管控约束。各地黑土地旗县开展了有机肥还田、秸秆还田、深耕深松、治理侵蚀沟等工作，推进黑土地保护。

内蒙古地区降水量少、蒸发量大，土壤中盐分易积累而导致土壤盐碱化。自治区重要的作物种植区西辽河平原、河套平原、土默川平原受地形地貌和水文地质条件的影响易形成土地盐碱化，全区90%以上的盐碱化耕地分布在这些区域。大多数盐碱化耕地的产出率不高。当前内蒙古强调"由对抗改良向适应性种植发展、静态治理向动态利用转换"的理念，将生产与生态、工程和农艺、用地和养地措施结合起来，开展盐碱化耕地综合利用。2023年在五原县、临河区、杭锦后旗、达拉特旗、杭锦旗、土默特右旗、托克托县、科尔沁左翼中旗、翁牛特旗、突泉县10个旗县开展三年期的盐碱化耕地综合利用示范项目，配套实施土壤改良、地力培肥、治理修复等提高耕地地力的措施，配合筛选耐盐碱品种，实行集工程、农艺、化学、生物于一体的综合治理模式。

为进一步改善农田基础设施条件、提高农田综合生产能力，内蒙古加大高标准农田建设力度。优先在永久基本农田保护区、粮食生产功能区、重要农产品生产保护区、农作物种子田、现代农业园区等区域布局建设高标准农田。禁止在地面坡度大于15°区域、严重沙化区域、土壤污染严重区域、退耕还林还草还湿区、自然保护区的核心区和缓冲区以及其他法律法规禁止的区域规划建设高标准农田。高标准农田建设内容包括土地平整、土壤改良、灌溉排水与节水设施、田间道路、农田输配电、农田防护与生态环境保护、损毁工程修复等，有利于提高耕地生产效率，提升耕地质量等级与抗灾能力。内蒙古始终把高标准农田建设作为完成"五大任务"、建设国家重要农畜产品生产基地的基础工程，在具体实施中与黑土地保护利用、盐碱化耕地综合利用等工程相结合予以统筹推进。截至 2023 年底，全区已累计建成高标准农田5237 万亩，占全区耕地面积的近 1/3，贡献 2/3 以上的粮食总产能。①

（二）加强草原保护与修复

内蒙古依托退耕还林还草、京津风沙源治理、天然草原退牧还草等国家重点生态修复工程积极推进草原生态治理。草原综合植被覆盖度由 2010 年的 43.0% 提高到 2023 年的 45.0%，草群平均高度由 2013 年的 25.2 厘米增加到 2023 年的 26.6 厘米，平均干草产量有所下降（见表 1）。内蒙古落实红线保护制度，全面实施天然草原保护制度。从 2011 年起，国家在内蒙古等 8 个省区实施草原生态保护补助奖励机制，对生存环境恶劣、退化严重、不适宜放牧的草原实行禁牧封育、给予禁牧补助，对禁牧区域以外的可利用草原实施草畜平衡奖励机制。为依法保护草原、维护生态安全，实现草原资源永续利用，推动草原畜牧业发展与草原生态保护相协调，根据《中华人民共和国草原法》和国家有关法律法规，② 内蒙古发布了《内蒙古自治区草畜平衡和禁牧休牧条例》，对利用天然草原从事畜牧业生产经营活动开展相关监督管理。国家已实施、在实施共计三轮草原生态保护补助奖励政策，实施期分别为 2011~2015 年、2016~2020 年、2021~2025 年。通过持续开展草原生态保护补助奖励工作，草原得以休养生息、草原生态得到持续改善。

---

① 《自治区政府新闻办召开"回眸 2023"系列主题新闻发布会（第 4 场—自治区农牧厅专场）》，https：//nmt.nmg.gov.cn/gk/xwfbh/202312/t20231228_2433449.html，2023 年 12 月 28 日。

② 《内蒙古自治区草畜平衡和禁牧休牧条例》，https：//lcj.nmg.gov.cn/flfg/zzq/202311/t20231115_2410892.html，2023 年 11 月 15 日。

表1 2010~2023年内蒙古草原资源状况

年份	草原综合植被覆盖度（%）	草群平均高度（厘米）	平均干草产量（公斤/公顷）
2010	43.0	–	–
2013	44.1	25.2	62.7
2014	44.0	24.1	61.5
2015	43.8	23.3	60.9
2016	43.6	20.1	–
2017	43.5	–	–
2018	43.8	–	–
2019	44.0	–	–
2020	45.0	25.9	57.9
2021	45.0	26.3	58.9
2022	45.0	26.7	57.4
2023	45.0	26.6	56.5

资料来源：2013年、2014年、2015年来源于《内蒙古自治区草原监测报告》（内蒙古自治区农牧厅）；2017年、2019年来源于《内蒙古自治区"十四五"林业和草原保护发展规划》（内蒙古自治区林业和草原局），2021年、2023年来源于《内蒙古自治区草原监测报告》（内蒙古自治区林业和草原局），其余年份来源于《内蒙古自治区生态环境状况公报》（内蒙古自治区生态环境厅）。

（三）加强农业节水增效

为发展节水型农业，内蒙古于2001年制定、2020年修正了农业节水灌溉条例，在农田、草牧场、林地等灌溉过程中，采取工程措施、技术措施，以及行政、经济手段节约用水，提高水利用率，[①]农业灌溉实行取水许可制度和有偿使用制度，实行灌溉用水总量控制和定额管理相结合的制度。水利节水措施与农艺节水措施相结合，加强农田水利基本建设，采取平整土地、缩块改畦、深耕深松、少耕免耕、耙耱镇压、覆盖保墒、抗旱保水等农艺措施，全面提高农业节水效益。2012年自治区启动了节水增粮行动，并出台了《内蒙古自治区新增"四个千万亩"节水灌溉工程实施办法》，以水利灌

[①] 《内蒙古自治区农业节水灌溉条例（2020年修正）》，http：//www.jsgg.com.cn/Index/Display.asp？NewsID=26023，2020年12月29日。

溉设施配套为基础实施节水改造，扩大有效节水灌溉面积。"十三五"时期，编制完成《"量水而行"退减地下水灌溉面积方案》《"量水而行"退减地下水灌溉面积指导意见》，实施大中型灌区续建配套与节水改造。"十四五"时期，继续实施灌区续建配套和现代化改造、加大田间节水设施建设力度，推广和引导各地根据水资源条件调整农牧业结构和规模，创建旱作农业技术示范区。2022年，内蒙古以节水、稳粮、增效为目标开展农业节水增效行动，制定了农业节水实施方案，包括四项农业节水机制：强化农业用水管理机制，突出"总量控制、定额管理"，严格控制超分水指标取水和无序扩充灌溉面积；完善农业水价形成机制，突出"全面定价、累进加价"，利用价格杠杆引导用水主体节约用水；优化工程建设和管护机制，突出"一体节水、建管并重"，形成节水合力；建立健全农业节水奖励机制，突出"精准补贴、节水奖励"，调动各类管、用水主体节水积极性。[①]2020~2023年内蒙古农田灌溉水有效利用系数分别为0.564、0.568、0.574、0.583，同期全国农田灌溉水有效利用系数分别为0.565、0.568、0.572、0.576。

（四）强化农牧业生物资源的保护

2020年以来，内蒙古自治区先后出台《种业发展三年行动方案（2020—2022年）》《内蒙古自治区"十四五"种业发展规划》《关于加强农牧业种质资源保护与利用的实施意见》《内蒙古自治区农牧业种质资源保护与利用中长期发展规划（2022—2030年）》《内蒙古自治区人民政府办公厅关于支持种业振兴政策措施的通知》，部署了种业振兴三大行动，即加强农牧业种质资源的保护和利用、提升自主创新攻关能力、加快良种推广应用。种质资源是保障国家粮食安全、重要农畜产品供给和生态安全的战略性资源。内蒙古在种质资源普查、鉴定评价和种质资源库建设等方面加强种质

---

① 《自治区水利厅印发〈内蒙古自治区推进农业节水实施方案〉》，http://slt.nmg.gov.cn/xxgk/zfxxgkzl/fdzdgknr/zdjcygk/202211/t20221125_2177443.html? zbb = true，2022年11月25日。

资源保护和利用，启动了农牧业种质资源普查工作，对包括农作物、林草、畜禽、水产在内的种质资源进行资源普查和征集，对野生种质资源、古老地方品种、特色种质资源进行重点收集。在种质资源普查过程中，发现多个濒危资源等急需保护的优良品种，并获得抢救性收集和保种支持。构建了以"自治区库"为中心的种质资源保护体系。农作物方面建有 4 家种质资源库，畜禽方面建有 1 家遗传资源库和 10 余家蒙古马、驯鹿、双峰驼、蒙古牛、边鸡等畜禽保种场，饲草方面建有 1 家种质资源中期库和 1 家资源圃，水产方面建有黄河鲤鱼种质资源场和水产良种场，微生物方面建有 2 家种质资源库。其中，畜禽遗传资源基因库被列入国家级区域性基因库建设布局。渔业资源保护方面，开展了淡水鱼类资源增殖放流，在黄河内蒙古段、西辽河、嫩江、乌梁素海、呼伦湖、贝尔湖、达里诺尔湖等地区开展水生生物增殖放流活动；实施禁渔制度，自治区辖内河流、湖泊和大中型水库等渔业水域的禁渔期为 5~7 月，黄河内蒙古段禁渔期为 4~7 月。

自 2008 年起，内蒙古开展了包括少花蒺藜草和刺萼龙葵在内的草原毒害草调查工作，并明确了自治区退牧还草工程中的毒害草治理任务、治理资金补助机制。为防控外来物种入侵，对森林、草原、湿地生态系统的外来入侵物种开展了普查工作。在 2023 年普查工作已完成的基础上，每年开展更新调查工作，在重点地区设立长期定位监测点，开展定位监测工作，逐步建立与完善全区农业外来入侵生物防治监测预警体系。2023 年 9 月，发布了依据《农业农村部 自然资源部 生态环境部 海关总署 国家林草局关于印发进一步加强外来物种入侵防控工作方案的通知》《内蒙古自治区突发事件总体应急预案（试行）》等 22 项法律、法规、规章和文件制定的《内蒙古自治区生物灾害应急预案》，建立起对生物灾害突发事件的快速反应机制。另外，为推进重大危害外来入侵物种"一种一策"精准治理，开展了北方重点管理农业外来入侵物种（黄花刺茄）防控技术交流。

（五）加强农牧业污染防治

内蒙古从强化源头减量、循环利用、污染治理等方面实施控水、控肥、控药、控膜、秸秆资源化、畜禽粪污资源化"四控两化"行动，加强农牧业污染防治。2012~2016 年开展了农产品产地土壤重金属污染普查，2017年在普查点位的基础上筛选了代表性点位进行长期例行监测。"十三五"期间开展了农用地土壤污染状况详查，基本掌握农用地土壤污染的面积及分布情况，实施了农业农村污染治理攻坚战行动。"十三五"期末，全区主要作物化肥、农药利用率达到 40%以上，农膜回收率达到 80%以上，秸秆综合利用率达到 88.36%，畜禽粪污综合利用率达到 80%以上。规模养殖场粪污处理设施装备配套率达到 99.5%。"十四五"以来，开展了奶牛规模化畜禽养殖场污染问题专项排查整治，初步摸清全区规模化奶牛养殖场的排污许可、环境保护验收、环保设施配套、粪污处理利用、配套消纳土地等情况；加强重点区域农业面源污染防治，开展全区灌溉规模在 10 万亩及以上的农田灌区灌溉水和退水水质监测；强化病虫害监测预警，适时防控、减少盲目用药，同时推广生物防治等绿色防控技术；布局农药使用调查监测站点，开展用药调查、农药实际使用量和需求预测调查，为有效推进农药减量行动提供科学依据；健全农药包装废弃物回收处理、农膜回收处理的管理办法，2023 年 11 月 1 日起施行的《内蒙古自治区农用薄膜污染防治条例》提出，对农膜生产、销售、使用、回收、处理、再利用强化法治化管理；在重点旗县区实施秸秆综合利用、畜禽粪污资源化利用项目。2023 年，全区化肥农药使用量保持负增长，秸秆综合利用率达到 91.2%，畜禽粪污综合利用率达到 82%。[①]

（六）提升农牧业产业化科技化现代化水平

"十三五""十四五"时期，内蒙古着力以水资源和环境承载力为刚性约束调整农牧业生产布局。优先调整粮食内部结构，提升河套—土默川平原和西辽河平原的玉米产能、农牧交错区的全株青贮玉米产能；稳定河套灌区

---

① 《自治区政府新闻办召开"回眸 2023"系列主题新闻发布会（第 4 场—自治区农牧厅专场）》，https：//nmt. nmg. gov. cn/gk/xwfbh/202312/t20231228_ 24334 49. html，2023 年 12 月 28 日。

和大兴安岭丘陵区的优质小麦产能、兴安盟的优质粳稻产能、呼伦贝尔市和兴安盟等地的绿色有机大豆产能；稳步恢复呼伦贝尔市、乌兰察布市等地的马铃薯产能。以农牧结合，以草定畜、以牧促草、草畜一体化发展引导畜牧业结构调整，在中东部扩大西门塔尔牛养殖规模、西部扩大安格斯牛养殖规模；建设呼和浩特市、巴彦淖尔市等高产奶牛核心集群；稳定肉羊数量，引导草原牧区精养少养；推动肉羊养殖增量布局向西辽河平原、河套平原等玉米主产区转移；稳定呼和浩特市、包头市、兴安盟、通辽市、赤峰市等优势区的生猪产能；支持绒山羊、双峰驼、马等特色产业发展。扩大黄河、西辽河和嫩江流域草产业优势区优质饲草种植面积，促进优质饲草生产、加工流通和营销协调发展。自治区在引导生产布局调整的基础上，推动重点产业的全产业链建设，打造产业园、产业集群、产业带。截至2023年创建了奶业、马铃薯2个国家级产业集群，扎赉特旗现代农业产业园、科尔沁左翼中旗现代农业产业园、乌兰察布市察右前旗现代农业产业园、克什克腾旗现代农业产业园等4个国家级现代产业园，31个自治区级现代产业园。

"十三五""十四五"时期，内蒙古围绕耕地保护和质量提升、种质资源保护与利用、种业科技创新、农牧业机械装备、农牧业废弃物资源化利用、智慧农牧业等开展了关键技术与产品的研发与创新。"十三五"期末，内蒙古农牧业科技进步贡献率达到57.5%，农作物耕种收综合机械化率达到86.1%。目前，已支持建立草种业、奶牛、肉牛、肉羊、马铃薯的自治区种业技术创新中心，创建杂粮、蔬菜、向日葵、甜菜等14个种业创新专家团队，建设了草原家畜种质创新与繁育基地、牧草育种与良种繁育等种业重点实验室，建设了草原保护生态学、退化农田生态修复与污染治理等重点实验室。

三 内蒙古生态友好型农牧业发展面临的困难与问题

党的十八大以来，内蒙古粮食总产量保持连年增长，占全国的5%以上，牛羊肉总产量均居全国第一位，占全国的15%左右，奶类总产量占全国的近20%，为保障国家粮食安全、畜产品和奶类产品供给做出了重要贡献。为完成自治区五大任务之一的建设"农畜产品生产基地"的要求，内蒙古全面落实耕地保护和粮食安全责任，促进粮食和重要农畜产品稳定安全供给，在稳产保供的基础上发展生态农牧业，推动农牧业优质高效转型。在生态环境脆弱、水资源刚性约束趋紧、农牧业抗风险能力弱、农牧业综合效益和竞争力不高、农牧民持续增收压力大等多重因素影响下，农牧业发展面临较多困难和较大压力。

（一）耕地资源保护利用中存在若干问题

长期以来我国耕地总体呈现"北增南减、西进北扩、沿海地区减少"态势，[①] 总量有所减少，并且耕地重心持续向西北方向迁移，[②] 内蒙古的耕地面积总体呈增加趋势（见表2），持续保持耕地面积高于保有量指标，人均耕地面积是全国平均水平的 5 倍，已成为我国耕地数量安全的"稳定器"，但是是质量不高并且带有生态风险的"稳"。内蒙古33%的耕地位于降雨量 400 毫米以下的地区，从地力等级来看耕地总面积中 68.08% 为中低产田，稳产能力不高。国土二调数据显示，内蒙古有近 15% 的耕地位于林区、草原、河流湖泊最高洪水位控制线范围内以及沙漠化地区。国土三调数据与国土二调数据相比，内蒙古农用地面积减少 1.8%，但耕地增加 25.1%，同时园地减少 16.4%、草地减少 8.4%，草地中的其他草地减少 35.6%。增加的耕地面积中有相当一部分是园地和草地，特别是草地中因土质差而未使用的其他草地。因此，新增耕地的质量普遍不高，同时还可能因改变土地利用强度而引起新的生态风险。近年来，耕地扩张已产生大兴安岭地区林缘后退、草地萎缩和阴山北麓生态脆弱区植被破坏等不利影响，[③] 这些地区的土地沙漠化、荒漠化等生态风险增加。

① 朱君玉：《全国耕地资源变化及耕地保护对策研究——基于"三调"与"二调"成果对比分析》，《中国农业综合开发》2022 年第 12 期。
② 黄海潮、雷鸣、孔祥斌、温良友：《中国耕地空间格局变化及其生态系统服务价值响应》，《水土保持研究》2022 年第 1 期。
③ 高乐、姚凤桐：《生态文明背景下内蒙古耕地保护利用策略研究》，《智慧农业导刊》2023 年第 7 期。

表 2 全国和内蒙古耕地面积对比

单位：万亩

时间	内蒙古	全国
第一次全国农业普查（1996 年 12 月）	11194.5	195100.0
1999 年	11286.0	195060.0
第二次全国农业普查（2006 年 12 月）	10698.0	182663.9
国土二调（2009 年 12 月）	13783.9	203077.5
第三次全国农业普查（2016 年 12 月）	13887.0	202381.0
国土三调（2019 年 12 月）	17255.4	191792.8
2022 年国土变更调查	17352.4	191401.5

注：1999 年数据来源于《内蒙古统计年鉴 2000》《中国统计年鉴 2000》。

2012~2023 年内蒙古作物总播种面积、粮食作物播种面积持续增加，与 2012 年相比 2023 年两者增幅均在 14%以上，远超全国平均 4%左右（两项均是）的增幅。内蒙古在保障国家粮食播种面积、完成粮食生产目标上发挥了积极作用。内蒙古的耕地保持着长期高负荷运转状态。2016 年，我国启动实施耕地轮作休耕制度试点，在东北冷凉区、北方农牧交错区等地开展轮作试点，在地下水漏斗区、重金属污染区、生态严重退化地区开展休耕试点。内蒙古主要实施了作物轮作制度，为改变农民将玉米作为"铁杆作物"的种植习惯，以及稳定大豆油料面积，重点实施玉米与其他作物、大豆与其他作物轮作制度，即内蒙古的耕地休养制度以轮作为主，很少实施保护性休耕或季节性休耕制度。在长期无法获得充分自然修复的情况下，仅靠集约式补充肥力，土壤耕作层会遭到破坏，耕地被污染或功能性退化的风险较高。

（二）草原资源保护修复利用中存在若干问题

经过生态保护建设和修复，内蒙古草原生态"总体恶化态势趋缓，重点治理区生态明显改善"，生态环境状况得到改善。近年来的草原监测报告显示，内蒙古草原植被盖度逐渐恢复到 20 世纪 80 年代的水平，但天然草原产草能力仅与 2000 年前后持平，草原生态系统质量整体不高。内蒙古草原多年生植物种类占比下降 27%，优质牧草比例下降 8%，建群种在重度退化草原中基本消失。草原退化的突出表现为草群种类成分中原有建群种和优势种逐渐减少或衰变为次要成分，草群中优良牧草的生长发育减弱，可食产草量减少。[①] 内蒙古草原处于干旱区、半干旱区，草原、牲畜和人口之间存在互相依存、互相制约的关系，人草畜的矛盾如果得不到缓解，直接后果就是草原生态系统被破坏和草原畜牧业难以为继。

草原生态保护补助奖励政策源于"草原禁牧休牧轮牧和草畜平衡制度全面推行，草原生态总体恶化的趋势得到遏制"，政策目标是"两保一促进"，即"保护草原生态，保障牛羊肉等特色畜产品供给，促进牧民增收"。草原奖补政策与草原禁牧休牧轮牧和草畜平衡制度是配套的。与该政策密切相关的是牧民家庭收入和畜牧业生产经营。从牧民家庭收入状况和畜产品生产经营状况可以看出，牧民家庭收入中畜牧业是主要收入来源，但畜牧业生产经营效益不高可能会使牧民放弃畜牧业生产经营或者继续追求规模经济；草原奖补可以弥补牧民家庭因草畜平衡和禁牧而产生的一部分收支缺口，但奖补标准偏低，与高额的饲草料支出相比，补贴资金杯水车薪。在政策具体实施过程中在不同经营规模的牧户之间进行平衡的难度也很大，草场规模大的牧户因草场资源比较充裕，可以在一定范围内进行划区轮牧、安排打草场，饲草料支出不会在生产支出中占绝大部分，从而有资金进行设备更新、畜种改良等。相反地，草场规模小的牧户在有限的草场上无法进行轮牧，草场植被难以得到休养生息。小牧户还需要购买很多饲草料进行补饲，饲草料支出占生产支出的绝大部分。另外仍没有有效的办法将奖补资金直接发放到实际生产者手中。总之，草原生态保护补助奖励政策的有效性与奖补资金标准的精准度还需进一步提高。

干旱、半干旱气候使得内蒙古草原畜牧业生产始终面临饲草料不稳定或不足的问题，饲草支出在畜产品成本中的占比很难得以有效降低，生产者的利润空间有限；草原畜牧业是在天然草原上放牧，对天然草原植被保护和修复有一定压力……这么看来草原畜牧业似乎是"无利可图"的，但是我们

---

① 王咏：《松嫩草地退化指示植物》，东北师范大学博士学位论文，2009。

仍把草原畜牧业作为重点产业来发展，一方面是因为畜牧业收入是草原牧区居民收入的主要来源，另一方面则是因为适度的轮牧式畜牧业生产能够对草原起到保护作用。在以零放牧为对照的条件下，适度放牧可以使草群高度、密度和盖度保持在较高水平，且建群种的重要值不会有太大的波动；① 适度放牧草地的群落具有更高的稳定性；适度放牧可增加草原土壤砂粒占比，降低土壤无机氮含量和植被生物量，提高土壤甲烷氧化菌丰度和甲烷吸收程度。草原畜牧业在供给畜产品的同时也供给了生态产品，扩大草原畜牧业的有效供给应当包括有效扩大畜产品供给和生态产品供给。当前草原畜产品的价格、草原生态相关补偿都没有体现草原畜牧业的生态产品价值。

四　推进内蒙古生态友好型农牧业发展的若干建议

（一）稳产保供的基础上优化土地休养生息制度

以耕地数量、质量和生态"三位一体"保护为目标，统筹自治区空间开发格局和资源环境承载力，确定适宜的耕地保有量。实施耕地休耕试点，依据自治区耕地资源质量分类年度监测数据技术准确识别需休耕地块，配套实施政策性奖励补贴制度，在各盟市开展休耕试点。不断提升休耕区域识别力、休耕规模可控性、休耕空间布局合理性，推动休耕制度不断完善。提升草原生态保护补助奖励政策对解决草畜平衡、草原过牧问题的有效性，适当提高奖补资金额度，并且按照谁使用谁保护、谁保护谁受益的原则将补奖资金发放到位。

（二）建立健全农牧业生态补偿制度体系

内蒙古作为我国粮食主产区，用自然条件和生态环境约束强、较不适宜

---

① 殷国梅、王明莹、梁宇：《不同放牧强度下草地植被的群落特征研究》，《内蒙古农业科技》2012 年第 6 期。

耕作的土地资源全力保障着我国粮食安全，不仅因此放弃了部分发展权，还因长期的高强度利用而面临高生态风险。依据《生态保护补偿条例》，应探索建立粮食主产区与主销区间的横向生态保护补偿与利益补偿制度，为粮食主产区的耕地生态保护提供制度和资金保障。粮食主产区与主销区涉及多个地区，应由我国中央政府牵头设立主销区出资、主产区受偿的生态补偿基金，并对基金进行统筹管理。为提升农牧业的稳定性与生态效益，应识别和拓展农畜产品的生态产品价值属性，通过价格、补贴、保险等扶持政策发挥补偿机制的作用，既达到政策保本效果又实现经营增效。

（三）实施农牧生态空间系统性保护修复

对农牧资源保护由单一资源保护转向全要素保护。在耕地生态空间治理上，运用系统治理的思维实施耕地的"田、水、路、林、渠"质量提升工程。在草原畜牧业生态空间治理上，由单纯治草转向草原生态系统的全要素保护利用。建立多元的草原生态监测评价体系，不仅依据植被盖度、植被高度等数据来衡量草原生态状况，还要依据其他的生态变化，如草原的建群种和优势种变化、草群中优良牧草生长变化、牲畜可采食牧草量变化、土壤质量变化、自然灾害频次变化、鼠害虫害频次面积变化等，反映草原生态长期变化趋势和真实安全状况。加快对内蒙古地方农牧业生物质资源的鉴定、评价和保护，不能仅把这些特色种质资源"收藏"起来，还要对优良性状资源进行创新利用和推广。

（四）强化法治化保护

推动自治区农业生态环境保护立法，制定保护条例，以系统性的思维统领和协调各方面的规定，确保相关法律法规之间的一致性和协调性；条例涉及范围应为生态系统保护、生态环境保护、农林牧渔大农业保护等；进一步细化和明确各级政府、相关部门及生产经营者等的权利和责任；完善预防、监督和执法的体制机制，加强科技支撑，提供技术性支持路径；推动各领域单行条例的制定和实施，注重政策和标准体系的配套支撑。切实加强农牧业

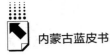

生态环境保护领域的执法、司法和责任追究。生态执法从事后走向前端，切实防范危害生态环境的若干风险。① 推动内蒙古草原生态文明的法治化建设，在草原生态保护中，借鉴和吸收地方性生态保护知识，② 将传统草原良性的生态保护范式嵌入现代法律制度，从传统草原生态保护的智慧和经验中寻求多元共治的有效路径，推动草原生态与草原畜牧业良性互动、可持续发展。

---

① 任海月：《生态环境法治的技术实现》，《犯罪研究》2024 年第 4 期。
② 阿合宝塔·江布拉提：《地方性知识与草原保护：本土法治资源的现代价值反思——以哈萨克族、塔吉克族为例》，《内蒙古大学学报》（哲学社会科学版）2024 年第 4 期。

B.3
内蒙古资源型产业绿色低碳
转型研究报告[*]

辛倬语[**]

摘　要：　资源型产业是内蒙古产业结构的重要组成部分，其发展主要依赖于自然资源利用。内蒙古的资源型产业已进入高质量发展的新阶段，在市场需求变化、政策和制度调整、科技创新需求增加以及技术与管理升级等方面面临挑战，影响着产业的持续发展。进一步推动内蒙古资源型产业的绿色低碳转型，需在加强现有政策落实的基础上，重点关注绿色低碳转型的关键节点，集中政府资源支持绿色低碳转型，强化对企业的引导、激励与约束。同时，应推动重点企业实施相关规制，调整产品供给结构，并提升绿色低碳科技应用水平。

关键词：　资源型产业　绿色低碳　内蒙古

以自然资源利用为生产基础的资源型产业，是国民经济和社会发展的核心。资源禀赋决定了区域产业发展的脉络，影响着各省份在国家安全、稳定和发展战略中的地位和责任。自然资源富集区的资源型产业高质量发展，直接影响着宏观经济的整体质量。

内蒙古作为典型的资源型地区，在我国经济高质量发展与生态文明建设

---

　　*　基金项目：内蒙古自治区社会科学基金全方位建设模范自治区研究基地委托项目"内蒙古生态文明建设与共同富裕协同发展研究"（项目编号：2023WT30）。

　　**　辛倬语，内蒙古自治区社会科学院马克思主义研究所研究员，主要研究方向为理论经济学与经济政策。

中扮演着重要角色。它不仅承担着建设中国北方重要生态安全屏障、国家重要能源和战略资源基地、国家重要农畜产品生产基地的任务，还在"双循环"格局中发挥着重要作用。凭借资源优势形成的产业基础，对实现"双碳"目标和支持宏观经济安全稳定发展及生态文明建设有显著影响。

在内蒙古的产业结构中，资源型产业长期占据主导地位，并在产业演进的各个阶段一直是支柱产业，推动了社会经济的全面发展。资源型产业不仅是生产力发展的基石，也为新型生产力的成长提供了重要的土壤。随着我国进入以生态优先和绿色发展为核心的高质量发展阶段，推动内蒙古资源型产业实现绿色低碳转型成为建设现代化内蒙古的关键任务。

一 内蒙古资源型产业发展概述

本文讨论的资源型产业是指依靠土地、矿产、森林、草原、水资源、风、光等自然资源进行生产活动的产业。从行业管理的角度来看，根据现有生产活动与自然资源的关系，资源型产业在我国 41 个工业大类中主要包括以下 18 个类别：石油和天然气开采业、燃气生产和供应业、石油煤炭及其他燃料加工业、电力热力生产和供应业、有色金属矿采选业、有色金属冶炼和压延加工业、黑色金属矿采选业、黑色金属冶炼和压延加工业、非金属矿采选业、非金属矿物制品业、其他采矿业、农副食品加工业、食品制造业、水的生产和供应业、酒饮料和精制茶制造业、烟草制品业、木材加工和木竹藤棕草制品、造纸和纸制品业等。这些工业类别在资源型产业中扮演着至关重要的角色。

从绿色低碳生产的视角来看，资源型产业所依托的自然资源，既包含可再生资源，也包括不可再生资源。从社会需求和市场需求的角度分析，资源型产业的产品在当前社会中是不可或缺的必需品。农副产品、能源、金属及非金属材料等都是生产和生活的必需品，无法被其他产品完全替代。因此，资源型产业的绿色低碳转型不仅代表了生产方式的不断进步和自然资源的有效利用，也体现了人与自然和谐共生的理念以及生态文明建设水平的持续提升。

（一）内蒙古资源型产业基础雄厚

内蒙古土地面积为 118.3 万平方千米，占我国的 12.3%，排全国第三位，东西跨度长，地形地貌多样，涵盖了从草原到山地、从湿地到沙漠的多种土地类型。这种多样化的土地资源提供了丰富的自然资源储备，并为土地资源的高效利用提供了广阔的空间。据《内蒙古自治区 2022 年度国土变更调查主要数据》，内蒙古有耕地 17352.39 万亩，其中水田 242.95 万亩，水浇地 8452.78 万亩，旱地 8656.66 万亩，是我国粮食和经济作物主要产区；园地 73.36 万亩，其中果园 67.74 万亩，其他园地 5.62 万亩；林地 36596.12 万亩，其中乔木林地 22506.33 万亩，灌木林地 11499.01 万亩，其他林地 2590.78 万亩，森林总面积居全国第一位；草地 81284.30 万亩，其中天然牧草地 71681.43 万亩，人工牧草地 203.25 万亩，其他草地 9399.62 万亩，草地面积居全国第二位；湿地 5694.95 万亩，其中森林沼泽 1051.13 万亩，灌丛沼泽 321.83 万亩，沼泽草地 2749.88 万亩，内陆滩涂 1394.95 万亩，沼泽地 177.16 万亩。内蒙古丰富的土地资源结构为其提供了宝贵的生态资源，尤其是广袤的草原在草原修复期间展现出显著的碳汇功能，禁牧草场的碳汇潜力也是其重要的生态资源价值。

内蒙古拥有城镇村及工矿、水域及水利设施用地 2317.56 万亩，占内蒙古土地面积的 0.86%。其中城市 186.08 万亩，建制镇 330.73 万亩，村庄 1263.03 万亩，采矿用地 491.11 万亩，风景名胜及特殊用地 46.61 万亩；交通运输用地 486.70 万亩，其中铁路用地 98.35 万亩，轨道交通用地 0.19 万亩，公路用地 380.54 万亩，机场用地 6.88 万亩，港口码头用地 0.01 万亩，管道运输用地 0.73 万亩。水域及水利设施用地 1607.03 万亩，其中河流水面 479.85 万亩，湖泊水面 597.52 万亩，水库水面 112.09 万亩，坑塘水面 211.42 万亩，沟渠 206.15 万亩。

内蒙古矿产资源极为丰富，涵盖了铜、铅锌、铁、金、银等多种矿产资源。包头白云鄂博矿山被誉为世界上稀土储量最丰富的矿山。全区共有 103 种矿产的保有资源量居全国前十位，其中 48 种矿产的保有资源量居全国前

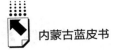
三位，煤炭、铅、锌、银、稀土等21种矿产的保有资源量居全国第一位。20世纪50年代，为开发利用包头白云鄂博铁矿，内蒙古建设了包头钢铁集团，开启了内蒙古工业化历程，也因此奠定了内蒙古在全国资源型产业格局中的基础地位。21世纪20年代，包头提出建设"全国最大的稀土新材料基地和全球领先的稀土应用基地"，并针对内蒙古资源型产业科技研发能力不足的短板，采取"科创逆向飞地模式"，在深圳创新性建设稀土研发中心和人才培养基地，内蒙古开始进入立足自然资源基础、依托科技构建资源型产业新优势的新发展时期。

内蒙古能源资源丰富，煤炭储量居全国第一位，风能资源占全国的57%，太阳能资源占地超过21%，均居全国前列。随着能源革命的推进，内蒙古对传统化石能源的依赖逐渐减少，风能和太阳能成为重要能源资源，在国家现代能源经济体系中扮演着关键的角色。科技进步不仅拓展了自然资源开发的深度和广度，还推动了新能源生产的绿色低碳转型。现代能源经济的发展引发了对硅晶、萤石、氢和有机材料等的需求，改变了内蒙古自然资源利用结构，为绿色低碳发展带来了新机会。

（二）内蒙古资源型产业发展历程

资源型产业长期处于内蒙古支柱产业和主导产业的双重地位。煤炭、风光、金属矿产、盐湖碱矿、农田草场等资源开发利用构成了内蒙古资源型产业的重点领域，所形成的煤炭开采、热电与煤化工、氯碱化工、金属矿开采、钢铁冶炼加工、铜铝冶炼加工产业是内蒙古资源型产业中的传统优势产业，在能源和铝铁资源利用基础上派生的铁合金新材料、硅晶及其衍生的光伏发电装备制造等产业，逐渐成为内蒙古资源型产业中具有较为明显成本优势的行业。

2019年3月，习近平总书记在参加十三届全国人大二次会议内蒙古代表团审议时，强调要保持加强生态文明建设的战略定力，探索以生态优先、绿色发展为导向的高质量发展新路子，加大生态系统保护力度，打好污染防治攻坚战，守护好祖国北疆这道亮丽风景线。内蒙古自治区党委、政府对贯彻落实习近平总书记重要讲话精神给予高度重视，"探索出一条以生态优先、绿色发展为导向的高质量发展新路子"成为内蒙古转变发展方式、优化产业结构、促进传统产业优化升级的目标方向。同期，国务院先后实施大气、水、土壤污染防治行动"三个十条"，实施了中央生态环境保护督察制度。配合我国环境保护政策的深化、细化和执行过程的科学严谨，内蒙古资源型产业开启了全面贯彻生态优先绿色发展理念、严格执行国家环境保护政策制度的新发展阶段。煤电系统减排增效、高耗能体系降耗升级、矿山开发领域不断强化绿色矿山建设、围绕"能耗双控"目标全面推进整体产业结构向资源节约、环境友好型转化。其间，对建筑石材、金属矿山、萤石等非金属矿山开展了全面整治，并与国土空间区划的生态红线区、矿山修复等新标准统筹推进，力度之大，迄今仍然对内蒙古矿业产生着重要影响，较好地推进了各矿区生态修复和环境治理。这一时期，国内现代能源经济体系逐渐完成了初期的存量积累，风力发电、光伏发电厂的建设形成了与火电上网基本匹配的规模，国家政策从鼓励供给端建设转向供给端与消费端同时发力，绿电应用逐渐得到社会关注。内蒙古电力供给优势、风光资源优势得到了全国性的高度重视，风电产业从单纯地为火电配套，进入连接供需两侧协同发展的新发展阶段，在内蒙古产业发展总体布局中，以建设我国重要能源和战略资源基地为统领，内蒙古现代能源产业被确定为新发展阶段内蒙古经济发展的重心。《内蒙古自治区"十四五"能源发展规划》提出，到2035年，自治区全面建成国家现代能源经济示范区，能源发展和生态环境保护实现和谐共融，北方重要生态安全屏障全面建成。能源发展绿色、数字、创新转型全面推进，能源行业治理能力现代化基本实现。风光氢储成为自治区新主导产业，全国现代能源供给中心全面建成。

2021年，在我国提出碳达峰碳中和时间表的导向下，我国全面进入低碳化发展的时代，以"低碳（零碳）城市"为开端，国内多个省份提出了响应中央"双碳"目标的低碳化城市发展目标，把降低碳资源利用总体水平、减少碳排放作为我国生产生活的新方式，带动了清洁能源装备制造业的发展壮大。光伏发电装备、储能装备、输变电装备制造、清洁能源车等绿色

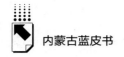
能源利用，既需要充沛稳定、低成本的电力供给，又需要有丰富的物质资源和有足够容纳能力的环境资源。内蒙古凭借雄厚的电力供给能力、富集的物质资源、充沛的风光资源以及充足的环境资源和优良的区位资源，全面满足了低碳化发展的资源需求，以绿色能源供给带动了内蒙古现代能源经济的全面发展，为资源型产业低碳化提供了不竭的动力。

2022年，内蒙古提出了贯彻落实党的二十大精神、推进中国式现代化建设的"两件大事"，即"全方位模范自治区"和把内蒙古建设成为我国北方重要生态安全屏障、祖国北疆安全稳定屏障、国家重要能源和战略资源基地、国家重要农畜产品生产基地、国家向北开放重要桥头堡的"五大任务"。生态安全屏障和两个基地的建设，成为内蒙古推动自然与经济协同建设的新抓手。通过完成这些任务，内蒙古不仅关注生态保护和资源开发的平衡，还致力于提升区域的综合实力，推动经济的可持续发展。这些举措将帮助内蒙古在实现高质量发展目标的同时，为全国的生态安全、能源安全、食品安全以及对外开放贡献力量。

2023年10月，结合内蒙古自治区的战略地位和发展目标，国务院出台《关于推动内蒙古高质量发展 奋力书写中国式现代化新篇章的意见》（以下简称《意见》），肯定了内蒙古"五大任务"工作目标，就"加快经济结构战略性调整，探索资源型地区转型发展新路径"，再次强调要以生态优先、绿色发展为工作原则，牢固树立绿水青山就是金山银山的理念，扎实推动黄河流域生态保护和高质量发展，加大草原、森林、湿地等生态系统保护修复力度，加强荒漠化综合防治，构筑祖国北疆万里绿色长城。强调立足内蒙古资源禀赋、战略定位，推动转变经济发展方式同调整优化产业结构、延长资源型产业链、创新驱动发展、绿色低碳发展、全面深化改革开放相结合。《意见》精准锁定了资源型产业在内蒙古高质量发展中的地位，明确提出聚焦新能源、稀土新材料、煤基新材料、石墨烯、氢能、生物制药、生物育种、草业等优势领域，推动钢铁、有色金属、建材等重点领域开展节能减污降碳技术改造，延伸煤焦化工、氯碱化工、氟硅化工产业链，鼓励铁合金、焦化等领域企业优化重组，有序发展光伏制造、风机制造等现代装备制造业，加快发展电子级晶硅、特种合金等新材料，推动中医药（蒙医药）、原料药等医药产业发展。从国家支持的领域看，几乎全部属于资源型产业，即便是其中的光伏制造和风机制造等现代装备制造业，其成品制作的工艺流程也是始于基础原料晶硅、合金材料、玻璃纤维、碳纤维等，与资源型产业形成紧密联系。

内蒙古资源型产业的发展历程不仅体现了生态优先和绿色发展理念在资源型产业政策中的逐步落实，彰显出新时代生态文明建设法治的实际效果，同时还突出了区域和产业政策在推动绿色低碳转型中的关键作用，全面展示出自然资源开发与生态环境保护的协调演进过程，为全国的生态文明建设提供了宝贵经验。

（三）内蒙古资源型产业绿色低碳转型途径

内蒙古资源型产业绿色低碳转型的实践，归纳起来有五条途径。一是在资源型产业集聚区内实施清洁生产，提高资源利用总水平，沿产业链寻求提高资源利用效率的生产方式和适宜市场需求的产品，通过产业链各环节对资源利用的深化，减少资源加工利用过程中的废弃物排放。二是在空间更加广阔的使用场景中，建立资源性产品生产—利用—回收—再利用的紧密"生产+服务"链条，融合产品制造与应用两端，以制造企业为主体，基于零碳排放理念构建全流程产品服务体系，打造零碳产品。三是在重要的资源型产业领域推进绿色化，在自然资源消费结构上加大可再生资源开发利用所占比例，降低对不可再生资源开发利用的依赖，降低社会生产生活对不可再生资源消耗的比例。在能源领域不断加大绿色能源的比重，以应用端不断扩大绿电消纳规模为动力，逐步形成以清洁能源为主体的能源生产新格局。同时在更广阔的领域提高可再生资源开发利用比例，包含对生物质资源的不断开发。四是改变传统社会生产生活体系的"碳循环"模式，拓展碳资源开发利用各环节对碳的利用途径，如温室种植中使用气肥技术等。五是在生产过程中减少对生态环境的影响，进而实施生产与环境治理融合的新型生产模式，如减少露天开矿对气候的干预、实行光伏发电与荒漠化治理融合模式等。

二 内蒙古资源型产业绿色低碳转型进展

2023年以来，内蒙古加大了推进资源型产业绿色低碳转型力度，在政策制定与落实、加大绿色低碳项目投资方面取得积极有效的进展。协调推动国家发展改革委等六部门出台了《关于支持内蒙古绿色低碳高质量发展若干政策措施的通知》，协调推动自然资源部出台了《关于支持内蒙古发挥资源优势推动高质量发展的意见》，既为落实《意见》争取到更为精准、具体的政策，也为内蒙古资源型产业绿色低碳转型营造了更加有利的大环境。

（一）资源型产业转型升级总体进程加快

2024年，内蒙古将"政策落地工程"置于年度推进的六项重大工程中的首位。截至2024年上半年，内蒙古实现了铁合金、电石、焦炭、石墨电极限制类产能全部关停退出。继鄂尔多斯市、包头市、赤峰市于2023年进入首批国家碳达峰试点城市，内蒙古被列为全国能耗双控向碳排放双控转变的8个先行先试地区之一

2023年新能源全产业链增加值增长16.1%，建成全国单体规模最大光伏治沙项目、国内在运最大陆上风电基地、世界首条固态低压储氢生产线；风光储氢装备制造业产值达到2762亿元。现代煤化工产业增加值增长15.4%，煤制乙二醇、煤制烯烃产能均居全国第二位。稀土产业增加值增长21%，中重稀土金属产品实现规模化生产，开工建设了10万吨级全球最大稀土绿色冶炼项目，稀土、铌、锂等战略资源勘探取得新突破。

2024年1~5月，内蒙古新能源重大项目投资快速增长，完成投资492亿元、同比增长30%。新增新能源装机规模835万千瓦，较同期增长近130%，位居全国第一。截至5月底，内蒙古新能源总装机规模达到10158万千瓦，占电力总装机的比重达到45%，同比提高了7.3个百分点，成为全

国第一个新能源总装机突破 1 亿千瓦的省份，年均可发绿电约 2300 亿千瓦时，相当于减少碳排放超 1.9 亿吨，居全国首位。

（二）资源型产业绿色化发展持续深入推进

2023 年，内蒙古煤炭行业启动了多个绿色改造项目，推广了煤炭清洁高效利用技术，显著减少了污染物排放。2023 年内蒙古煤炭行业的二氧化硫和氮氧化物排放量同比减少约 10%。高效尾气处理、废水回用等技术应用比重有效增加，不断推进绿色改造和环保技术应用。

2023 年，内蒙古风电装机容量达 50 吉瓦，占全国的 20%。风电发电量逐年增长，为绿色能源转型提供了坚实的基础。此外，内蒙古的光伏发电装机容量约为 15 吉瓦，占全国的 10%。太阳能利用率逐步提高，推动了绿色电力的发展，可再生能源在内蒙古的能源结构中正发挥越来越重要的作用。

煤炭和矿产资源的综合利用取得了积极进展。2023 年，内蒙古矿石加工副产品的回收利用率提高至 60%。此外，包头、鄂尔多斯、乌兰察布等多地域内重点园区实施了固体废物分类和回收项目，有效减少了资源浪费和环境污染，内蒙古在推动资源回收利用和减少环境影响方面迈出了积极的步伐。

（三）资源型产业转向以资源深加工为主

内蒙古资源型产业绿色低碳转型的重要动力来自延伸资源型产业的产业链，不断向深加工领域拓展。2023 年以来，内蒙古通过发挥好自然资源富集优势，不断培育资源型产业绿色低碳发展新优势，加大项目招商引资力度推动资源深加工领域延长产业链、填补产业链空白，延链补链类行业增加值增长速度明显高于资源生产类行业，深加工产品产量增幅大于原料产量。

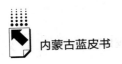

表1　2023年规模以上资源型产业主要行业增加值增长速度

单位：%

指标	比上年增长
煤炭开采和洗选业	1.4
石油和天然气开采业	-0.4
黑色金属矿采选业	26.7
农副食品加工业	6.0
食品制造业	18.3
石油、煤炭及其他燃料加工业	15.3
化学原料和化学制品制造业	2.5
非金属矿物制品业	20.2
黑色金属冶炼和压延加工业	15.0
有色金属冶炼和压延加工业	11.9
电力、热力生产和供应业	15.5

资料来源：《内蒙古自治区2023年国民经济和社会发展统计公报》。

表2　2023年资源型产业主要产品的产量及其增速

指标	单位	产量	比上年增长（%）
原煤	万吨	123366.3	1.7
焦炭	万吨	5069.3	8.0
发电量	亿千瓦时	7629.9	15.3
单晶硅	万吨	58.9	42.3
多晶硅	万吨	43.0	209.9
粗钢	万吨	3266.9	10.5
钢材	万吨	3385.8	11.1
十种有色金属	万吨	838.7	4.6
原铝（电解铝）	万吨	633.8	3.7
铝材	万吨	279.6	34.1
平板玻璃	万重量箱	1118.7	0.1
化肥	万吨	466.7	16.5
精甲醇	万吨	1847.6	-0.1
水泥	万吨	3729.6	4.8

资料来源：《内蒙古自治区2023年国民经济和社会发展统计公报》。

在农畜产品生产领域同样表现出加工转化高速发展的趋势。2023 年，内蒙古农畜产品加工业增加值增长 11.6%、加工转化率达到 72%，新创建奶业、马铃薯 2 个国家级产业集群和 3 个国家级现代产业园、8 个产业强镇，创建数量居全国第一位，建成全球最大乳酸菌种质库，肉羊产业产值达到千亿级。国家重要农畜产品生产基地呈现出高质量发展态势。

三 内蒙古资源型产业绿色低碳转型面临的新挑战

从内蒙古资源型产业绿色低碳发展的途径分析，内蒙古资源型产业绿色低碳发展面临的挑战体现在以下四个方面。一是政策落实主体的二元化。政府与企业需协同推进绿色低碳转型，面临政策落实主体的分化问题，要求双方在实施过程中更紧密配合。二是生态环境保护规制。资源型产业在结构优化过程中必须应对严格的生态环境保护规定带来的额外调整压力。三是技术与市场不确定性。企业在应用绿色低碳技术时面临技术成熟度和市场需求的不确定性，这可能影响转型效果和投资回报。四是支撑能力的挑战。资源型产业绿色低碳转型对盟市的支撑能力提出了更高要求，包括基础设施、技术支持和财政保障等方面的不足。

（一）绿色低碳转型发展政策落实主体的二元化

从国家治理的角度看，内蒙古绿色低碳转型发展，要完成中央部署给自治区的生态建设、环境保护和增加碳汇、减少碳排放等各项任务，各项任务分解到盟市后，各级政府体系成为生态建设和环境保护的责任主体，需要完成国家、自治区下达的减碳、降耗、环境治理、生态保护和建设的具体任务目标，接受相关考核，成为落实绿色低碳发展政策和制度要求的责任实体。

资源型产业绿色低碳转型是内蒙古实现转变发展方式的关键，内蒙古资源型产业转型发展必须由各行业的企业来实现，企业要执行各项生态环境保护规制。同时，企业在长期发展中要具有竞争优势，也必须在

新时代生态文明建设总目标下，有效落实绿色低碳发展政策和规制，这与政府完成责任目标一致。但绿色低碳转型政府任务比企业目标更为宏观，导致政府在完成自身任务时与企业保持生产连续性的利益目标存在一定冲突，如在矿山整治过程中建筑石材行业的行政性停产整治，给企业运行带来较大压力；重化工企业、高能耗企业持续生产，对地方完成转型任务带来不利影响。如何在社会经济发展的综合目标下，实现政府与企业协同推进绿色低碳转型，成为内蒙古资源型产业绿色低碳转型需要应对的重大挑战。

（二）生态环境保护规制约束资源型产业结构优化进程

我国生态环境保护的规制不断完善，通过中央行政执法手段执行生态环境保护各项法规制度的检查、监控越来越密集，执行的生态环境保护、国土资源保护规制越来越严格，内蒙古各级地方政府生态环境保护主体责任不断强化。为落实中共中央办公厅、国务院办公厅《关于在国土空间规划中统筹划定落实三条控制线的指导意见》和《自然资源部 生态环境部 国家林业和草原局关于加强生态保护红线管理的通知（试行）》，2023年11月内蒙古颁布了《内蒙古自治区人民政府办公厅关于加强生态保护红线管理的实施意见（试行）》，在《内蒙古自治区基本草原保护条例》《内蒙古自治区草原管理条例》的基础上，进一步加大了国土空间管控力度。

近年来，在资源型产业绿色低碳转型升级过程中，既有资源型生产企业转型时会面临市场需求不足的压力，缺少更新改造投资的动力。在严格的生态环境规制和土地资源管理制度下，新建绿色低碳项目也面临土地供给不足、环境影响审查、水资源利用审查、能耗审查等问题。2023年底，内蒙古基本盘活了纳入"半拉子"过程台账的380多个项目，但针对拟新增项目的土地供给依然紧张，在能耗管理制度调整后，能耗指标的分配也与转型发展的需求存在较大落差。

（三）资源型企业需要应对技术与市场的不确定性

在绿色低碳经济的推动下，市场对环保和绿色产品的要求越来越高。内蒙古的资源型企业在绿色转型过程中面临来自国内外市场的竞争压力，需要谋划新技术应用与新产品生产，不断提高产品的绿色标准和质量。当前国际国内绿色低碳产品开发活动十分活跃，企业在技术创新和产品创新方面，既面临跟紧时代的要求，也面临市场需求和竞争格局不确定的风险。国家产业政策和法规的不断完善，也对企业的创新能力和适应能力提出了更高的要求。

绿色低碳转型要求企业采用先进的环保和清洁技术，这通常需要大量的研发投入和技术引进。此外，绿色转型还需大量初期投资，用于设备更新、技术改造和环保设施建设。对许多传统资源型企业而言，筹集转型资金是一大挑战。绿色项目在长期内能带来经济效益，但短期投入大，这使得一些金融机构对绿色项目融资持谨慎态度，从而制约了企业的资金投入。同时，技术水平的提升和更新换代对于部分资源型企业来说存在困难，现有技术和设备往往无法完全满足绿色转型需求，技术改造和适配过程复杂且耗时，进一步影响了转型进度。

此外，内蒙古的资源型产业链较长，关联企业和部门众多，绿色转型需要对整个产业链进行整合和优化，涉及管理模式、供应链调整和业务流程再造等多方面的挑战。而传统资源型企业的管理模式和文化习惯可能与绿色低碳发展的要求相冲突。转型过程中，需要改变企业的文化和管理方式，以适应绿色发展理念。

（四）绿色低碳转型发展对城市支撑能力提出更高要求

在我国新发展阶段产业布局调整的过程中，内蒙古各城市产业结构优化升级方向的抉择，受到产业发展环境的影响越来越大。2023 年，内蒙古优化营商环境工作取得了明显成效，得到了国家认可。2024 年 5 月，内蒙古颁布《内蒙古自治区持续优化营商环境行动方案》，为各级政府推动、服务

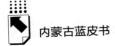

转变发展方式，促进招商引资再上新台阶提出了新要求，解决了内蒙古高质量发展中的环境问题。至此，内蒙古各城市建设支撑产业高质量发展平台的工作重点转向全面提升公共服务水平，增强城市对新兴资本的吸引力和转型所需人才的竞争力等。

全区各城市发展的总体水平在全国处于中下游，在全国与城市品质相关的各类比较中，内蒙古的城市排名靠后。据奔腾融媒报道，2024年我国城市排行榜中，内蒙古的呼和浩特、鄂尔多斯、包头等为三线城市，赤峰等为四线城市，乌海、通辽等为五线城市。在新发展格局中，内蒙古城市发展对资源型产业优化升级的支撑力遇到极大挑战。

四　促进内蒙古资源型产业绿色低碳转型基本路径和政策建议

内蒙古资源型产业的绿色低碳转型是一个系统工程，涉及技术、管理、资金等多方面的协调与推进，需进一步优化资源开发和管理，推动资源型产业转型升级，致力于绿色发展和高质量经济增长，以应对资源枯竭、环境污染及社会经济问题的挑战，实现可持续发展目标。需要多方协同合作，政府、企业和社会组织各自发挥作用，共同推动转型进程。

（一）促进内蒙古资源型产业绿色低碳转型的基本路径

经过长期产业优化升级的实践，内蒙古资源型产业绿色低碳转型的基本路径比较清晰。第一，完善支持政策。国家和地方政府鼓励绿色低碳转型，出台了一系列支持绿色经济和可再生能源发展的政策。内蒙古可利用这些政策推动自身绿色转型。对绿色能源项目的补贴和奖励政策将降低企业的转型成本，促进可再生能源和绿色技术的应用。第二，促进技术创新。技术进步使得绿色技术和清洁能源的应用成本逐渐降低，如高效燃煤技术和先进的废物处理技术。新型储能技术的发展可以提高可再生能源的利用效率，缓解其不稳定性问题。第三，推动企业转型。企业通过绿色转型可以提升市场竞争力和品牌价值，吸引更多投资者和合作伙伴。第四，加强国际合作。内蒙古可以与国际组织和外国企业合作，分享绿色技术和经验，提升转型能力和水平。通过国际合作引进先进的绿色技术和设备，加速绿色转型进程。党的二十届三中全会作出的《中共中央关于进一步全面深化改革 推进中国式现代化的决定》（以下简称《决定》）为顺利推进内蒙古资源型产业绿色低碳转型提供了更为有利的政策环境，在内蒙古贯彻执行《决定》提出的各项改革举措进程中也将加速完善绿色低碳转型的区域政策环境。

（二）促进内蒙古资源型产业绿色低碳转型的政策建议

第一，进一步完善相关法规。制定和完善针对资源型产业的绿色转型法规，明确绿色转型的目标、标准和实施步骤。法规应涵盖污染排放标准、资源使用效率、环保技术应用等内容。强化资源型产业的环保要求，建立严格的环保监测和评估机制，对不达标企业实施处罚，推动企业积极履行环境保护责任。健全环境保护法制，确保法律法规的有效执行，包括制定具体的地方性环境保护法规，落实国家环保政策，确保政策在地方的实施效果。

第二，采取财政激励措施。对绿色技术研发和环保设施建设给予财政补贴，降低企业转型成本。补贴可以包括设备采购补贴、技术改造补贴和环保设施建设补贴。对绿色产业和绿色项目提供税收优惠，包括企业所得税减免、增值税退税等。鼓励企业投资绿色项目和技术，推动绿色产业发展。设立绿色债券发行支持政策，鼓励企业发行绿色债券融资。为绿色项目提供低利率贷款和融资支持，减轻企业融资压力。

第三，加强技术研发支持。提供科研资金和项目支持，鼓励高校和科研机构进行绿色技术研发。支持绿色能源、环保技术和废料资源化等领域的研究。推动绿色技术示范项目的实施，通过政府资助和补贴，支持新技术的推广应用，展示绿色技术的实际效果，提升市场认知度。

第四，推动企业绿色管理和实践。建立绿色管理体系，包括制定绿色发展战略和行动计划。推动企业实施资源节约和环境保护措施，提升绿色管理

水平。强制要求企业定期披露环境信息，包括污染物排放情况、资源使用情况等，提高企业的环境透明度，接受公众监督。

参考文献

付奎、张杰、刘炳荣：《产业转型政策能否推动城市低碳转型——来自资源型和老工业城市产业转型升级示范区的证据》，《中国环境科学》2023 年第 5 期。

高嵩、白立敏、李冰心、谭亮：《中国资源型产业转型效率的时空演变及影响因素研究》，《地理科学》2023 年第 9 期。

黄芳：《我国资源型城市产业绿色转型研究》，《生态经济》2024 年第 8 期。

焦樵：《环境规制、资源型产业依赖与"碳诅咒"》，《统计与决策》2023 年第 11 期。

闫鹏飞、刘晓明：《资源型地区传统产业绿色低碳发展路径探析》，《经济师》2024 年第 3 期。

朱雅晴：《资源枯竭型城市转型政策对碳生产率的影响——基于中国 274 个地级市的面板数据》，《重庆文理学院学报》（社会科学版），网络首发。

B.4
内蒙古畜牧业特色优势产业发展报告

其其格*

摘　要：　大力发展特色优势产业，是内蒙古传统畜牧业高质量发展的根基和关键。在日益加剧的产业转型压力、生态压力和市场波动等大环境下，充分挖掘和优先发展牧区特色优势产业将成为传统畜牧业高质量发展的新突破口。针对内蒙古不同牧区自然环境、产业特点、比较优势和发展潜力，在"特"字上做足文章，在"优"字上下足功夫，充分利用区域特色和资源禀赋，重点发展"草原五畜"中的骆驼产业和马产业，采取差别化政策，优化产业布局，注重产业集聚和产业配套体系建设，从而形成特色优势产业集群，是内蒙古特色优势畜牧业未来高质量发展的方向。

关键词：　畜牧业　特色优势产业　内蒙古

2024年4月23日，习近平总书记在重庆主持召开新时代推动西部大开发座谈会时强调，要坚持把发展特色优势产业作为主攻方向，因地制宜发展新兴产业，加快推动西部地区产业转型升级。[①] 2024年7月18日，党的二十届三中全会审议通过的《中共中央关于进一步全面深化改革 推进中国式现代化的决定》明确指出，完善强农惠农富农支持制度；坚持农业农村优先发展，完善乡村振兴投入机制；壮大县域富民产业，构建多元化食物供给体系，培

---

*　其其格，博士，内蒙古自治区社会科学院牧区发展研究所研究员，主要研究方向为区域经济、牧区经济。
①　庞革平、龚仕建、张文等：《在中国式现代化建设中奋力谱写西部大开发新篇章》，《人民日报》2024年4月25日。

育乡村新产业新业态。① 可见，在复杂多变的国际环境和全球经济下行压力之下，积极探索新的经济增长点和突破口已成为当前内蒙古面临的主要问题。

大力发展特色优势产业，是内蒙古高质量发展的根基和关键。作为祖国北部的生态安全屏障和农牧业主产区，内蒙古有广阔的草原、耕地、沙漠、湖泊、河流、湿地、森林等独特的地理环境和资源禀赋，特色畜牧业、区域特色农业和"羊煤土气"等优势产业享誉市场。产业强则经济强，产业兴则百业兴。在面对生态压力、市场波动和自然灾害频繁等大环境下，"草原五畜"中的牛、羊产业面临着前所未有的困难和挑战，主要表现为市场需求下降、价格下跌和草原生态保护压力日益增大，从而导致牧民生产成本上升、收入增长缓慢、生产积极性遭受打击。在此背景下，积极探索和发展牧区特色优势产业显得格外重要。一直以来，内蒙古骆驼产业和马产业在全国名列前茅，依托广阔的草原、湿地、森林、戈壁和沙漠等自然条件和传统文化资源，拥有强大的产业优势、区域优势和品牌优势，发展潜力巨大。因此，内蒙古应发挥产业优势、比较优势、区域优势与竞争优势，使优势产业真正能起到带动本地区农牧民致富和牧区经济社会发展的作用，从而取得牧区特色优势产业高质量发展和农牧民共同富裕的"双赢"效果。

本文以内蒙古传统特色优势产业——骆驼产业和马产业为研究对象，以社会需求和市场动态为背景，以畜牧业产业转型和高质量发展为切入点，深入剖析内蒙古典型牧区骆驼产业和马产业的发展现状、现实挑战与优化策略。

一 内蒙古骆驼产业发展现状、挑战与未来趋势

（一）保护与繁育现状

我国荒漠和半荒漠地区主要分布在西北各省区及内蒙古西部地区，总

---

① 《中共中央关于进一步全面深化改革 推进中国式现代化的决定》，《人民日报》2024 年 7 月 22 日。

面积有 130.8 万平方千米，约占国土面积的13.6%。[①] 其中，内蒙古的荒漠和半荒漠地区主要分布在西部的阿拉善盟、巴彦淖尔市北部、鄂尔多斯市部分地区及中部锡林郭勒盟浑善达克沙地等区域。荒漠和半荒漠地区深居亚欧大陆腹地，气候类型属于典型的中温带大陆性气候。气候特色为干旱少雨，蒸发量大，风大沙多，昼夜温差大，冬寒夏热，四季气候特征明显。由于降水量偏少，日照充足且夏季气温偏高，在地表水分蒸发过程中，将土壤深部的盐碱等部分矿物质带到表土并留在地表，造成荒漠和半荒漠地域的土壤及水分、植物的含盐量较高，地表水和植物多呈咸苦涩味。严酷的自然条件使荒漠和半荒漠地区植被稀疏，植物种类稀少，只适合生长旱生、超旱生、盐生和沙生的荒漠野生植物。荒漠和半荒漠地区特殊的生态环境和自然条件迫使当地牧区饲养的畜种结构发生了巨大转变。其中，与自然环境和人文环境高度匹配的骆驼养殖产业成为荒漠和半荒漠地区的典型支柱产业。

从全球分布看，双峰驼主要分布在亚洲的中国、蒙古等国家。在中国，骆驼养殖业主要分布在内蒙古、新疆、甘肃、宁夏等中西部牧业省区。国内骆驼品种主要有阿拉善双峰驼、新疆双峰驼和苏尼特双峰驼三个品种。其中，内蒙古骆驼保有量一直在全国占据领先地位。

千百年来，内蒙古阿拉善盟、巴彦淖尔市北部地区及锡林郭勒盟部分地区的骆驼养殖产业是当地重要的传统民族产业和优势民生产业。骆驼是草原牧民历史、经济和生态领域的主题，也是戈壁、沙漠地区的文化符号之一。长期以来，以驼运这一独特的交通运输方式为代表的人畜互动模式，成为著名的丝绸之路沿线最主要的运输方式，也在戈壁、荒漠地区对外联络、物资往来及经济文化交流过程中发挥着极其重要的作用。戈壁牧民与骆驼同生长、共迁徙，由此衍生和积淀出历史悠久的养驼习俗和骆驼文化。

从 20 世纪 80 年代开始，受自然生态环境恶化、草场承包到户、机

---

① 付红霞：《从乌拉特戈壁红驼看骆驼产业发展》，《中国畜牧业》2017 年第 20 期。

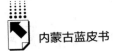
械化代替役用、驼产品研发利用技术滞后、驼肉驼奶驼绒等市场普及率低、骆驼繁殖周期长和养殖效益低等诸多因素影响，内蒙古骆驼养殖数量锐减，存栏数量减少。从历年数据变化来分析，内蒙古骆驼保有量变化呈"V"形趋势（见表1）。20世纪80年代末，全区骆驼数量一直在20万峰以上（1986年达到27.4万峰），但从90年代开始，全区骆驼数量逐渐减少，到20世纪末21世纪初，总数下降到10万峰以内（2003年只有7.56万峰）。以我国骆驼之乡——内蒙古阿拉善盟为例，1982年阿拉善双峰驼数量达到25万多峰，但到2003年存栏仅为5.60万峰。①

骆驼数量的急剧减少和骆驼资源的濒危问题引起了国家和自治区的高度关注，出台多项有力的保护措施。首先，针对骆驼的保护与繁育制定了更为严格的政策。比如，2002年阿拉善双峰驼被列入国家畜禽品种资源保护名录，不同品种的骆驼全部被定为国家二级保护动物等。其次，在全区主要骆驼养殖区设立多个保护区和保种场，与地方养驼文化相结合，鼓励骆驼养殖产业化发展。比如，2008年农业部批准成立国家级阿拉善双峰驼保护区和保种场；成立骆驼保护协会、建设种驼选育基地等。以阿拉善盟为例，根据双峰驼中心产区分布情况划分了4个骆驼保护区，即北部戈壁保护区、乌兰布和沙漠保护区、腾格里沙漠保护区和马鬃山保护区。在保护区内建立了80群选育核心群、120群保种基础群，采取以种驼场为中心、以核心群为骨干、以保种群为基础的三级扩繁模式，进行本品种选育。② 近年来，在各级政府的重视和保护下，阿拉善双峰驼数量有所增加，2019年存栏达到近11.5万峰。2007年以来，内蒙古骆驼保有量逐渐增加，2022年全区骆驼存栏达到20.37万峰（见表1）。

① 王励行、任玉霞：《阿拉善骆驼产业高质量发展的路径》，《中国国情国力》2020年第1期。
② 巴图朝鲁、孟和朝鲁、敖特根：《关于保护阿拉善双峰驼促进骆驼产业发展的调研报告》，《饲料与畜牧》2019年第3期。

表 1 1987~2022 年内蒙古主要牧业盟市骆驼保有量变化

单位：万峰

年份	内蒙古	阿拉善盟	巴彦淖尔市	锡林郭勒盟	鄂尔多斯市	乌兰察布市	呼伦贝尔市	赤峰市
1987	24.20	14.80	2.00	4.70	0.90	0.70	0.20	0.20
1992	17.51	11.06	1.45	3.08	0.32	0.35	0.18	0.13
1997	14.44	9.64	1.61	1.79	0.17	0.19	0.16	0.07
1999	12.84	8.81	1.30	1.39	0.13	0.13	0.15	0.06
2001	8.88	6.28	0.80	0.55	0.10	0.14	0.12	0.04
2003	7.56	5.60	0.51	0.46	0.01	0.19	0.14	0.03
2005	8.54	6.40	0.73	0.53	0.07	0.19	0.17	0.03
2007	8.45	5.97	0.92	0.60	0.06	0.28	0.17	0.04
2010	9.95	6.36	1.55	0.88	0.12	0.39	0.21	0.08
2013	13.24	8.33	1.95	1.28	0.27	0.74	0.24	0.11
2016	15.91	10.26	2.07	1.23	0.41	1.33	0.30	0.11
2019	17.26	11.49	2.84	1.20	0.64	0.49	0.28	0.12
2022	20.37	14.09	2.96	1.24	0.75	0.57	0.36	0.21

资料来源：从内蒙古历年统计年鉴整理而成。

内蒙古草原牧区养殖的骆驼主要有两大品种，分别为阿拉善双峰驼及苏尼特双峰驼。除此之外，还有克什克腾白骆驼及部分其他品种的骆驼被养殖在赤峰市、呼伦贝尔市等地，但数量相对较少。

（二）发展骆驼产业的市场前景以及不同效益分析

骆驼长期处于气候条件相对恶劣的沙漠、戈壁地区和干旱、半干旱天然放牧环境，艰难的生长环境赋予骆驼乳更高的营养价值。驼乳对于增强人体免疫力和抗病能力大有裨益，蒙古族牧民多有用驼乳来治疗婴儿腹泻和消化道溃疡以及各种肾脏疾病的习惯。现驼乳已被蒙医临床用于糖尿病的辅助治疗，哈萨克族人用驼乳来辅助治疗肺结核、水肿、腹泻等疾病。因此，骆驼

乳被视为不可或缺的营养品,被称作"沙漠白金"。

1. 经济效益

骆驼作为西北和北部边疆地区特有畜种,驼乳、驼绒、驼肉等产品可为边疆牧民创造可观的经济收入。以驼乳产业为例,只要放养草场能满足骆驼正常采食且不补饲的情况下,以养殖100峰骆驼的牧户计算,20%的母驼产乳率,每峰母驼日产乳量约1.5公斤,每公斤驼乳按照市场收购价40元计算(目前市场零售价约70元/公斤),理论上每年仅驼乳一项可为该户牧民增收20多万元。另外,与其他家畜不同的是,骆驼基本上可以天然放养,采食区域广,抗病能力强,一般不需要雇佣专业"驼倌"放驼,母驼产乳期只需早晚挤奶即可。这不仅节约了养驼户大量的劳动力成本,而且牧民还可以腾出大量的时间和精力发展其他产业。

2. 社会效益

骆驼产业的集约化、规模化、现代化发展不仅符合党中央和内蒙古自治区有关优势特色产业发展的政策导向,而且对带动牧区人民实现共同富裕具有重要的现实意义,更能带动其他产业和经济蓬勃发展。骆驼产业虽然不是新兴产业,但发展前景广阔、潜力巨大,只要科学合理地顶层设计和产业规划,以政策支持和区域特色为依托,充分利用牧区资源禀赋和产业优势,以市场化、产业化发展为导向,整合散养牧户的现有资源和"抱团取暖"的凝聚力,打造稳定而先进的产业链,内蒙古骆驼产业一定能成为经济效益、社会效益和生态效益均显著的特色优势产业。

3. 生态效益

骆驼产业实行集约化、规模化饲养,可替代传统的自牧放散养式,对保护和改善生态环境具有促进作用。首先,通过集中管理养殖,可有效降低养驼户的散养成本,同时也能规避不少自然灾害和疫病风险,加之通过现代饲养技术可提高骆驼的抗病能力和驼乳产量,机械化生产可实现驼乳采集方便、卫生达标、质量保证。其次,集中养殖骆驼每年可收集大量的有机肥,粪便通过发酵成为天然绿色肥料。发酵好的有机肥是土壤有机质最好的补充,可活化疏松土壤,改良土壤结构,减缓土壤酸化，增强土壤通气，进而改善牧区生产生活环境，有利于建设环境优美的新牧区。

（三）骆驼产业高质量发展的对策建议

骆驼由于独特的生物学特点和习性，产乳量较低，且需要先驯服才能挤奶。另外，母驼通常需要驼羔在身旁才能开始泌乳，加之骆驼的放养区域一般都比较远，牧民为了挤奶需要每天往返赶驼，这在一定程度上增加了养驼户的劳动量和生产成本，从而造成养驼数量较少且牧户不愿意人工挤驼奶。因此，骆驼产业的集约化、规模化、产业化发展势在必行。另外，新鲜驼乳需要冷藏保鲜，必须配备专用冷藏库和冷链运输设备，这使普通牧户生产驼奶面临较大的困难。更重要的是，创建场所固定、价格稳定的驼乳收购渠道是骆驼产业可持续发展的关键。从现状来看，少数驼乳加工企业虽然收购牧民驼奶，但一定程度存在随意压价、收购条件过于苛刻或收奶不积极等问题，这必然会严重打击养驼户的生产积极性。

1. 加大政策扶持力度，细化配套措施

内蒙古骆驼产业的发展壮大离不开各级政府的政策支持。建议养驼主产区的各级政府部门尽快制定详细的发展规划，出台专门针对区域骆驼产业发展的相关政策法规，如加强骆驼保种、品种改良、疫病防控、技术创新，以及产业集约化、规模化、现代化发展等一系列措施。另外，在创建全产业链上加大力度，对规模养殖户、家庭牧场和合作社等养驼实体提供相关配套资金支持，同时指导、规范相关产研单位和养殖实体科学发展骆驼产业。在养殖方面，避免无节制地扩大规模，而是以保护生态优先、绿色发展为目标，以提升质量为手段，努力形成保护生态、保护骆驼与发展产业共赢的局面。

2. 加强科技支撑体系，构建完整产业链

骆驼产业的发展离不开产业技术支撑体系的建设。以驼乳产业为例，刚挤下来的驼奶温度较高，液态驼奶不易长期保存，很快会发酵成块并带酸味，并且驼乳产品的加工过程需要现代化技术支撑。这就需要攻克诸多技术瓶颈和配套现代化设施设备。建议政府部门与相关高校、科研院所和加工企

业紧密合作，创建跨领域专家服务团队，培养引进高层次专业技术人才，增强驼乳产业的科技创新能力，建立"农科教、产学研"相结合的科技创新体系，从而加快技术成果产业化。此外，构建完整的产业链对骆驼产业的长期稳定发展至关重要。养驼户的资源整合、技术指导、疫病防控、品种改良、基地建设、集中挤奶、储存保管、冷链运输、收购体系、价格管理、精深加工、质量监督、市场营销等各环节都需要严格的制度化、市场化管理和运营，这样才能有效保证整个骆驼产业的健康可持续发展。

3. 加强宣传推广，强化品牌建设

当前，因受制于加工技术、市场因素及消费者的认知等，加之缺乏宣传推广和品牌化建设，驼产品价值长期被低估，未能实现质优价优，市场占有率和知名度均不高。为此，一是加大产品宣传推广力度。政府部门应帮助驼产品相关企业积极提升市场知名度，将地方优质驼产品推向国内外市场，努力实现本地特色产品大量"走出去"，从而实现真正的产业化发展。另外，将骆驼非物质文化与沙漠文化、旅游文化深度融合，形成别具特色、交融发展的民族文化发展新格局，擦亮骆驼文化品牌。二是加强品牌建设。建立产品质量追溯体系，加强驼产品收购、加工和销售过程中的质量检测，确保相关产品的质量安全。养驼户的骆驼全部打耳标编号、登记造册并建立档案管理，确保驼产品的生产、加工、销售等整个过程有源可查。

二　内蒙古现代马产业发展现状与未来趋势

现代马产业是集畜牧经济、竞技赛马、文化体育、休闲娱乐等于一体的新兴产业，既涉及畜牧产业，也涉及马产品、马文化商品等加工业，更涉及马赛事、马运动、马休闲、马研学等诸多服务业。[1] 内蒙古作为传统养马大区，拥有发展现代马产业的雄厚基础和独特优势，在我国现代马产业发展格

---

[1]　内蒙古社科院课题组：《推动现代马产业高质量发展的调查与思考——以内蒙古锡林郭勒盟为例》，《北方经济》2020 年第 2 期。

局中占有重要的地位。2020 年 9 月，农业农村部、国家体育总局联合印发《全国马产业发展规划（2020—2025 年）》，是新中国成立以来针对马产业出台的第一个发展规划，马产业的发展前景再次成为舆论关注的焦点。该规划指出马产业是我国畜牧业的重要组成部分，而内蒙古自治区草场资源丰富，马文化底蕴深厚，马产业发展在全国居于要位。① 一直以来，马产业是内蒙古牧区的传统产业之一，在牧民畜群结构中是不可或缺的饲养畜种，也是"草原五畜"的重要成员。然而，随着经济社会的快速发展和现代科技的进步，马匹的传统役用功能减弱，主要用途从放牧、运输、农耕等转向文体竞技和休闲娱乐等，其原来在草原牧民游牧生产方式中不可或缺的主要功能几乎完全被摩托车、汽车等现代交通工具所替代。此外，为了保护草原生态环境和减轻草场压力，政府出台了禁牧、舍饲圈养和草畜平衡等多项限制散养政策，加之草原碎片化和网围栏的大量普及，在一定程度上缩小了传统散养群牧马匹的活动采食范围，导致自然繁殖率大幅下降。对"中国马都"锡林郭勒盟的调研发现，当地基层干部和牧民普遍反映养马风险大、周期长、利润薄，牧民养马积极性不高。另外，严格的草畜平衡政策规定，1 匹马折算为 6 个羊单位，这就意味着牧民每多养 1 匹马，就要挤占 6 只羊的生态指标。从存栏数量上看，内蒙古马匹数量从 2015 年的 87.7 万匹减少至 2016 年的 63.4 万匹。随后，在政策的大力扶持和民间组织的努力下，全区马匹数量逐渐增加，2022 年的存栏量达到 78.97 万匹（见图 1）。

进入新时代，我国经济已由高速增长阶段转向高质量发展阶段，为现代马产业的发展提供了历史性机遇。目前，马产业已经逐步形成了竞技赛事、休闲娱乐、养生保健、产品养马、观赏马、宠物马等多元发展格局。马产业具有经济带动性强、就业率高等特点。内蒙古是我国马业大区，马匹数量位居全国前列，马产业发展潜力巨大、前景十分广阔。

---

① 郝冰、赵元凤：《内蒙古自治区现代马产业发展路径探究》，《中国畜牧杂志》2021 年第 9 期。

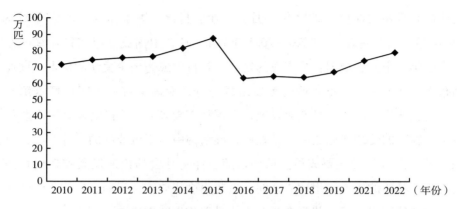

图1　2010~2022年内蒙古马匹存栏量变化

资料来源：《内蒙古统计年鉴》（2011~2023年）。

（一）内蒙古现代马产业的发展前景与优势条件

近年来，养牛、养羊等牧区传统支柱养殖行业陷入较为严重的经营困境，具体表现为养殖成本不断上升，产品价格波动大，市场行情长期低迷，牧民收入大幅下降，甚至出现亏本经营等严峻态势。在此背景下，积极探索特色优势产业和新的增长点成为牧区经济发展的重要突破口之一。马产业作为传统优势行业，牧区牧民并不陌生，而且拥有丰富的养殖经验。在当前极其严峻的市场波动形势下，马奶、马肉等马产品的市场行情虽受影响，但与牛、羊相比波动幅度相对较小，而且更重要的是现代马产业除了肉、乳等传统产品外，还包括竞技赛马、文化体育、休闲娱乐等更多的外溢延伸产业链和相关服务行业，这说明马产业的发展潜力更大。另外，马产业的发展得到各级政府部门的大力支持，这对内蒙古特色优势马产业而言是一个千载难逢的发展机遇。比如，农业农村部办公厅、国家体育总局办公厅联合印发的《全国马产业发展规划（2020—2025年）》（2020年9月）、内蒙古自治区人民政府发布的《关于促进现代马产业发展的若干意见》（2017年12月）、内蒙古农牧业厅会同相关厅局制定出台的《现代马产业发展重点项目实施方案》（2018年11月）等，都从政策层面对马产业的高质量发展提供了大力支持，并且就促进现代马产业发展的"四大工程"和"四大行动"提供的项目支持和资金扶持做出了具体说明。

此外，内蒙古现代马产业的发展拥有深厚的文化底蕴。传统马文化是北方民族文化的一部分，千百年来形成的吃苦耐劳、一往无前、不达目的誓不罢休的"蒙古马精神"经过历史的沉淀与实践的熔铸，早已融入当地人民的血脉之中，成为内蒙古各族人民守望相助、艰苦奋斗、开拓进取的强大精神动力。[1] 实际上，强大的文化优势、群众基础和区位优势是内蒙古现代马产业健康可持续发展的基石和动力源。

（二）内蒙古现代马产业发展的对策建议

内蒙古现代马产业的高质量发展，必须坚持新发展理念，坚持政府主导、市场引导、企业主导、群众参与，着力发展以育马养殖为基础、赛马赛事为索引、文化旅游为重点的特色现代马产业。[2]

1. 调整和完善现代马产业发展政策

内蒙古现代马产业发展条件已趋成熟，正处于快速发展的关键时期。面对新的形势和难得的历史机遇，各级政府应从发展规划、组织管理、协调引导等方面加大力度，以政策支持、金融和技术支持等手段加快发展现代马产业。要与区域规划、城市化建设、文化旅游建设、城乡统筹、生态建设等相结合，形成政府主导、企业投资、农牧民受益的发展格局。[3] 另外，现代马产业是一个新兴综合性行业，需要加强政策法规的引导和支持。政府部门应建立健全马产业相关法律制度，完善马产业市场运行机制。完善的法律制度和公平公正的市场环境是现代马产业发展的保障。一是出台相关政策法规，依法保障马匹养殖企业或个人的合法权益，在养殖品种、赛马赛事、市场交易、疫病防控和品种改良等方面提供相关服务，尤其是在马匹引进、市场交易、执行合同、处理纠纷等过程中应

① 张志栋：《弘扬蒙古马精神 推进马产业高质量发展》，《北方经济》2019 年第 11 期。
② 包思勤主编《中国马产业蓝皮书》，内蒙古出版集团、内蒙古教育出版社，2019。
③ 包思勤主编《中国马产业蓝皮书》，内蒙古出版集团、内蒙古教育出版社，2019。

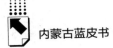
及时提供法律支持和援助。二是加大知识产权保护的监督与执法力度，加强马产业市场执法，净化马产业市场，保障马产业市场运行的公平与公正，维护马产业企业和养殖户的合法权益，加快形成统一开放、竞争有序的市场体系。

2. 建立健全市场服务体系，加快构建完整产业链

现代马产业外溢延伸产品非常多，包括马肉、马奶等食品材料，马皮、马鬃、马尾等工业用品，还有马血清、孕马尿等生物药品原材料。除此之外，马产品加工业本身是一个庞大的产业链，如马具生产加工和销售、相关人才引进培养、相关场地设施建设、物流运输等。因此，建立健全市场机制和完善产业链对马产业的延伸发展而言至关重要。政府部门应推动现代马产业的市场化、法治化发展。一是政府要围绕马产业发展搭建一个全民可以共享、共生、共创的市场信息平台，通过完善制度，规范全产业链的不同环节，促进现代技术向现实生产力转化，从而根本上解决现代科技与传统生产相互脱节的问题。二是加快完善马产业的产前、产中、产后整体产业链，促进马产业多元化发展。产业链的概念包含价值链、企业链、供需链和空间链等四个维度。产前产业链包括草场土地规划、饲草料种植供应、马匹饲养基地建设等。产中产业链包括马匹引进、养殖、改良、驯马、教学、赛事、防疫、交易等内容。产后产业链主要包括马产品的研发、加工、生产、销售等，还包括旅游、餐饮住宿、交通物流、电子商务等。综上，构建完善的全产业链才是内蒙古现代马产业健康可持续发展的关键。

3. 加强马产业人才培养，提升马产业现代化水平

现代马产业是一个系统的产业链条，马匹的引进和繁育、饲草产业的发展、相关专业人员的培养、马赛事的组织和运营、养马赛马场馆设施的建设，以及相关服务、产品、保障等方面需要配套跟进。马产业涉及多个行业，融合多个产业，因此内蒙古现代马产业的发展必须推动特色产业链的整体升级。现代马产业的发展需要大专业人才和更多的科技支撑。对此，相关单位和企业应加快人才队伍建设步伐，如选拔和培养马术运动员、教练员、

裁判员、练马师等竞技型人才，马医、健康指导师等医疗康复型人才，饲养师、修蹄师等技术型人才，马房管理员等管理型人才。同时，依托现有的行业协会、马术院校、马术俱乐部、马企业等组织和机构，充分发挥其专业优势，建立长期稳定的合作伙伴关系，形成以产业发展需求促进专业人才引进、培养的市场联动机制。另外，充分发挥草原生态畜牧兽医学院、生物工程研究院、食药检测风险评估中心等单位的资源优势，加强在马品种培育、饲料加工、营养管理、疫病防控、生物工程等新技术、新工艺研究方面的创新。在形成科研成果和集聚人才资源的基础上，由政府部门监督、行业协会发起，建立以大数据、物联网、云计算等现代技术为支撑的内蒙古现代马产业信息平台，提供马产业相关信息查询、展示等服务并协助完成产品交易，更好地实现关联方信息交换，简化交易程序，从而促进产业快速发展。①

在现代马产业发展方面，内蒙古有着悠久的养马历史、多元的马种资源、丰富的饲草资源、广泛的群众基础、较好的硬件基础和文化旅游资源，且在现代马产业，尤其是马科学、马产品、马文化、休闲旅游等领域有着先行先试的绝对优势。② 进入新时代，内蒙古现代马产业已经进入发展的快车道，马产业必将成为内蒙古传统优势产业发展的新支撑点和经济社会发展的新亮点。

三　结语

2024 年 8 月 23 日，中共中央政治局召开会议审议《进一步推动西部大开发形成新格局的若干政策措施》，强调要立足功能定位和产业基础，做强做大特色优势产业，着力提升科技创新能力，推动传统产业转型升级。③ 内

① 郝冰、赵元凤：《内蒙古自治区现代马产业发展路径探究》，《中国畜牧杂志》2021 年第 9 期。

② 文明、额尔敦乌日图：《浅析疫情影响下的中国马产业及其发展趋势》，《当代畜禽养殖业》2021 年第 4 期。

③ 《中共中央政治局召开会议审议〈进一步推动西部大开发形成新格局的若干政策措施〉》，https：//new.qq.com/rain/a/20240823A053T300，2024 年 8 月 23 日。

蒙古自治区具有独特的资源禀赋和产业基础，在传统畜牧业结构中，骆驼产业和马产业属于优势特色产业，具有产业优势、比较优势、区域优势与竞争优势，发展潜力巨大，市场前景非常广阔。必须坚持把发展特色优势产业作为主攻方向，依托独特的资源禀赋、产业特点、比较优势和发展潜力，因地制宜地发展新兴产业和推动传统产业转型升级，进一步构建具有特色、体现优势、富有竞争力的现代化产业体系。大力发展新质生产力，促进地方资源优势转变为当地的经济优势和产业优势。同时，要破解创新资源、人才资源、产业资源不足等问题，坚持问题导向，进一步全面深化改革，形成促进创新、人才、产业资源跨区域协同融合的合作机制，在更大的区域范围统筹资源和市场，① 进一步彰显内蒙古的优势。

参考文献

王艺明：《乡村产业振兴的发力点和突破口》，《人民论坛》2022 年第 1 期。

闵正良：《以特色优势农业产业带动地区整体经济发展——寿光经济发展的启示》，《商场现代化》2021 年第 12 期。

冷功业、杨建利、邢娇阳、孙倩：《我国农业高质量发展的机遇、问题及对策研究》，《中国农业资源与区划》2021 年第 5 期。

唐昭霞：《西部民族地区培育特色优势产业集群研究》，《绿色科技》2017 年第 22 期。

周民良、马博、刘云喜：《兴边富民政策实施效果与转型问题研究——关于呼伦贝尔市与兴安盟五旗市兴边富民政策实施的调研报告》，《民族研究》2014 年第 6 期。

芒来：《中国马业主产区马产业的发展趋势》，《新疆畜牧业》2016 年第 9 期。

王怀栋：《国内外现代马产业模式比较及发展分析》，《世界农业》2015 年第 11 期。

《新疆马产业发展报告》，《新疆畜牧业》2016 年第 9 期。

---

① 李海楠：《主攻"特色优势"做好西部产业创新文章》，《中国经济时报》2024 年 8 月 27 日。

B.5
内蒙古绿色金融促进生态补偿研究报告*

包玉珍　巴达拉夫**

摘　要： 发展绿色金融，形成多元化、市场化生态补偿机制，是实现内蒙古经济社会高质量发展的重要内容。绿色金融政策体系不断完善，以及金融机构加大绿色信贷投放力度等，为内蒙古绿色金融促进生态补偿提供了保障。但是，内蒙古绿色金融促进生态补偿仍然面临着绿色金融产品创新不足、绿色金融发展的激励约束机制不完善、生态补偿资金来源单一等挑战。未来可以通过推进绿色金融服务创新、配套切实可行的激励措施、拓展生态补偿资金来源等措施来应对挑战，保障绿色金融促进内蒙古生态补偿的可持续性和有效性。

关键词： 绿色金融　生态补偿　内蒙古

党的十九大以来，我国进入了全面建设中国特色社会主义的新阶段。在新时代所形成的习近平生态文明思想对全面建设社会主义小康社会具有非常重要的作用。生态文明建设是国家"五位一体"总体战略部署的重要组成部分，作为加快生态文明体制改革的重要内容，十九大报告进一步强调了"建立市场化、多元化生态补偿机制"。① 生态补偿是一种生态经济手段，能

---

* 内蒙古自治区社会科学院 2024 年度课题"高质量农村牧区社会信用体系建设研究"（YB2421）阶段性成果。

** 包玉珍，博士，内蒙古自治区社会科学院牧区发展研究所副研究员，主要研究方向为牧区经济、牧区金融发展；巴达拉夫，博士，呼和浩特民族学院经济管理学院讲师，主要研究方向为畜牧业经济、农村牧区金融发展。

① 李政：《绿色金融视角下的国外生态保护补偿机制经验与借鉴》，《全国流通经济》2020 年第 34 期。

够解决生态环境问题，绿色金融属于新兴的金融领域，[①] 也可以为生态补偿提供更好的支持和保障。在各级政府的努力下，内蒙古绿色金融不断发展，各种绿色金融支持政策将引导社会资本进入绿色产业。但是目前内蒙古生态补偿依然是政府主导的财政补偿，由于绿色金融发展的限制，市场化、多元化的生态补偿机制尚未形成。因此，构建有效的绿色金融体系、弥补生态补偿机制中的融资短板是内蒙古金融机构迫切需要解决的问题。

一 内蒙古绿色金融促进生态补偿现状

加快经济发展方式的绿色转型调整，是党中央立足实现第二个百年奋斗目标、全面建成社会主义现代化强国做出的重大战略部署。[②] 近年来，内蒙古着力发展绿色金融，政府和金融机构都把绿色发展放在各项工作的重要位置，绿色金融支持生态补偿取得了一定的成效。

（一）绿色金融政策体系日趋完善，为内蒙古生态补偿奠定了基础

近年来，我国对金融支持生态补偿进行了有益的探索。党的十八大以来，党中央高度重视绿色发展，多次强调利用绿色信贷、绿色债券、绿色发展基金、绿色保险等金融工具和相关政策为绿色发展服务。[③] 2015 年 4 月，《农业部关于打好农业面源污染防治攻坚战的实施意见》明确提出，探索建立农业生态补偿机制，鼓励社会资本参与，引导各类农业经营主体、社会化服务组织和企业等参与农业污染防治工作。[④] 同年 12 月，国家发展和改革委员会出台了《绿色债券发行指引》，明确对污染防治项目、生态农林业项

---

① 白雪：《浙江创新特色化绿色金融助推生态保护补偿》，《中国经济导报》2023 年 11 月 18 日。
② 《发展绿色金融 推动绿色发展》，http：//www.nmg.gov.cn/，2022 年 11 月 24 日。
③ 孙宁、邓吉硕：《商业银行绿色金融发展浅议》，《合作经济与科技》2021 年第 5 期。
④ 李颖：《河南省南阳市农业废弃物综合利用现状、问题与建议》，《甘肃农业》2017 年第 1 期。

目等 12 个具体领域进行重点支持。[①] 内蒙古自治区为贯彻落实中国人民银行等七部门联合发布的《关于构建绿色金融体系的指导意见》，2017 年 2 月出台了《内蒙古自治区人民政府关于构建绿色金融体系的实施意见》，[②] 为全区绿色金融发展提供了政策保障。

党的十九大报告提出的"构建市场导向的绿色技术创新体系，发展绿色金融，壮大节能环保产业、清洁生产产业、清洁能源产业"，为内蒙古进一步发展绿色金融指明了方向。2021 年，《中共中央关于制定国民经济和社会发展第十四个五年规划和 2035 年远景目标的建议》提出，要坚持"生态文明建设实现新进步"，明确"强化绿色发展的法律和政策保障，通过发展绿色金融支持绿色技术创新，推进清洁生产和环保产业，推进重要行业和领域的绿色化改造"等重点任务。2021 年，为推进落实《内蒙古自治区国民经济和社会发展第十四个五年规划和 2035 年远景目标纲要》中确定的发展目标和重点任务，着力构建金融服务实体经济、支持生态优先绿色发展的体制机制，出台了《内蒙古自治区"十四五"金融发展与改革规划》。规划指出，绿色金融是为支持环境改善、节约并高效利用资源的经济活动提供的一种金融服务。

为深入贯彻习近平生态文明思想、加快生态文明体系建设，中共中央办公厅和国务院办公厅于 2021 年 9 月印发《关于深化生态保护补偿制度改革的意见》，进一步深化了我国生态保护补偿制度改革。该意见提出的改革目标是，到 2025 年，与经济社会发展相适应的生态保护补偿制度基本完善，到 2035 年，符合新时代生态文明建设要求的生态保护补偿制度基本定型，我国绿色金融政策体系的逐渐完善，为内蒙古生态补偿奠定了政策基础。

---

① 李建英、刘璇：《金融视角下国外农业生态补偿经验与借鉴》，《世界农业》2016 年第 5 期。
② 孙晓莉、红光、孙天石、张菁：《转型金融助推内蒙古经济可持续发展的可行性研究》，《北方经济》2023 年第 10 期。

（二）补偿资金投入力度不断加大，为内蒙古绿色金融提供了更多的发展空间

生态补偿是指通过财政纵向补偿和市场机制补偿等，对开展生态保护的单位和个人予以补偿的激励性制度安排。生态补偿制度是作为生态文明制度的主要组成部分，是带动社会各界参与生态保护和推进生态文明建设的重要手段。党的十八大以来，我国主动实施沙化土地和轮作休耕等领域的生态补偿工作。为了加大对天然林、公益林的管护力度，建立了森林生态效益补偿制度，年度安排中央财政资金 300 多亿元。推进实施第三轮草原生态保护补助奖励政策，年度安排中央财政资金 160 多亿元。建立重点生态功能区转移支付制度等，年度安排中央财政资金 800 多亿元。① 我国生态保护补偿资金投入力度不断加大，"十三五"期间，中央层面年度安排各类生态保护补偿资金的额度近 2000 亿元。② 此外，我国政府进一步加大对森林、草原等重要生态系统的保护力度。2023 年 2 月，国家下达内蒙古造林补助和沙化土地封禁保护补助资金共 3.93 亿元，其中造林补助资金 3.8349 亿元，沙化土地封禁保护区补偿补助资金 951 万元。③

多年来，内蒙古大力组织实施退耕还草、重点区域草原生态保护的专项工程，④ 科学地开展草原生态保护和修复治理。锡林浩特沙化草地治理是国家退化草原人工种草生态修复的试点项目，经过修复治理，草场平均每亩增产 20%~40%。2022 年，内蒙古修复治理了 500 多万亩沙化、退化的草原，全区完成的种草面积达到 1715.58 万亩，占国家下达种草任务的 132%。内蒙古积极推进国家草原自然公园建设试点，将草原自然公园作为草原生态保

① 《国家发展改革委介绍生态文明建设有关工作情况，传递了这些重要信息！》，https：//mp.weixin.qq.com，2022 年 9 月 22 日。
② 宋昌素：《完善生态保护补偿制度》，《光明日报》2024 年 4 月 30 日。
③ 《3.93 亿元，内蒙古生态保护补助资金下达！》，http：//www.cj-sina.com.cn/articles/view/，2023 年 2 月 27 日。
④ 霍晓庆：《保护修复 禁牧休牧 制度保障——内蒙古草原生态保护和绿色发展走出新路子》，《内蒙古日报（汉）》2023 年 1 月 3 日。

护修复的新阵地，建设以"敕勒川草原""额仑草原"为代表的国家草原自然公园群，探索草原生态保护与绿色发展的新路子。

　　绿色金融和生态补偿的发展是相互促进的，通过提供资金支持和金融服务等，绿色金融有助于生态补偿，而生态补偿也为绿色金融提供了更多的发展机会。[①] 近年来，中央政府对内蒙古生态补偿的投入力度进一步加大，为绿色金融提供了更多的投资机会，推动内蒙古绿色金融进一步发展。因此，绿色金融和生态补偿可共同推进内蒙古生态补偿与绿色经济的发展。

（三）金融机构加大绿色信贷投放力度，有效支持内蒙古生态补偿发展

　　近年来，我国生态补偿的财政支出持续增加，但是与内蒙古生态补偿所需资金相比仍存在较大的缺口。绿色金融将引导信贷资金流向生态友好的产业和项目，[②] 推动生态补偿的发展。中国人民银行内蒙古分行通过运用再贷款、再贴现等货币政策工具，开展绿色信贷并支持生态补偿项目，在建设我国北方重要生态安全屏障方面贡献了力量。近年来，内蒙古绿色金融覆盖面不断扩大，绿色贷款占比逐年提高，截至 2024 年 3 月末，全区绿色贷款余额为 5397.96 亿元，占本外币各项贷款余额的 14%，同比增长 43.07%。[③] 绿色金融的发展，将对内蒙古生态环境保护产生积极而深远的影响，内蒙古各银行业金融机构针对性地加大了绿色信贷支持力度。

　　中国农业银行内蒙古分行推出改善农村牧区居住环境、促进生态保护等领域的信贷产品，为内蒙古自治区荒漠化综合防治和推进"三北"等重点生态工程建设提供了全方位的金融服务。[④] 中国农业发展银行内蒙古分

---

①　白雪：《浙江创新特色化绿色金融助推生态保护补偿》，《中国经济导报》2023 年 11 月 18 日。

②　白雪：《浙江创新特色化绿色金融助推生态保护补偿》，《中国经济导报》2023 年 11 月 18 日。

③　资料来源于中国人民银行内蒙古自治区分行。

④　《农业银行内蒙古分行：守护绿水青山共建美丽家园》，http://www.mp.weixin.qq.com，2024 年 6 月 6 日。

行认真贯彻落实总分行工作部署，持续加大绿色金融支持力度。2024 年 3
月，克什克腾旗融合农林沙产业科技有限公司"克什克腾旗浑善达克沙地
综合治理＋沙棘产业＋牧草种植（一期）"生态环境建设与保护贷款项目
获批 3.37 亿元，并于 3 月 22 日成功投放首笔贷款 6378 万元。该项目的实
施，将进一步推动政策性金融支持荒漠化治理取得生态效益和经济效益的
"双丰收"。① 另外，中国农业发展银行内蒙古分行为了支持黄河流域生态保
护和高质量发展，根据巴彦淖尔市乌梁素海流域沿线地区资金需求状况，截
至 2024 年 7 月，累计投放生态环境建设与保护、人居环境相关贷款等 11.22
亿元。② 为乌梁素海发展注入了政策性金融的力量。2024 年，该行再次审批
贷款 8.64 亿元，用于乌梁素海水生态修复和资源开发一体化融合发展项目
建设，有效推动乌梁素海水体生态修复和可持续发展。内蒙古各金融机构持
续加大对人居环境、荒漠化治理等方面的绿色贷款投放力度，有效支持了内
蒙古生态补偿的发展。

二　内蒙古绿色金融促进生态补偿中存在的主要问题

（一）内蒙古生态补偿融资以政府出资为主，资金来源单一

近年来，根据我国生态文明建设战略，生态补偿范围逐渐扩大并取得
了较好的成效。随着我国绿色金融的进一步发展，各种企业和社会组织、
政府、个人、金融机构等逐渐加大对生态补偿的投入，但生态补偿资金的
主要来源依然是财政资金。③ 由于生态产品具有公共产品的属性，内蒙古
生态补偿融资以财政资金为主，有限的财政资金明显不能满足逐渐扩大的

---

① 《农发行内蒙古分行持续加大绿色金融支持力度》，http：//www.souhu.com，2024 年 3 月
　　28 日。
② 田耿文、李岳：《中国农业发展银行内蒙古分行 以政策性金融之笔绘就山水林田湖草沙新
　　画卷》，《农村金融时报》2024 年 7 月 29 日。
③ 石英华、孙家希：《生态补偿融资的现状、困境与对策》，《财经智库》2020 年第 5 期。

补偿范围，急需拓宽内蒙古生态补偿资金来源。我国主要由中央财政拨付草原生态补偿资金，以中央财政为主的纵向转移支付是现阶段内蒙古主要的生态补偿资金来源。从 2011 年起，国家财政每年用于草原奖补激励机制的资金为 134 亿元，其中，下发给内蒙古自治区的草原奖补资金占总金额的 30%。

2018 年以来，财政部与各部委联合出台系列生态补偿资金管理办法，规划建立中央生态环保资金项目储备库。① 目前，内蒙古生态补偿资金来源主要有转移支付、财政补贴、财政补助、财政奖励等，还没有完全实行使用者或受益者直接付费的原则。生态补偿资金缺乏社会资本的参与，需要政府对企业和金融机构进行总体协调和动员。党的十八大以来，内蒙古共获得中央财政造林、沙化土地封禁保护等国土绿化补助资金 166.82 亿元。② 同时，自治区财政统筹安排资金 93.81 亿元用于经济林建设补助、森林植被恢复项目和重点区域绿化项目等，为内蒙古生态保护与高质量发展提供了重要保障。自治区财政系统大力优化支出结构，腾出更多资金支持生态环境保护，但是单一的资金来源无法满足生态补偿需要，应动员个人、企业等社会资本积极参与。

（二）内蒙古绿色金融产品创新不足，难以有效满足生态补偿融资项目的多样化需求

开发合适的绿色金融产品，能够引导企业和个人的资金流向生态保护领域，推动生态保护项目的可持续发展。金融机构通过创新绿色债券、绿色保险和绿色信贷等金融产品，为生态保护项目募集资金，拓展生态补偿的资金来源。③ 内蒙古的生态环境建设和产业绿色升级得到了一定的金融支持，但

---

① 石英华、孙家希：《生态补偿融资的现状、困境与对策》，《财经智库》2020 年第 5 期。

② 杨帆：《内蒙古争取中央财政国土绿化补助资金 166.82 亿元》，《内蒙古日报（汉）》2023 年 5 月 24 日。

③ 白雪：《浙江创新特色化绿色金融助推生态保护补偿》，《中国经济导报》2023 年 11 月 18 日。

是支持生态补偿的绿色金融产品种类仍然有限。绿色金融信贷产品研发能力不足，差异化金融服务欠缺，难以有效满足多样化的生态补偿融资需求。

当前内蒙古绿色金融市场的参与主体是银行业金融机构，绿色项目的融资来源主要是国有商业银行提供的绿色信贷和绿色债券。内蒙古绿色保险和绿色基金等金融产品的发展与我国东部发达地区相比还有较大差距，无法有效满足多样化的生态补偿融资需求。绿色保险主要有环境污染责任保险和森林保险等，而绿色基金、绿色债券、绿色股票等相关产品在内蒙古金融市场相对缺乏。[1] 但生态补偿项目的参与主体不仅有大型企业，而且还有小微企业和个人等众多类型，这些群体多样化的融资需求未得到有效地满足。[2]

内蒙古绿色金融产品主要支持大型环保类企业、清洁能源项目等，从内蒙古金融机构绿色贷款的用途统计来看，清洁能源产业占主导地位，截至2024年3月，清洁能源产业绿色贷款余额为3041.17亿元，占内蒙古绿色贷款总额的比重高达56.3%。[3] 比如，中国建设银行内蒙古分行重点支持布局在沙漠荒漠上的风电和光伏电站，为荒漠化和沙化土地的综合防治工程提供绿色信贷，加强对"光伏+生态治理"基地建设模式的支持。[4] 截至2023年6月，中国建设银行内蒙古分行为光伏治沙项目累计投放贷款金额超过20亿元。内蒙古金融机构在绿色金融业务中兼顾了农牧民群众的增收需求，创新推出了"央赋惠农贷""央赋兴企贷"等信贷产品，但从总体来看，面向农村牧区生产经营主体和中小型环保企业的绿色金融产品较少。由此可以看出，内蒙古绿色金融产品种类及其创新能力严重不足，内蒙古生态补偿融资项目需求无法得到有效满足。

---

① 刘春梅、赵元凤：《内蒙古自治区绿色金融发展研究》，《农村金融研究》2020年第3期。
② 李政：《绿色金融视角下的国外生态保护补偿机制经验与借鉴》，《全国流通经济》2020年第34期。
③ 资料来源于中国人民银行内蒙古分行。
④ 谢东：《以绿色金融支持北疆生态安全屏障建设》，《北方金融》2023年第6期。

（三）内蒙古绿色金融发展激励机制不完善，金融机构参与生态保护补偿的积极性不高

生态补偿是社会共享产品，金融机构践行绿色发展理念不仅需要宣传引导，也需要卓有成效的激励措施。[1] 内蒙古财税和生态环境部门的激励性政策不足，金融机构开展绿色金融业务的积极性不高，难以有效激发绿色金融市场的活力。[2] 另外，内蒙古银行业金融机构发展较快，非银行业金融机构发展缓慢，导致地方法人金融机构发展绿色金融的主动性不高。四大国有商业银行绿色贷款余额占内蒙古绿色贷款总额的比重高达 65%，股份制商业银行占 10%，政策性银行及其他占 21%，地方法人金融机构占比只有 4%。[3] 银行业金融机构在内蒙古绿色信贷市场中处于主导地位，内蒙古绿色金融市场竞争不充分，影响了非银行业金融机构参与生态补偿的积极性。

内蒙古各金融机构的股东、投资者、员工的环境保护和社会责任意识不强，对于自身所要承担的环境保护责任的认知不到位。内蒙古金融机构发放绿色信贷与传统信贷的净利润没有显著的区别，导致其支持生态环保项目的积极性不高。[4] 内蒙古金融机构发展绿色金融的激励机制不完善，致使企业和个人的"绿色消费"意愿不足，金融机构无法兑现支持碳减排的承诺。

三 内蒙古绿色金融服务生态补偿的对策建议

建立生态保护补偿机制可以鼓励企业和个人遵守环保法规的积极性，引导其通过守法经营来获得合理的经济效益。绿色金融对于守法经营的企业和

---

[1] 李政：《绿色金融视角下的国外生态保护补偿机制经验与借鉴》，《全国流通经济》2020 年第 34 期。

[2] 刘春梅、赵元凤：《内蒙古自治区绿色金融发展研究》，《农村金融研究》2020 年第 3 期。

[3] 资料来源于中国人民银行内蒙古分行。

[4] 李政：《绿色金融视角下的国外生态保护补偿机制经验与借鉴》，《全国流通经济》2020 年第 34 期。

个人提供优惠的信贷资金，支持经济主体获得合理的经济回报，促进生态补偿的发展。

（一）引导社会各方积极参与生态补偿项目建设，拓展内蒙古生态补偿资金来源

建立完善的生态保护补偿机制，是生态文明建设的关键，而可持续的补偿资金则是生态保护补偿机制能够有效运转的重要保障。当前，内蒙古生态补偿资金来源主要是财政资金，生态补偿资金支出项目包括各项一般性转移支付和专项转移支付等，支出形式为各类财政补贴、财政补助、财政奖励等。这种政府主导的生态补偿资金来源单一化，容易引发补偿资金不足以弥补生态成本，未能充分体现使用者或受益者直接付费原则等问题。因此，在生态补偿实践不断推进、资金需求大幅增加的背景下，改变生态补偿资金单一来源的现状，建立企业和社会各方参与、财政资金与绿色金融互相补充的市场化生态补偿融资机制，就显得更加迫切。①

2021 年 9 月，中共中央办公厅、国务院办公厅印发的《关于深化生态保护补偿制度改革的意见》中明确提出，要扩大绿色金融改革创新试点范围，把生态保护补偿融资模式创新作为重要试点内容，鼓励开展绿色金融，② 这为不断拓展市场化融资渠道，丰富生态补偿资金来源，建立多元化生态补偿融资机制指明了方向。让生态保护者利益得到有效补偿，激发全社会参与生态保护的积极性，是建立完善的市场化、多元化生态保护补偿机制的主要目标。③ 在现实中不仅要用好绿色贷款、生态保险、PPP 项目、生态环境治理备用金制度等金融工具，还要考虑社会资本参与生态补偿的回报。④ 因此，要建立社会资本进入生态补偿领域的环境绩效与经济绩效双重考核机制，完善内蒙古水资源合理配置和有偿使用制度，使经济绩效与环境

---

① 《积极拓展生态保护补偿资金来源》，https：//new. qq. com/rain/a/，2022 年 6 月 22 日。
② 石英华、孙家希：《生态补偿融资的现状、困境与对策》，《财经智库》2020 年第 5 期。
③ 成都市水务局：《成都市生态水利建设的实践与思考》，《中国水利》2020 年第 3 期。
④ 《积极拓展生态保护补偿资金来源》，https：//new. qq. com/rain/a/，2022 年 6 月 22 日。

绩效相挂钩。

拓展内蒙古生态补偿资金来源，结合内蒙古各盟市经济发展状况，努力打造生态产业链，招引更多市场主体参与生态补偿。不断优化金融环境，解决绿色投融资中的信息不对称等问题，推动内蒙古绿色金融稳步发展。持续开展生态文化建设，推动全社会达成尊重自然、顺应自然和保护自然的共识，积极挖掘生态保护在少数民族文化、历史等方面的间接效益，以此激发内蒙古各族群众对生态文明建设的热情，促进社会资本进入生态补偿领域，以更好地优化生态补偿政策，提高生态补偿的公平效率。[①]

（二）加强内蒙古绿色金融产品创新，推动生态补偿发展

我国绿色金融产品逐渐丰富，但多数的绿色金融产品仍是绿色信贷，需要积极构建多元化的绿色金融产品体系，以满足生态保护项目和绿色经济发展的融资需要。完善内蒙古生态补偿融资机制，积极发展绿色金融。鼓励金融机构建立绿色金融服务体系，根据内蒙古生态保护地区的特点创新推出符合绿色项目要求的金融产品。[②] 银行业金融机构也可以针对生态保护区项目的特点，提供不同期限的贷款组合，为绿色项目提供低息的贷款。[③] 生态银行是以促进生态事业发展为目的而经营信贷业务的银行，把筹集的资金投入其他领域使之增值，然后再投入生态建设领域作为保障。[④] 在内蒙古生态保护地区成立生态银行，专门负责生态保护与开发的融资，支持生态补偿项目建设。

从国内外成功的生态补偿融资经验可知，绿色发展基金是支持生态保护补偿的有效方式。绿色发展基金是专项投资基金，能够促进节能减排事业的

---

① 《积极拓展生态保护补偿资金来源》，https://new.qq.com/rain/a/，2022 年 6 月 22 日。
② 赵加仑：《2020 年建立市场化多元化生态保护补偿机制》，《中国财经报》2019 年 1 月 12 日。
③ 李政：《绿色金融视角下的国外生态保护补偿机制经验与借鉴》，《全国流通经济》2020 年第 34 期。
④ 李军洋、郝吉明：《生态经济经营的结构和运行机制》，《中国人民大学学报》2019 年第 1 期。

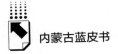
发展。这类基金设立的目的是支持环境保护、污染防治和生态修复等。在内蒙古条件比较成熟的地区，需要建立绿色发展专项基金，专门用于区内生态补偿。财政资金应该发挥带动作用，按照市场化原则，政府、企业和个人按比例共同出资，发起区域性绿色发展基金，推动绿色经济发展。

（三）完善内蒙古绿色投融资激励机制，加大银行信贷对生态补偿项目的支持力度

过去，经济高速发展的同时，生态环境损失较大。近年来，生态保护方面的财政支出持续增加，但与生态补偿资金需求相比缺口较大。只通过增加财政支出无法实现生态保护的目标，因此，需要银行信贷参与生态保护补偿。鼓励金融机构加大对内蒙古生态保护项目的支持力度，可利用政府担保和税收补贴等方法，增加绿色项目的投资收益，降低信贷经营风险，[①] 以此激励内蒙古金融机构的绿色信贷投放。

完善内蒙古绿色投融资激励机制的主要路径包括以下几种。首先，内蒙古政府部门应加强绿色信用体系建设。绿色信用体系建设能够激励企业和金融机构规范绿色投资行为，发展区域绿色金融，从而共同推动内蒙古生态文明建设。内蒙古绿色信用体系的发展不仅需要加强各盟市信用信息基础建设，更需要扶持旗县级征信机构的进一步发展。推动各级政府、金融机构和企业信息的公开，[②] 解决银行和企业之间的信息不对称问题。绿色信用体系将有效制约企业和个人的污染行为，有利于保护生态，减少环境污染。要加强金融机构与环境保护部门之间的信息共享，将企业的环保违规、安全生产和参加保险情况等信息纳入企业的征信系统。

银行金融机构向绿色项目投资会面临风险高、收益低的问题，为此，政府需建立效益补偿机制，补偿金融机构因投资绿色项目而产生的利益损失，降低内蒙古金融机构发展绿色金融的经营风险，建立绿色项目的投资风险补

---

① 曹明弟、杨凡欣：《绿色金融助力生态修复》，《中国土地》，2019 年第 7 期。
② 赵曦：《健全商业银行发展绿色金融激励机制》，《浙江经济》2016 年第 13 期。

偿基金。在环境风险高的领域继续完善强制性环境责任保险制度，同时，配套建立绿色金融风险预警机制，[①] 促进内蒙古绿色金融业务健康可持续发展。

　　提升品牌的影响力，打造具有经营特色、与众不同的企业形象是金融机构增强核心竞争力的关键。绿色金融有利于拓展内蒙古地方法人金融机构的业务，政府部门可通过提高金融机构的影响力，促进其实现差异化发展，践行绿色金融的社会责任。[②] 将各盟市绿色金融发展成效作为金融机构品牌形象排名的主要参考指标，品牌形象好的金融机构能获得政策扶持，将政策倾斜与金融机构的品牌形象联系在一起。通过媒体宣传绿色金融理念，提升内蒙古各金融机构的社会知名度和影响力。

参考文献

　　白莹、安晓祥：《绿色金融支持黄河流域生态保护与高质量发展的现状、问题与对策研究》，《北方金融》2022 年第 1 期。

　　巴图、张君、李超凡：《绿色信贷支持经济高质量发展研究——以鄂尔多斯市为例》，《北方金融》2021 年第 10 期。

　　莫日根高娃：《"双碳"背景下商业银行加速发展绿色金融的实践与思考》，《财会信报》2023 年 9 月 7 日。

　　王晓明：《中国农业银行内蒙古分行 绿色金融擦亮生态发展底色》，《经济日报》2023 年 12 月 31 日。

　　中国人民银行呼和浩特中心支行、中国人民银行巴彦淖尔市中心支行联合课题组：《金融支持内蒙古黄河流域生态保护与高质量发展研究》，《北方金融》2021 年第 5 期。

---

① 赵曦：《健全商业银行发展绿色金融激励机制》，《浙江经济》2016 年第 13 期。
② 赵曦：《健全商业银行发展绿色金融激励机制》，《浙江经济》2016 年第 13 期。

B.6
内蒙古人口与生态环境协调发展报告

额尔敦乌日图*

摘　要：　人口是生态系统中的重要因素，人类活动和人口增长对生态系统有直接的影响。新中国成立以来，内蒙古先后经历了乡村人口数量达峰期、总人口数量达峰期和总人口数量下降期。乡村人口快速增长促使农村牧区的开垦速度加快，耕地面积不断增加，草场面积持续受到挤压，随着农畜产品产量持续增长，所消耗的自然资源总量骤增，生态环境面临前所未有的压力。国家和自治区出台保护生态环境的相关法律法规，实施天然林保护工程、退耕还林退牧还草工程等，并取得较好的成效，但生态保护仍然任重道远。本报告强调促进人口与生态环境协调发展，增强生态保护意识，加强生态保护宣传，完善分配利益制度，平衡农牧区生产与生态环境的关系。

关键词：　人口　生态环境　协调发展　内蒙古

　　人口是生态系统中的重要因素，人类活动和人口增长对生态系统有直接的影响。内蒙古生态环境的变迁与人口数量变化和活动息息相关，分析当前的生态环境问题，促进人口与生态环境协调发展，首先要回顾人口发展历程，找出深层原因以及解决办法。

　　内蒙古位于祖国北疆，地势由东北向西南斜伸，呈狭长形，全区基本属于高原型地貌，平均海拔 1000 米左右，气候以温带大陆性季风气候为主，复杂多样。由于降水量少而不均，寒暑变化剧烈，生态环境较为脆弱，加之

---

* 额尔敦乌日图，内蒙古自治区社会科学院经济研究所副所长、研究员，主要研究方向为农村牧区经济、人口问题。

人口增长以及无序开垦和过度放牧等，内蒙古草原生态环境退化、沙化、盐碱化严重，导致生态建设面临巨大压力。本文从人口与农牧业发展视角分析人口对生态环境的影响以及在今后两者如何协调发展等问题并提出思路和建议。

一　内蒙古人口发展历程

新中国成立后，各民族实现了平等统一，社会安定团结，人民安居乐业，人口数量稳步增长。根据内蒙古自治区总人口数量和乡村人口的变化特点，把内蒙古人口发展历程分为三个阶段。

第一阶段是1947~1981年，即乡村人口数量达峰期。1947年，在中国共产党的关怀下，内蒙古自治区成立，经济社会发展趋于稳定，人民群众建设经济社会热情高涨，人民生产生活逐渐恢复。这一时期，内蒙古人口增长迅猛，总人口增长1341.2万，增长率为238.78%，年均增长39.45万。其中乡村人口从493.3万增长到1457.7万，增长964.4万，增长率为195.5%，占总增长人口的66.16%，增长人口的一半以上流向农村牧区。这一时期，内蒙古人口自然增长率和机械增长率较高，仅1961年机械增长率出现负增长，当年因自然灾害等原因而净减少43.7万人。[1] 人口增长的主要原因是新中国成立后社会稳定，生活和卫生条件改善，出生人口数量增长。另外，为了改变缺衣少食的现实问题，大量有经验的农民进入农牧区开垦种地。当时没有限制人口流动政策，有很多人口流入内蒙古。农村牧区生态环境较好、人口分布稀疏，农牧民依靠种地或养畜较易解决温饱问题，因此大量区外人口流入农牧区，导致人口急剧增长。

第二阶段是1981~2010年，即总人口数量达峰期，也是改革开放和计划生育政策重叠期。实施计划生育政策后，1983年内蒙古人口出生率达到峰值20‰后呈波浪式下降，到2010年人口出生率下降到9.3‰，人口出生

---

[1]　郎少坚、王玉希主编《内蒙古自治区志·人口志》，内蒙古人民出版社，2016。

率下降明显。改革开放以来，相关制约人口流动政策开始松动，人口流动自由度增加。这一时期内蒙古总人口仍然保持增长趋势。1981 年总人口1902.9 万，1985 年突破两千万大关达到 2015.9 万，2010 年增长到 2472.2万，达历史峰值。与 1981 年相比，2010 年总人口增长 569.3 万，增长率为29.92%，年均增长 19.63 万，年均增长人数低于第一阶段的 19.82 万。同期，乡村人口呈下降趋势，20 世纪 90 年代因开垦等原因人口回升到 1420.1万，但随后出现下降。乡村人口 1981 年 1457.7 万，2010 年达到 1099.3 万，年均减少 12.36 万，减少率为 24.59%。乡村人口减少的主要原因是农村牧区生态环境恶化，城乡经济、区域经济发展不平衡，人口出生率下降，大量人口流出。

第三阶段是 2010 年至今，即总人口数量下降期。2010 年以来，内蒙古总人口和乡村人口下降趋势叠加，2023 年总人口为 2396 万，比 2010 年减少 76.2 万，下降 3.08%，同期乡村人口减少 370.45 万，下降 33.69%。人口减少的主要原因是生育率下降，以及自治区与其他省份之间、城乡之间的经济社会发展水平差距扩大导致人口流出。

二 内蒙古人口增长对生态环境的影响

随着人口数量的增长和生产规模的扩大，资源需求量与日俱增，从自然生态环境中获取的物质能量越来越多，人与自然之间的供需矛盾凸显，制约地区生态环境的可持续发展。

（一）开垦耕地面积不断增加

内蒙古自治区成立后，较安定的社会环境为经济社会发展提供了有利的条件，大量的区外人口涌入开垦种地，耕地面积急剧增加。1947 年全区耕地面积 396.7 万公顷，1981 年乡村人口达到峰值时耕地面积为 518.6 万公顷，新增 121.9 万公顷，增长率为 30.73%。同期，播种面积从 347.9 万公顷增长到 466.2 万公顷，新增 118.3 万公顷，增长 34%。2010 年内蒙古总人口达峰时，全区耕地面积为 714.9 万公顷，新增 196.3 万公顷，增长 37.85%。同期，总播种面积增到 700 万公顷，新增 233.8 万公顷，增长率 为 50.15%。2010 年总人口达峰后人口数量逐年下降，但耕地面积和播种面 积仍然保持增长。2021 年全区耕地面积为 1156.7 万公顷，比 2010 年增加 441.8 万公顷，增长率为 61.8%。2023 年，总播种面积达到 880.9 万公顷， 比 2010 年新增 180.9 万公顷，增长率为 25.84%（见图 1）。

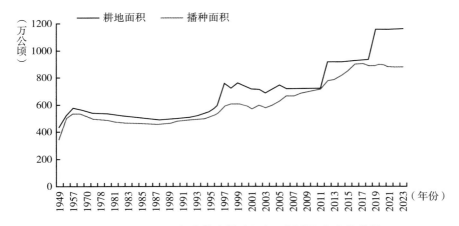

图 1　1949~2023 年内蒙古耕地面积、播种面积变化趋势

新中国成立以来，内蒙古迎来三波开垦潮，第一波是新中国成立初期， 第二波是 20 世纪 90 年代，第三波是 2005~2017 年。新中国成立初期为了 解决百姓口粮问题进行大面积开垦，通过增加播种面积达到增加产量的目 的。1990 年内蒙古粮食产量达到 973 万斤，基本解决了自治区人民的温饱 问题。1993 年 2 月 15 日起，按照《国务院关于加快粮食流通体制改革的通 知》，取消了粮票和油票，实行粮油商品敞开供应，进一步刺激粮食播种， 迎来内蒙古第二轮开垦潮。进入 21 世纪，播种面积增长速度趋于平稳但仍 缓慢提升。从 2005 年开始，播种面积增长明显加快，直到 2015 年播种面积 增长才放慢，这时期全国商品粮食需求量增加，内蒙古成为全国重要粮食供 应区，承担着保障粮食安全的重要责任。通过增加播种面积来增加产量是最 直接和有效的办法，在粮食需求量增加的情况下必然出现耕地面积增加。开

垦面积的增加会导致优质自然草场面积减少，草场单位牲畜数量增加，加大草原的承载压力。不合理开垦和不科学利用，破坏了内蒙古草原生态环境。国家采取多项举措治理耕地和环境问题，取得了较好的成效，但各种环境威胁仍然存在。"十三五"期末，内蒙古沙漠沙地面积约占 1/5，中度以上生态脆弱区域占 62.5%，其中，重度和极重度占 36.7%，[①] 生态系统仍然存在脆弱性和不稳定性。

（二）农畜产品产量快速增长

1. 农产品产量增长较快

随着农村牧区播种面积的扩大，农作物产量逐年增加。1957 年，全区粮食产量为 302.5 万吨，[②] 1981 年达到 510.0 万吨，增长 68.6%，全区人均粮食产量为 268.01 公斤。1990 年内蒙古粮食产量达到 973 万吨，比 1981 年增长 90.78%，人均粮食达到 449.92 公斤，从根本上解决了全区人口的粮食自给问题，结束了多年靠外省调入粮食的历史。从此，内蒙古粮食产量逐年增加，2010 年为 2344.3 万吨，人均粮食产量为 948.26 公斤，比 1990 年分别增加 1371.3 万吨和 498.34 公斤。2023 年粮食产量为 3957.8 万吨，比 2010 年增加 1613.5 万吨，增长率为 68.83%（见图 2）。

经过 60 多年的发展，内蒙古在加强农田水利基本建设、推广良种种植、加大机械化作业力度、提高科技支农含量等方面积极作为，为粮食的增产做出了卓越贡献。1990 年，全区粮食产量逐年增加，先后成为全国 13 个粮食主产省区之一和 8 个粮食净调出省区之一。特别是 1991 年、2008 年、2013 年，粮食产量先后突破 1000 万吨、2000 万吨和 3000 万吨大关，2023 年已经接近 4000 万吨大关，达到 3957.8 万吨，迎来内蒙古粮食生产"二十连丰"，粮食产量增加的主要原因是农业科技进步、耕地面积增加等。

2. 牲畜头数快速增长

农村牧区人口增加导致牲畜头数快速增长。据统计，新中国成立之初牲

---

① 《内蒙古自治区"十四五"林业和草原保护发展规划》（送审稿），2021 年 9 月。
② 1957 年之前没有统计数据。

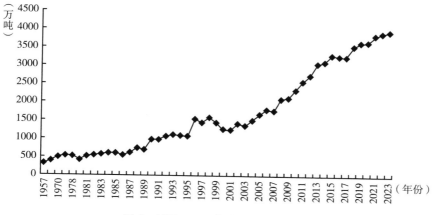

图2　1957~2023年内蒙古粮食产量

畜头数956.3万，1981年增长到4030.4万头（只），增长321.46%。改革开放以来，农村牧区经营制度改革，草场和牲畜承包到户，提高了农牧民养畜的积极性，牲畜数量持续增长。2010年，全区大牲畜和羊总数为8142.5万头（只），比1981年增加4112.1万头（只），增长率为102%。2022年牲畜头数为9229.8万头（只），比2010年增加1087.3万头（只），增长率为13.35%。近年来牲畜头数增长，但是增速明显放慢，说明内蒙古农村牧区牲畜增长空间缩小。从总量来看，牲畜头数从2005年开始基本为8000万~10000万头（只），如果在经营方式和养畜技术上没有新的突破，则内蒙古的牲畜数量趋于饱和。假如未来几年生态环境恶化或市场价格波动，内蒙古牲畜头数可能会出现下降。

（三）生态平衡点逐渐上升

人口消费与生态系统之间相互影响。生态系统提供的食物相对固定时，人口数量受食物的限制保持在一定范围内，人与生态环境之间保持平衡，但这一平衡点相对要低。在人类掌握某种技术而突破自然食物的限制后，人口数量会增加，人与生态系统之间达到新的平衡点，随着技术的进步这一平衡点不断提高。目前，人类虽然有惊人的技术成就，但并没有突破自然界的约

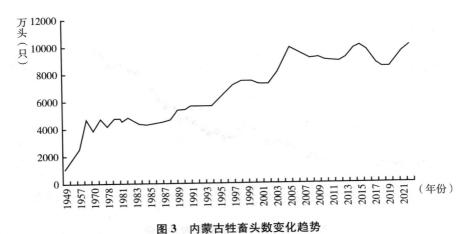

图3 内蒙古牲畜头数变化趋势

资料来源：根据历年统计数据绘制。

束，在改造环境中仍依赖于自然环境。

新中国成立以来，内蒙古粮食产量保持增加，如今已经成为我国重要农畜产品基地。1990年内蒙古已经基本解决全区人口粮食问题，此后，内蒙古农牧业不仅要满足内蒙古人口的口粮问题，还要进入市场满足更多人的粮食需求，需要生产更多的粮食和畜产品。为了生产更多的粮食和畜产品，不能只靠开垦和过度放牧，还需要增加单位产量，由此农牧业需投入更多的人力、物力和科技要素。2000~2022年，耕地单位面积产量从2800千克/公顷增加到5611千克/公顷，约增长1倍。同期，农牧业机械总动力从1350万千瓦增加到4596.40万千瓦，增长2.4倍；化肥使用量（折纯）从74.70万吨增加到227.36万吨，增长2.04倍。有效灌溉面积从2000年的237.20万公顷增加到2021年的318.40万公顷，增加0.34倍。同期，农村牧区用电量从21.3亿千瓦时增加到99.10亿千瓦时，增长3.65倍（见表1）。畜牧业没有较详细的投入数据，为了减轻草原放牧压力，牧区实施舍饲、半舍饲养畜模式，牧民养畜投入日益增加。

内蒙古农畜产品产量不断增加，农村牧区环境与人口消费之间达到新的高平衡点，这种高平衡点需要更多的资源投入来维持。在上述投入的要素中，

表 1 2000~2022 年农业要素投入情况

年份	耕地面积 （万公顷）	有效灌溉面积 （万公顷）	化肥使用量 （折纯） （万吨）	单位面积产量 （千克/公顷）	农牧业机 械总动力 （万千瓦）	农村牧区 用电量 （万千瓦时）
2000	731.7	237.20	74.70	2800.00	1350.00	212972.00
2002	709.1	253.76	82.84	3237.00	1510.00	236048.00
2004	711.5	263.59	104.36	3600.00	1772.00	267318.00
2006	713.3	275.81	126.70	3660.00	2053.00	319535.00
2008	714.9	287.13	154.10	4056.00	2779.00	365014.00
2010	714.9	302.75	177.24	3925.00	3034.00	484138.00
2012	910.9	312.52	189.04	4524.00	3281.00	551546.00
2014	915.5	301.19	222.67	4872.00	3633.00	631227.00
2016	925.9	313.15	234.64	4797.00	3331.00	710918.00
2018	927.2	319.65	222.67	5233.00	3663.66	855097.00
2020	1150.4	319.58	207.69	5362.00	4057.14	932132.00
2021	1156.7	318.40	241.90	5578.00	4239.42	991025.00
2022			227.36	5611.00	4596.40	

资料来源：历年内蒙古统计年鉴。

水是不可缺少的资源、再生周期较长。其他要素可以在全国范围内调度，唯独水资源因地形原因而无法在全国范围内随意调度。内蒙古是缺水地区，农牧业产量的大幅度提高自然会消耗大量的水资源，水资源的短缺给生态环境保护和生态修复带来更大困难，进一步加剧生态环境恶化。

（四）保护生态的传统文化逐渐消失

数千年来，草原上的游牧民族通过对植被、水文、土壤、气候等因素的观察和认识，从野生动物季节迁徙中得到启示，积累了丰富的放牧生态学知识。游牧民族认为必须把人和自然放在一个平等对话的地位，人是自然的一部分，自然是人生存的重要环境，是创造财富的物质基础。因此人类必须崇尚自然、善待自然，与自然建立和谐关系。这种数千年的游牧利用自然环境的方式，既满足了家畜营养需要，以保障草原自我更新的再生

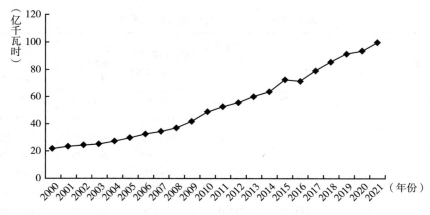

图4 2000~2021年内蒙古农村牧区用电量

资料来源：根据历年内蒙古统计数据绘制。

机制，又维护了生物多样性的变化。综观数千年游牧生产生活方式的发展历程和北疆文化中的伦理、民风习俗、宗教信仰等，都蕴涵了鲜明的生态理念和环境思维，这就是人们普遍认同的"天人合一"观念。应当说，"天人合一"是整个中华民族的思想结晶，是中华民族的"最完美的生态智慧"。"天人合一"观念，不仅把人当作"天"（自然）的一部分，而且把"天"（自然）当作敬奉的对象，以一种敬畏和爱慕的心情崇尚自然、爱惜自然，所以在草原牧区出现了很多神山、敖包、神泉等，游牧民制定或自觉规范了自己的行为准则（内在制度），如不准在草原上挖坑，不准在水源处洗衣、方便……当时，虽然没有法律规定，没有人监督，人人都会自觉遵守，这些内在制度看似原始但其对保护内蒙古草原生态环境起到的作用不容轻视。

随着人口的增加，传统文化约束力减弱，尤其是在利益的驱使下，人类从自然界中攫取更多的资源。人们不顾草场的承载压力，无止境地增加牲畜头数、开垦草原，掠夺草原资源。在人们追求更大利润的驱使下，保护草原的传统文化正在消失，保护草原的自觉性逐渐淡化，破坏草原生态的行为随时发生。在保护草原的文化基础逐渐消失的背景下，急需出台保护自然环境的各种法律法规，用法律约束破坏自然环境的各种行为，形成现代法律体系下的保护环境的文化体系。

20 世纪中期开始，内蒙古人口数量增加导致农村牧区开垦面积扩大、饲养牲畜头数增多，加之不合理利用，生态环境遭到破坏。从 20 世纪末开始，人们意识到生态环境有所退化，并开始采取保护环境的措施，如加大保护和修复生态环境投入、合理科学使用土地和水资源、增加单位产量等，以解决人与生态环境资源之间的不和谐问题，但荒漠化和沙化、林草植被修复困难、超载过牧问题仍然威胁着生态安全。目前，内蒙古已成为全国农畜产品基地，定位之高、责任之大，不得不为保障更多人的粮食安全而加大马力生产更多农畜产品。科学发展、技术进步为农畜产品生产频率加快和增加产量提供了科技保障，但农畜产品生产仍然依赖自然环境，会消耗大量的水和其他资源。科技是一把双刃剑，利用好有益于保护生态环境、增加农畜产品，利用不好则会加快自然资源的消耗，导致生态环境加速恶化。如何解决农牧业生产和生态保护之间的平衡点问题是实现人与生态协调发展的关键。

三　内蒙古推进人口与生态环境协调发展的实践

自 20 世纪 90 年代，特别是党的十八大以来，内蒙古把生态文明建设摆在全局工作的突出位置，坚持山水林田湖草沙一体化保护和系统治理，积极落实国家有关生态环境保护的法律法规，及时出台符合本地区特点的政策措施，实施一批保护、恢复、修复生态环境的重大项目，并取得了一定的成效。

（一）保护生态环境的法律法规和相关规章制度

为保护生态环境，国家出台了许多法律法规和相关政策，包括《内蒙古自治区森林草原防火条例》《内蒙古自治区实施〈中华人民共和国野生动物保护法〉办法》《内蒙古自治区珍稀林木保护条例》《内蒙古自治区湿地保护条例》《内蒙古自治区草原生态保护补助奖励政策实施方案（2016—2020 年）》

《内蒙古自治区草畜平衡和禁牧休牧条例》《内蒙古自治区人民政府办公厅关于矿产资源开发中加强草原生态保护的意见》等。这些法律法规和规章制度的出台为保护内蒙古生态环境提供了强有力的保障，也为广大人民群众树立正确的生态文化观和文化理念指明了方向。

（二）重大生态环境项目建设及成效①

面对严峻的生态形势，内蒙古各级政府主动出击，落实国家和自治区生态环境保护项目，争取实现"把内蒙古建设成为我国北方最重要的生态防线"的宏伟目标。

1.天然林保护工程

天然林保护工程于 1998 年启动，有近期（2000 年）、中期（2010 年）、远期（2050 年）三期目标。内蒙古主要涉及包括大兴安岭天然林保护工程、黄河上中游天然林保护工程和岭南八局天然林保护工程。工程实施以来，采伐力度锐减，森林资源逐渐增加，管护面积逐步扩大，涵盖区域的森林资源得以休养生息。

2.京津风沙源治理工程

京津风沙源治理工程是 2000 年党中央、国务院为改善和优化京津及周边地区生态环境状况、减少风沙危害而实施的重大生态工程，涉及内蒙古的包头市、乌兰察布市、锡林郭勒盟和赤峰市 4 个盟市 31 个旗县，通过综合治理，工程区域林草盖度增加，影响区域的风沙危害得到了有效控制，阴山北麓初步形成绿色生态屏障。

3.退耕还林退牧还草工程

1999 年提出退耕还林还草工程，2000 年在内蒙古试点，2002 年全面实施。工程建设涉及 12 个盟市 96 个旗县，主要内容是退耕还林、退牧还草，以及配套的荒山荒地造林、封山育林。

4."三北"防护林体系建设四期工程

2001 年三北防护林四期工程开始实施，工期为 10 年。内蒙古建设任务

---

① 《内蒙古自治区林业概况》，内蒙古新闻网，2017 年 3 月 20 日。

为 21.89 万公顷，其中，人工造林 17.95 万公顷、封山（沙）育林 3.81 万公顷、飞播造林 0.13 万公顷，均超额完成任务。

5. 野生动植物及自然保护建设工程

野生动植物及自然保护建设工程以保护野生动植物栖息地、湿地以及荒漠生态系统为主，力争加强国家级自然保护区基础设施建设，开展野生动植物保护和管理工作。

此外，还实施了"速生丰产用材林基地建设工程"、"生态移民工程""围封转移"战略等。通过各项生态保护工程的实施，生态环境得以休养生息。截至 2020 年末，全区森林覆盖率达到 23%，草原综合植被盖度达到 45%，生态环境持续恶化形势得以扭转。

四　内蒙古持续推进人口与生态环境协调发展的建议

正如上文所述，为了缓解人口增长与生态环境保护之间的矛盾，内蒙古进行了卓有成效的探索。然而，二者之间的矛盾并非短期内形成的，也难以在短期内得到彻底解决，必须全区上下持之以恒、久久为功地推进生态文明建设，正确处理好人口发展与生态环境保护之间的关系，为实现人与自然和谐共生的中国式现代化谱写内蒙古篇章。

（一）加强生态保护宣传，增强生态保护意识

在人口增长和利益驱使的背景下，传统文化下的生态保护意识和约束力逐渐弱化，取而代之的是现代法律制度背景下具有法律约束力的生态保护意识。20 世纪 80 年代颁布的《中华人民共和国环境保护法》《中华人民共和国草原法》等保护生态环境的法律制度政策，对环境保护起到了积极作用。目前破坏生态环境的某些行为还没有被杜绝，最重要的原因是全民依法保护生态环境意识薄弱，未形成保护生态环境的自觉行为。因此，提高全民生态环境保护法律意识是保护生态环境的关键，只有这样，人们

才能自觉地保护生态环境，监管部门才能依法监督违法行为，管理部门才能从保护生态环境视角出发完善政策。提高全民生态保护法律意识，要做好生态保护各项法律宣传工作，一是宣传工作必须适应时代形势，让广大农牧民了解农村牧区生态环境的严峻形势，唤起农牧民的生态保护意识和可持续发展意识，增强保护生态环境的责任感和使命感；二是普及保护生态环境知识和法律知识。生态环境保护宣传教育在农村牧区相对薄弱，农牧民普遍缺乏环境保护法律意识，对破坏环境的行为及其产生的后果浑然不知，通过宣传教育提高广大农牧民保护生态环境的知识技能和自觉性。

（二）完善利益分配制度，平衡农牧区生产与生态环境

造成内蒙古生态环境退化的原因有很多，最主要的原因就是人们为了获得更多利益而无节制地利用本已脆弱的生态环境。解决内蒙古农村牧区生态环境问题必须限制人们从农村牧区获得更多的资源，通过完善分配制度，达到各方利益平衡。

一是平衡区域间利益。解决生态保护问题，首先要解决区域间的利益平衡问题。同一个区域不同利益主体或不同区域之间发生利益冲突时，如果得不到合理解决，会增加利益主体破坏生态环境的可能性。当地政府或部门无法解决时，需要上级部门或国家出台相关法律法规来解决各方利益冲突问题。因此，保护生态环境的法律法规政策要体现相关利益主体或区域之间的环境与经济利益的分配关系，坚持"谁受益或谁破坏谁支付，谁保护或谁受害谁被补偿"的原则，对违反法律法规的行为依法严肃处理，对于遵守规定的主体给予经济利益或发展机会。现实中，有时候认定生态破坏或过度利用资源责任时操作起来较为困难（如地下水下降、沙尘暴、土地退化等），相关部门应利用现代科技手段全时程监测各项指标，为相关部门依法调整区域生态利益提供依据。

二是科学估算一定区域内农畜产品的总量范围，实现农牧业生产与生态环境承载力相匹配。农牧业生产是人类获取食物和原材料的重要方式，但同时也会对生态环境产生一定的影响，如水资源消耗、土壤退化、生物多样性

减弱等。因此，实现农牧业生产与生态环境承载力相匹配，既是为了保护生态环境，也是为了确保农牧业的可持续发展。内蒙古属典型的中温带季风气候，具有降水量少而不均、生态环境较脆弱的特点，无法支持农畜产品无限制增产。如果人为地持续增加农畜产品，就需要投入大量的土地、水资源、化肥等相关要素，那么消耗的资源也会越来越多。当投入成本与利润持平或者某种资源消耗殆尽（如水）时，人为投入会逐渐减少，生态自我修复能力下降，生态退化加剧。所以，自治区层面需组建科研组，在全区范围内调查农牧业生产要素情况，研判农牧区生产能力，找出目前科学技术水平下"农畜产品基地"与"生态环境屏障"协调发展的农牧业产品总量平衡点，科学判定农畜产品总产量范围，合理布局农牧业生产，推广生态农业和有机农业，加强农牧业科技创新和技术推广，加大环境监管和执法力度，以达到农牧业生产与生态环境的平衡。

总之，在固定的范围内自然生产能力是有限的，随着人们对农畜产品需求量的增加，农牧区生态环境保护压力也增大。科学研判农牧区生产能力，找出当前科学技术水平下"农畜产品基地"与"生态环境屏障"协调发展的平衡点，合理布局农牧业生产，以促进人口与生态环境和谐共生。

参考文献

孙学力：《内蒙古牧区人口迁移流动分析》，《北方经济》2006 年第 3 期。

鹿洪莲、褚凌：《人与自然生命共同体理念的实践路径探析——以内蒙古自治区为例》，《内蒙古科技与经济》2023 年第 21 期。

潘纪一、戴星翼：《人口生态学的建立和人口生态问题研究》，《人口与经济》1991年第 4 期。

B.7
内蒙古林业生态保护和建设研究报告

陈晓燕 刘小燕*

摘 要: 内蒙古生态地位重要,屏障作用突出,是我国林业生态保护和建设的主要阵地。内蒙古是我国森林资源相对丰富的省区之一,应不断巩固和扩大生态保护和建设成果,精准提升森林质量;充分发挥森林水库、钱库、粮库和碳库的重要功能,挖掘林业产业发展潜力,加快产业发展;加强制度创新,深化林业改革;加强金融支持、科技支撑、健全生态保护补偿机制,助力林业生态保护和建设;推动林业高质量发展,实现生态民生兼顾。

关键词: 林业 生态保护 内蒙古

生态保护和建设是指各个类型和层次的保护和建设活动,包括保存、保护、保育、培育、修复、改良或改造、恢复重建、更新、新建等活动。生态保护与建设同环境保护、资源节约一起,构成了生态文明建设的三个主题,对于生态文明建设具有基础性地位。① 森林作为陆地生态系统的主体和重要资源,具有水库、钱库、粮库和碳库功能,是生态文明建设的主战场。②

内蒙古自治区位于祖国北部边疆,横跨我国东北、华北和西北,是我国北方面积最大、种类最全的生态功能区。据第九次全国森林资源清查结果,内蒙古森林面积 2614.85 万公顷,居全国首位,天然林面积居全国首位,人

---

* 陈晓燕,博士,内蒙古自治区社会科学院牧区发展研究所研究员,主要研究方向为林业经济;刘小燕,内蒙古自治区社会科学院牧区发展研究所研究员,主要研究方向为生态经济。

① 中国工程院"新时期国家生态保护和建设研究"课题组、沈国舫、吴斌、张守攻、李世东主编《新时期国家生态保护和建设研究》,科学出版社,2017。

② 张海鹏:《以建设林业强国引领林业高质量发展》,《绿色时报》2024 年 4 月 26 日。

工林面积排全国第三位，森林蓄积 152704.12 万立方米，居全国第五位，森林植被总碳储量 82003.85 万吨。按林种分，自治区森林资源以防护林最多，面积占 70%。按起源分，自治区森林资源以天然林为主，面积占 77.05%。自治区乔灌树种丰富，乔木有杨树、柳树、榆树、樟子松、油松、落叶松、白桦、栎类等。同时从全国范围来看，内蒙古的灌木林面积较大，灌木树种有锦鸡儿、白刺、山杏、柠条、沙柳、梭梭、杨柴、沙棘等。党的十八大以来，内蒙古年均完成林业生态建设任务 1200 多万亩，居全国第一位。①

一　内蒙古林业生态保护和建设情况

（一）林业重点工程及其建设成效

内蒙古地域辽阔、地区间差异大，生态要素的空间格局具有多样性、非均衡性特征；从东到西分布着森林、草原、荒漠 3 个类型完备的生物气候带；内蒙古以大兴安岭山脉、阴山山脉、贺兰山山脉为"生态脊梁"，两侧分布草原、沙地、沙漠等各类生态系统，形成了山水林田湖草沙综合生态安全屏障构架。② 内蒙古确立了构建"一线一区两带"③ 的北方重要生态安全屏障总体布局。

内蒙古是全国六大林业重点工程唯一全覆盖的省份。近年来，实施"三北"防护林体系建设、天然林资源保护、退耕还林还草、京津风沙源治理等重点生态工程，内蒙古生态保护和建设取得明显成效。由表 1 可知，历次森林资源清查数据显示，内蒙古森林覆盖率和森林蓄积量实现"双增"。

---

① 《内蒙古：从"沙进人退"到"绿进沙退"》，https：//inews. nmgnews. com. cn/system/2020/07/16/012945239. shtml，2020 年 7 月 16 日。
② 《内蒙古自治区人民政府关于印发〈内蒙古自治区国土空间规划（2021—2035 年）〉的通知》，https：//www. nmg. gov. cn/zwgk/zfxxgk/zfxxgkml/ghxx/202407/t20240719_ 2544586. html，2024 年 7 月 19 日。
③ "一线"就是由大兴安岭、阴山、贺兰山等主要山脉构成的生态安全屏障"脊梁"和"骨架"，"一区两带"就是黄河重点生态区、大兴安岭森林带和北方防沙带三大战略空间。

表1 内蒙古历次森林资源清查主要数据

清查时间	森林面积 （万公顷）	森林覆盖率 （%）	活立木蓄积量 （万立方米）	森林蓄积量 （万立方米）	每公顷蓄积 （立方米/公顷）
1998	1474.85	12.73	116859.43	98163.48	70.61
2003	2050.67	17.70	128806.70	110153.15	68.49
2008	2366.40	20.00	136073.62	117720.51	70.02
2013	2487.90	21.03	148415.92	134530.48	78.53
2018	2614.85	22.10	166271.98	152704.12	86.95

资料来源：国家林业和草原局编《中国森林资源报告（2014—2018）》，中国林业出版社，2019。

天然林是森林资源的主体和精华，全面保护天然林对于推进人与自然和谐共生意义重大。天然林资源保护工程是我国一项十分重要的自然生态保护修复工程。内蒙古从1998年开始实施天然林资源保护工程（以下简称"天保工程"），2000年全面启动，是天然林资源保护工程建设大区。天保工程在内蒙古有三个工程区，即内蒙古森工集团工程区、岭南八局及三旗市工程区、黄河上中游工程区，总面积6.1亿亩，占全区土地面积的34.5%。天保工程一期为1998~2010年，国家累计投入内蒙古天保工程专项资金110亿元，约占国家工程一期总投入的10%。[①] 内蒙古天保工程二期建设期限10年，为2011~2020年。2015年4月起，内蒙古全面停止国有林区天然林商业性采伐。天保工程建设在木材产量调减和停伐、森林资源管护、公益林建设、森林培育、森林抚育、社会保障等各方面完成任务落实。

京津风沙源治理工程，2000年启动试点，2002年全面展开。工程采取以林草植被建设为主的综合治理措施，国家给予适当补助。经过建设和保护，京津风沙源治理工程区植被覆盖度、植被高度、植被地上生物量均有明显增加，土地沙化趋势得到遏制，重点治理区生态状况明显改善。通过实施京津风沙源治理工程，内蒙古逐渐摸索出一条"工程建设—生态改善—林

---

① 内蒙古自治区林业和草原局编纂《内蒙古自治区志·林业志（2006—2015）》，中国林业出版社，2020。

沙产业发展"紧密结合的可持续发展路径。[①]

"三北"防护林建设工程，是"三北"地区建设防护林体系的重大举措。"三北"工程三大标志性战役中，内蒙古独占"两个半"，承担着60%以上的工作量。[②] 通过工程实施，生态修复作用显著，重点治理区初步形成乔灌草、点线面、带网片相结合的区域性防护体系，有效减少了风沙危害和水土流失，生态环境得到明显改善；工程区林业、种养殖业、林产品加工业、旅游业等得到迅速发展。[③]

退耕还林工程2000年开始在内蒙古试点，2002年全面实施。恢复生态系统和改善农民生计是实施退耕还林工程的两大核心目标。退耕还林工程为内蒙古改善生态环境、加快国土绿化进程，特别是为建设祖国北疆重要生态安全屏障提供了有力的支持和保障。

表2为2016~2022年内蒙古营造林情况，可以看出，2016~2022年内蒙古营造林面积年均在60万公顷以上。2016~2020年，天然林资源保护工程造林、封山育林191.59万公顷，退耕还林工程造林、封山育林21.77万公顷，京津风沙源治理工程造林、封山育林50.53万公顷，"三北"五期防护林工程造林、封山育林52.54万公顷。

表2　2016~2022年内蒙古营造林情况

单位：万公顷

指标	2016年	2017年	2018年	2019年	2020年	2021年	2022年
营造林面积	123.85	140.36	126.76	99.98	130.08	70.31	65.16
造林面积	61.84	68.05	60.00	68.82	65.00	36.77	34.29
森林抚育面积	62.01	72.32	66.76	31.17	65.08	33.54	30.87

① 内蒙古自治区林业和草原局编纂《内蒙古自治区志·林业志（2006—2015）》，中国林业出版社，2020。

② 徐凡：《"三北"工程丰盈百姓果盘》，《绿色时报》2024年7月24日。

③ 内蒙古自治区林业和草原局编纂《内蒙古自治区志·林业志（2006—2015）》，中国林业出版社，2020。

续表

指标	2016 年	2017 年	2018 年	2019 年	2020 年	2021 年	2022 年
按林业重点工程分							
天然林资源保护工程造林、封山育林	58.99	59.89	59.23	5.75	7.73		
退耕还林工程造林、封山育林	4.77	3.20	5.16	3.24	5.40		
京津风沙源治理工程造林、封山育林	13.16	8.56	8.43	12.12	8.26		
"三北"五期防护林工程造林、封山育林	8.83	12.64	11.29	10.22	9.56		

注：2016~2019 年表中"造林面积"为"造林、封育面积"。

资料来源：根据相关年份《内蒙古统计年鉴》整理。

（二）林业产业发展情况

内蒙古逐步形成了以特色林果、林草中药材、森林食品、生态旅游与康养产业为主的林业产业体系。目前，林业产业格局已形成：东部地区苹果、沙果、榛子等特色林果业，木材进口与加工，林下食用菌产业，林草中药材和森林康养产业等主要产业；中部地区沙棘等小型浆果业、灌木饲料产业等主要产业；西部地区肉苁蓉、锁阳等沙生中药材产业，梨、葡萄等特色林果业，沙漠观光等旅游产业。① 形成了扎兰屯沙果、通辽塞外红、宁城蒙富苹果、敖汉沙棘、巴彦淖尔梨、阿拉善肉苁蓉等特色林果品牌。② 2023 年全区林草总产值达 838 亿元，较 2022 年增加 235 亿元。

内蒙古大力发展林下经济，并在荒山荒地发展文冠果、元宝枫、榛子等木本粮油树种。比如，赤峰市积极发展林下经济，鼓励指导林下种植，主要有林菌、林药、林果、林草等。2023 年完成林药种植 10.3 万亩，有桔梗、

---

① 敖东、郭利平：《内蒙古持续筑牢我国北方重要生态安全屏障》，《中国绿色时报》2024 年 1 月 18 日。

② 张焜、高岗：《内蒙古全力推进森林"四库"建设》，《内蒙古林业》2022 年第 7 期。

荆芥、黄芩、苍术、白芍等。林菌方面，喀喇沁旗种植食用菌赤松茸，每亩经济效益 3 万元，辐射带动当地群众增收。

发展林业碳汇方面，2023 年，内蒙古组建了林草碳汇工作专班，起草了《内蒙古自治区林业碳汇交易工作推进方案》；包头市、阿尔山市入选国家首批林业碳汇试点市，全区林草碳汇工作逐步铺开；赤峰市开展"赤峰市全空间生态产品价值核算与绿色碳中和评估项目"。2023 年以来，全区共开发林草碳汇项目 17 个，实现碳汇交易 80.5 万吨，交易金额超过 2700 万元。[①] 内蒙古林业碳汇量丰富，下一步，将在全区总结推广林草数字碳票经验。

（三）林业改革和制度创新

集体林在生态文明建设和经济社会发展中地位十分重要。内蒙古是全国集体林地最多的省区，集体林权制度改革取得了阶段性成果，但仍存在集体林综合效益不高、林农增收能力弱等问题，亟待继续深化改革。2024 年 8 月，内蒙古印发《关于深化集体林权制度改革的实施方案》，明确推进"三权"分置、推动防沙治沙、发展林业适度规模经营、完善公益林和天然林管理政策、加强森林经营管理、保障林木所有权权能、推动森林资源合理利用、加大金融支持力度等改革任务。通过推进集体林权制度创新，促进森林资源持续增长，林农和其他林业经营者的集体林权益得到更好地保护，生态保护和林业发展的内生动力增强，林农持续增收。

国有林场是我国生态修复和建设的重要力量，是维护国家生态安全的重要基础设施。内蒙古各地结合实际，谋划国有林场融合发展，加快推进国有林场和种苗基地、林草产业、森林旅游、乡村振兴融合发展，积极盘活林场森林资源。[②] 2023 年 12 月，国家林业和草原局印发《国有林场试点建设实施

---

① 《自治区政府新闻办召开"回眸 2023"系列主题新闻发布会（第 6 场-自治区林业和草原局专场）》，https://www.nmg.gov.cn/zwgk/xwfb/fbh/zxfb_fbh/202401/t20240105_2437139.html，2024 年 1 月 3 日。

② 《内蒙古扎实推进国有林场全面发展》，https://www.forestry.gov.cn/c/www/lcgylc/527902.jhtml，2023 年 10 月 23 日。

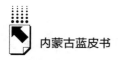

方案》，启动国有林场试点建设工作。内蒙古 41 个国有林场被列入试点建设名单。其中，3 个服务集体林改的试点国有林场紧紧围绕服务集体林权制度改革，积极开展试点工作；14 个防沙治沙试点国有林场充分发挥防沙治沙骨干作用；24 个种苗基地试点国有林场以保障良种壮苗供应为重点，大力培育灌木树种、乡土树种和优质经济林品种苗木；通过探索新时代国有林场高质量发展和高水平保护新机制，激发国有林场发展的内生动力和发展活力。①

自重点国有林区改革启动以来，内蒙古坚持把保护和培育好森林资源放在首要位置，把改善民生作为基本前提，全面完成了改革任务，停伐政策全面落实。林区生态功能明显提升，林区社会发展逐步融入地方工作，民生保障水平显著提高。②

林长制是推进生态文明建设的制度创新。2017 年，我国开始探索实行林长制，2021 年，中共中央办公厅和国务院办公厅印发《关于全面推行林长制的意见》。2021 年 6 月，内蒙古制定出台《关于全面推行林长制的实施意见》。目前，内蒙古共设林长 30895 人，在自治区层面，自治区党委书记、自治区主席担任总林长，自治区党委副书记、自治区副主席等 9 位省级领导担任副总林长，划定 9 个责任片区。③ 林长制为林草生态建设提供了有力的制度保障。

二 内蒙古林业生态保护和建设的发展机遇和积累的经验

（一）内蒙古林业生态保护和建设的发展机遇

习近平总书记始终高度重视内蒙古的生态文明建设，在对内蒙古的重要

---

① 《内蒙古自治区国有林场试点建设全面启动》，https：//www. forestry. gov. cn/c/www/gggddt/558096. jhtml，2024 年 4 月 18 日。

② 《内蒙古重点国有林区改革通过国家验收》，https：//www. gov. cn/xinwen/2020－09/23/content_ 5546238. htm，2020 年 9 月 23 日。

③ 《内蒙古自治区召开全面推进林长制新闻发布会》，https：//www. nmg. gov. cn/zwgk/xwfb/fbh/zxfb_ fbh/202305/t20230526_ 2318766. html，2023 年 5 月 26 日。

讲话重要指示批示中，关注、论述和部署最多的就是生态文明建设。① 2023年6月，习近平总书记在内蒙古考察时强调，筑牢我国北方重要生态安全屏障，是内蒙古必须牢记的"国之大者"。总书记强调，"要统筹山水林田湖草沙综合治理，精心组织实施京津风沙源治理、'三北'防护林体系建设等重点工程，加强生态保护红线管理，落实退耕还林、退牧还草、草畜平衡、禁牧休牧，强化天然林保护和水土保持""加强荒漠化治理和湿地保护，加强大气、水、土壤污染防治，在祖国北疆构筑起万里绿色长城""要进一步巩固和发展'绿进沙退'的好势头，分类施策、集中力量开展重点地区规模化防沙治沙，不断创新完善治沙模式，提高治沙综合效益"。

2023年10月，国务院印发的《关于推动内蒙古高质量发展 奋力书写中国式现代化新篇章的意见》为内蒙古下一阶段高质量发展指明了方向，也是推动内蒙古生态文明建设的一次重大机遇。绿色是内蒙古的底色和价值，生态既是内蒙古的责任又是潜力。内蒙古要抓住机遇，发挥潜力，把祖国北疆这道万里绿色屏障构筑得更加牢固。

（二）内蒙古林业生态保护和建设积累的主要经验

党的十八大以来，内蒙古造林种草、防沙治沙规模均居全国第一位。理念指引、制度保障，生态文明建设取得丰硕成果。这些成果得益于以下几方面的经验。

1. 党和政府主导，高位推动

党的十八大以来，内蒙古修订和实施多项有关生态环境保护的条例法规，涵盖森林草原、沙漠沙地、湿地等。同时规划引领，科学布局，编制印发《内蒙古自治区林草产业发展规划（2023—2030年）》《内蒙古自治区"三北"工程六期规划（2021—2030年）》等。自治区将防沙治沙和风电光伏一体化工程作为2024年全区重点实施"六大工程"之一，两次签发总林长令，明确工作任务、推进工程建设。

---

① 霍晓庆：《厚植生态底色 共赴绿水青山》，《内蒙古日报（汉）》2024年6月19日。

内蒙古以林长制为抓手，建立"林长制+重点工作"机制，大力推行"林长+检察长"协作机制，提升林草资源管理水平，实现山有人管、绿有人护。

2. 工程带动，长期坚持不懈

内蒙古坚持工程带动，不断发挥工程综合效益。以敖汉旗为例，敖汉旗属于典型的干旱、半干旱地区，地貌特征为"南山、中丘、北沙"。1978~2000 年，敖汉旗实施了三北防护林一、二、三期建设工程，完成营造林 379.85 万亩，100 万亩农田实现林网化，带网片、草灌乔相结合的防护林体系初步形成，敖汉旗的生态环境、生产、生活条件均发生了根本性改变。[①] 2001~2023 年，继三北防护林工程之后，敖汉旗实施了京津风沙源治理、内蒙古高原生态保护和修复、退耕还林、重度杨树退化林分改造等林业重点工程项目，累计完成营造林 275.7 万亩，进一步遏制了风蚀沙化和水土流失。

通过工程带动，经过几十年坚持不懈地努力，敖汉旗生态环境明显好转，经济效益和社会效益显著。敖汉旗秉承"一任接着一任干、一张蓝图绘到底"的接力赛精神和"不干不行，干就干好"的生态建设优良传统，形成了良好的"生态立旗"社会氛围。敖汉旗坚持科技兴林，研发了"JK45-50 型开沟犁"，提高了造林成活率，在"三北"防护林建设一、二、三期工程中发挥了不可或缺的作用，并在长期实践中探索总结了抗旱造林系列技术。同时，因水定林，完善树种配置模式，优化林种树种结构，在营造林中兼顾农林牧三业的最佳组合。

敖汉旗多次获得表彰奖励，2002 年获得联合国环境规划署授予的"全球 500 佳"环境奖，2003 年获得全国绿化委员会、国家林业局（现国家林业和草原局）授予的"再造秀美山川先进旗"称号，2023 年被授予"中国天然氧吧"称号，敖汉旗林草生态建设成为对外宣传的"绿色名片"。

---

① 《科尔沁沙地的中国宣言——内蒙古努力创造防沙治沙新奇迹系列报道之二》，https：//www.nmg.gov.cn/zwgk/zcjd/plwz/202307/t20230710_234421 1.html，2023 年 7 月 10 日。

3. 生态民生兼顾，探索绿富同兴

内蒙古是全国防沙治沙的主阵地、主战场，其持之以恒地推进防沙治沙，沙区生态环境得到了极大的改善，第六次荒漠化和沙化监测结果显示，荒漠化和沙化土地面积持续减少，荒漠化和沙化程度持续减轻，"四大沙漠""四大沙地"治理成效显著，沙化土地植被状况持续向好。

在防沙治沙实践中，内蒙古坚持高位推动、坚持工程带动、持续巩固治理成果、坚持科技引领、坚持治沙惠民和典型引领。特别是防沙治沙与产业发展紧密结合，探索和创建了类型多样的产业化防治模式，比如，沙生植物种植与开发利用、特种药用植物种植与加工经营、生物质能源产业化、沙漠景观旅游等类型的沙产业。① 尽可能把改善生态状况同改善人民群众生产生活条件、提高收入统一起来。

以巴彦淖尔市磴口县为例，磴口县内沙漠面积占县域总面积的 77%，是我国荒漠化最为严重的地区之一。该县坚持生态治理产业化、产业发展生态化，以生态项目支持产业发展，以产业发展带动生态建设。一是抓住沙区适宜种植中草药材的优势，大力发展蒙中药材产业。建立以肉苁蓉为主的中药材种植示范基地，并逐年增加甘草、连翘、牛蒡等中草药材种植面积。二是鼓励社会力量参与沙区治理与开发，先后引进 30 余家企业发展经济林和林下经济。三是把林业生态建设与脱贫攻坚工程紧密结合，治沙的同时兼顾致富。四是将光伏同沙漠治理、中草药种植相结合。依托丰富的光照资源，结合乌兰布和沙漠实际，提出"光伏+梭梭""光伏+四翅滨藜""光伏+柠条"等"光伏+生态治理"模式。积极打造磴口县乌兰布和沙漠千万千瓦级光伏新能源基地。五是草业治沙，依托乌兰布和沙漠绿色无污染资源优势，积极培育和发展壮大有机奶业和饲草业，建成全国最大全产业链有机奶源中心。六是发展生态旅游，开发建设沿沙一线旅游景点，将光伏园区、圣牧有机牧场、葡萄酒庄、中草药基地打造为新的旅游景点；引入沙漠越野、沙漠

① 《内蒙古年均完成林业生态建设任务 1200 多万亩 居全国首位》，https://inews. nmgnews. com. cn/system/2020/07/15/012945058. shtml，2020 年 7 月 15 日。

垂钓等特色体验项目；打造"进梭梭林氧吧、品天然美食、赏自然美景"的旅游养生品牌。

磴口县荣获国家林下经济示范基地、全国防沙治沙综合示范区、全国"绿水青山就是金山银山"实践创新基地等称号，形成了"精神一脉传承、两山理念引领、三生共赢发展、四方主体参与、五域系统施治"的防沙治沙"磴口模式"。

三　当前内蒙古林业生态保护和建设方面存在的问题

（一）生态保护修复任务仍然艰巨

内蒙古是我国生态脆弱的主要区域，生态系统抗干扰能力不强，森林、草原植被自然恢复困难，而且治理范围广、面积大、立地条件恶劣是生态建设面临的问题，生态修复区涉及人口众多，多与农牧地区高度重叠，生态系统十分脆弱，保护和修复难度大、战线长。[1] 同时随着造林种草、防沙治沙等重大项目的深入推进，需要治理、修复的区域水热条件、立地条件越来越差，林草植被保护修复难度逐步加大。[2] 内蒙古荒漠化和沙化土地面积大、分布范围广，全区还有 2 亿亩沙化土地待治理；已经治理的沙化土地林草植被处于恢复阶段，易反弹，防沙治沙任务和巩固治理成果任务艰巨。[3] 基层林业部门人才队伍建设滞后，缺少专业人才，设备落后，管理水平偏低，生态保护建设工作压力大。

①　《内蒙古自治区人民政府关于印发〈内蒙古自治区国土空间规划（2021—2035 年）〉的通知》，https：//www.nmg.gov.cn/zwgk/zfxxgk/zfxxgkml/ghxx/zxgh/202407/t20240719_ 2544586.html，2024 年 7 月 19 日。

②　《内蒙古自治区"十四五"林业和草原保护发展规划》，http：//fgw.nmg.gov.cn/ywgz/fzgh/202203/t20220307_ 2013602.html，2022 年 3 月 7 日。

③　《自治区召开第六次荒漠化和沙化土地监测结果新闻发布会》，https：//www.nmg.gov.cn/zwgk/xwfb/fbh/zzqzfxwfb/202306/t20230619_ 2334500.html，2023 年 6 月 19 日。

（二）投资机制需要完善

林草保护修复资金投入过度依靠公共财政，政府投入多，社会资本投入极少，远不能满足实际需要。林业融资渠道不畅，林业贷款贴息、林权抵押贷款等投入机制尚不完善。林业全周期贷款产品有待开发，市场配置资源在林草生态建设领域的作用尚未充分发挥。

（三）科技支撑存在薄弱环节

生态保护和建设的科技投入不足，方向分散且不连续；技术支持推广体系不健全，生态保护建设科技成果在生产中应用程度低。[①] 基层技术力量薄弱，科技人员不足，缺乏复合型人才，多渠道、多形式、多层次的科技服务体系仍需完善。

（四）生态效益补偿机制不健全

生态补偿资金来源缺乏，补偿方式单一，补偿范围仍偏窄。横向生态补偿制度不完善，调动和激励自觉保护生态的机制缺乏，亟须生态补偿方面的科学设计。

（五）林业改革仍需深化

以集体林权制度改革为例，当前集体林地综合效益不高，林权吸引力不足。林地流转体系不健全，缺少完善的制度体系。同时农民缺乏流转方面的知识，很多地区采取目测估算方式，结果不准，容易使其利益受损。林草产业补助标准较低，由于林业产业前期投入高、回报周期长，应加大补贴力度。

[①] 中国工程院"新时期国家生态保护和建设研究"课题组、沈国舫、吴斌、张守攻、李世东主编《新时期国家生态保护和建设研究》，科学出版社，2017。

（六）林业产业发展潜力有待继续挖掘

林业产业发展不充分不平衡，地区间差别大。全区林下经济经营面积仅为可用于发展林下经济森林面积的 5.6%。全区各类干鲜果品、森林药材等经济林产品平均产量与全国平均水平相比差距较大。初级产品较多，产业链条短，而且一二三产业融合不够，缺少高附加值产品。产品科技含量低，多数农户仍采用传统的种植养殖方式，对科学种植养殖技术掌握不够。受自然条件限制，自治区林草产业投入周期较长、效益偏低，一些市场主体因融资难度大、成本高而无力投身林草产业发展。中央财政对林草产业发展支持资金不多。林业产业发展中存在保鲜库、冷藏库、产品加工设备不足等问题。林产品销售渠道不畅，缺少拳头产品。

四　推进内蒙古林业生态保护和建设的对策建议

（一）加强森林经营，提升森林质量，不断巩固和扩大生态治理成果

积极开展中幼林抚育、灌木林平茬复壮和退化林修复改造等森林质量精准提升工程，调整优化林分结构。① 全面加强天然林保育、公益林管护等，推进森林科学经营，提升森林质量，提高生态系统的质量和稳定性。完善森林经营的投入、监测、激励机制。通过科技创新，加强森林经营科技示范和基础理论研究。②

坚持山水林田湖草沙一体化保护和系统治理，进一步巩固工程建设成果。加强荒漠化综合防治、加快推进"三北"等重点生态工程建设。加强大兴安岭、阴山山脉、贺兰山山脉等山区天然林保护，提升"三山"水源涵养、水土保持、生物多样性等生态功能；提高黄河、嫩江、西辽河等流域

① 张焜、高岗：《内蒙古全力推进森林"四库"建设》，《内蒙古林业》2022 年第 7 期。
② 国家林业和草原局编《中国森林资源报告（2014—2018）》，中国林业出版社，2019。

天然林植被覆盖度；强化重点区域生态保护与修复；防护林体系建设应与重点区域生态保护和修复工程相结合，坚持生态保护优先，兼顾经济和社会效益。

（二）加大金融支持力度

进一步健全和完善财政、金融等有关政策，支持与保障生态保护和建设资金供给，既要努力增加公共财政对生态保护和建设的投入，也要积极引导社会各方力量参与，多渠道筹集资金，建立政府引导、市场推进、社会参与的投融资机制。[1] 针对林业生产周期长的特点，开发较长周期的贷款产品。针对当前林草产业补助较低、缺少激励性资金补助的问题，建议银行出台支持林农融资或贴息办法，推动林业产业高质量发展。加大科研和产业基础设施投入，如加大保鲜库、冷藏库、产品加工设备、水电路等基础设施的投入。

（三）加强生态保护和建设的科技支撑

面向生态保护和建设实际，科学选择林种树种，研发生态建设新技术，加强科技成果转化，推广先进实用技术和成果。针对工程区干旱缺水、沙化、盐渍化等问题，突破困难立地造林技术。推广应用现代信息管理技术，加强资源动态监测。深入研究生态产品价值核算问题，积极探索生态产品价值实现路径。

（四）健全生态保护补偿机制

建立横向生态保护补偿机制，探索资金补助、技术扶持等方式，实现开发地区对保护地区、生态受益区对生态保护区的补偿，多渠道增加生态建设

---

[1] 中国工程院"新时期国家生态保护和建设研究"课题组、沈国舫、吴斌、张守攻、李世东主编《新时期国家生态保护和建设研究》，科学出版社，2017。

投入。① 建立和完善地方公益林补偿制度。对生态区位重要、管护成效显著、整体森林质量高的生态公益林给予激励性资助资金。② 积极探索市场化补偿方式，如运用碳汇交易。根据不同地区的特点，制定生态补偿标准，加快建立生态补偿标准体系以及生态补偿效益评估机制。

（五）持续深化林权制度改革等林业改革

推动林业发展需要深化改革、创新机制。当前深化集体林权制度改革的重点是抓落实，确保改革成效。具体来说，林权流转方面，进一步细化和规范林权交易的操作程序，加强林权流转的有效监管。结合各地实际，对林地价格进行科学指导。为林农提供信息和服务，把林业科技研究成果应用到林改实践中，为林改提供技术支持，提高产品的产出和质量，增加林农收入。完善林草产业补助标准，如提供林草生产机械补贴、推动林草产业发展现代化。

深化国有林场改革，健全国有林场体制机制，加强人才队伍建设，推进森林资源科学经营，强化资源保护，激发国有林场发展活力。

（六）充分发挥森林"四库"功能，加快林业产业发展

发展林业产业，要加强资源保护，发挥"森林水库"的重要功能，为林业产业的可持续发展奠定基础。挖掘森林资源优势，因地制宜发展特色产业，推进"森林钱库"建设。要延伸链条、培优主体、培育品牌、用科技支撑，建强基地。自治区东部盟市继续依托森林资源，积极发展森林生态旅游，有效带动农牧民增收；中西部地区，不断强化果品采摘园、林家乐建设；西部可发展沙漠观光旅游。同时树立"大食物观"，向森林要食物，为

---

① 《内蒙古自治区人民政府关于印发〈内蒙古自治区国土空间规划（2021—2035年）〉的通知》，https：//www.nmg.gov.cn/zwgk/zfxxgk/zfxxgkml/ghxx/zxgh/202407/t20240719_2544586.html，2024年7月19日。

② 《中国林业工作手册》编纂委员会编《中国林业工作手册》（第2版），中国林业出版社，2017。

社会提供更多优质的森林食品，推进森林粮库建设。此外，着力提高森林质量，增强碳汇能力；强化碳汇工作的技术支撑，指导生产实践，推进森林碳库建设。

参考文献

邓华锋：《集体林经营管理理论与方法》，科学出版社，2019。

国家林业和草原局产业发展规划院编著《中国林长制建设规划研究》，中国林业出版社，2022。

卢琦、崔桂鹏主编《荒漠化防治看中国》，中国林业出版社，2023。

吴水荣、张旭峰、余洋婷、孟贵、郭同方等：《中国林业政策演进（1949—2020）》，中国林业出版社，2022。

B.8
内蒙古草原生态数字化建设研究报告[*]

塔　娜[**]

摘　要： 草原作为地球上重要的生态系统之一，对于维持生态平衡、提供生态服务、促进经济发展及传承文化具有不可替代的作用。自党的十八大以来，我国在草原保护与修复领域取得了引人注目的成绩，遏制了草原生态系统的恶化趋势，草原生态退化现象得到了有效的改善。然而，我国草原生态总体脆弱，传统的草原生态保护和管理手段面临诸多局限，难以适应日益复杂的形势。随着信息技术的飞速发展，草原生态数字化建设成为提升草原生态保护和管理水平的重要途径。本文深入探讨了草原生态数字化建设的意义、现状、面临的挑战以及未来发展策略，旨在为实现草原生态文明建设目标提供有益参考，助推数字经济与草原绿色经济的协同高质量发展。

关键词： 草原生态　数字化建设　内蒙古

一　内蒙古草原生态数字化建设的背景及意义

（一）背景

为了积极响应国家生态文明建设战略号召，贯彻落实习近平生态文明思

* 基金项目：内蒙古自治区社会科学院 2024 年度"新质生产力理论驱动牧区高质量发展路径研究——以共同现代化试点科右前旗为例"（项目编号：ZDI2402）阶段性成果。
** 塔娜，内蒙古自治区社会科学院牧区发展研究所研究员，主要研究方向为草原生态经济。

想，以及"保护草原、森林是内蒙古生态系统保护的首要任务"的重要指示精神，各级地方政府均在加大对草原生态保护的政策支持力度，积极推动草原生态数字化建设，以期借助数字化手段加强对草原生态的监测、评估和管理，做出科学决策，从而实现草原生态保护和恢复的目标。大数据、云计算、人工智能、物联网等技术快速发展，实现了对草原生态数据的高效采集、传输、存储和分析，提高了监测和管理的精准性与时效性，为草原生态数字化建设提供了技术支持。相关科研机构和企业也已经在草原生态领域开展了一些数字化探索和实践，积累了一定的经验和数据，为草原生态保护和产业发展提供了有效的解决方案，为进一步推进草原生态数字化建设奠定了基础。

（二）意义

草原生态数字化建设是一项利用现代信息技术手段来提升草原生态保护和管理水平的重要举措，为草原生态保护带来了新的机遇。首先，借助数字化手段，可以实现对草原生态系统的实时监测，并对包括草地面积、产草量、载畜量等在内的草地资源进行全面评估，为科学评估草原生态状况提供依据。当草原生态指标出现异常变化时，能够及时发出警报，以便采取相应的保护措施。数字化建设能够长期积累草原生态数据，通过对历史数据的分析，可以更好地了解草原生态系统的演变规律，为研究草原生态变化趋势提供宝贵资料。通过数字化平台的建立，整合草原生态数据、资源管理信息和社会经济数据，构建决策支持系统，为政府部门和相关机构制定草原生态保护规划、草地资源利用和推动草原地区可持续发展政策提供科学依据。

其次，草原生态数字化建设有助于推动智慧畜牧业、生态旅游等草原生态产业的创新发展，例如，在牲畜身上安装传感器，实现对牲畜的定位、健康监测和养殖管理。这不仅可以提高畜牧业生产效率，还能减少对草原生态的破坏。草原地区往往具有丰富的旅游资源，数字化建设可以为旅游资源的开发和管理提供支持。通过建立旅游信息平台，展示

草原的自然风光、文化特色和旅游服务设施，吸引更多游客前来旅游。同时，利用大数据分析游客流量和行为特征，优化旅游线路和服务，实现草原旅游的可持续发展。总之，通过数字化手段，不仅能够优化草原资源的利用和配置，提高产业效益，也能促进草原生态保护与经济发展的良性互动。

二 内蒙古草原生态数字化建设发展现状

（一）多技术融合监测体系不断完善

通过广泛地应用遥感技术，内蒙古已经能够对大面积的草原进行宏观监测，获取草原植被覆盖度、草原面积变化等信息。比如对锡林郭勒盟等地区的草原进行定期遥感监测，及时掌握草原生态的整体状况和动态变化趋势。并结合无人机技术，针对特定区域进行高分辨率的详细监测，弥补了遥感技术在局部细节上的不足。在一些草原生态修复项目中，利用无人机评估修复效果，察看植被种植密度、生长状况等。在草原上设置地面监测站点，安装各种传感器，实时监测土壤湿度、温度、气象条件等参数，与遥感和无人机数据相互补充验证，为全面了解草原生态系统提供基础数据。

（二）草原"天空地一体化"监测监管体系日益完善

"天空地一体化"是一种生态环境监测体系，内蒙古在草原天空地一体化试点上取得了显著成效，如通辽市天空地一体化监测体系初步建立，可实现覆盖范围更广、监测指标更完善的生态环境监测，为山水林田湖草沙一体化保护和修复工程及其他重要生态工程提供修复成效监测支持。鄂尔多斯市林草系统打造智慧林草"天空地"一体化监管平台，统筹卫星遥感、航空护林、卡口监控和地面巡查，实行森林草原防火和有害生物防治网格化监测管理。全年未发生重大森林草原火灾，并完成林草有害生物防治 320 万亩。① 此外，还在荒漠化防治中利用该技术对沙地治理进行监测和评估，推动生态、生产、生活"三生"共赢。

（三）技术应用不断拓展

卫星遥感、地理信息系统、物联网等在草原生态监测中得到了广泛应用，有条件的地区还开展了基于人工智能的数据分析和预测。运用无人机和人工智能技术，构建无人机禁牧监管牲畜识别模型，实现对监测区域牲畜数量予以精确识别与计数，大大提高和扩大了监管效率和覆盖范围，为草原禁牧监管提供了有力的技术支撑。

（四）管理系统平台建设推进

内蒙古自治区建成"内蒙古森林草原生态系统数字化监管与服务平台"，并开展试运行，如包头市率先进行了"林长制综合管理系统"试点运行。该系统包括"林长制综合管理系统""林长制 App""巡护监管 App"等软件系统，通过信息化手段促进林长制工作走向科学化、规范化、智能化，落实网格化管理责任。②

（五）生态修复关键技术研发和技术集成取得长足进步

内蒙古自治区科研团队成功研发了多项草原生态修复核心技术，构建了基于生态大数据的分区分类修复技术模式 23 项。在草甸草原、典型草原、荒漠草原等典型区域进行了分区分类的草原修复技术模式试验示范；应用互联网、物联网、"3S"等信息化技术，集成"水土气生"基础数据、"天空

---

① 《内蒙古鄂尔多斯统筹"五绿"共进 坚决打好黄河"几字弯"攻坚战》，https：//www. forestry. gov. cn/c/sbj/gtlh/546812. jhtml？webview＿progress＿bar＝1&show＿loading＝0，2024 年 2 月 23 日。

② 《包头市率先试运行"林长制综合管理系统"以数字化手段促进林长制进一步推深走实》，https：//lcj. nmg. gov. cn/xxgk/zxzx/202311/t20231103＿2404732. html？webview＿progress＿bar＝1&show＿loading＝0，2023 年 11 月 3 日。

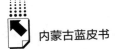

地"一体化监测手段，实现生态数据与修复技术等互联共享。目前，分区分类草原生态修复技术模式已被应用于呼伦贝尔市、通辽市、锡林郭勒盟、乌兰察布市、巴彦淖尔市、阿拉善盟等地的退化、沙化、盐渍化草地治理，并在山水林田湖草沙综合治理和人工种草草原生态修复工程中实现规模化应用。目前，内蒙古自治区 12 个盟市修复退化、沙化、盐渍化草原面积达 447 万亩，辐射推广面积近千万亩，培训农牧民千余人次。项目区植被盖度增加 50% 以上，直接新增产值 1.57 亿元，带动当地草业发展及农牧民增收，取得了良好的生态效益、社会效益和经济效益。[①]

三 草原生态数字化建设面临的挑战

（一）"草原一张图"建设工作滞后

以内蒙古鄂尔多斯市为例，据 2010 年草原普查数据，全市草原面积 9785.2 万亩。据 2021 年国土"三调"数据，草地面积 7727.53 万亩，近两年鄂尔多斯市草原保护利用相关规划均以此项数据为底数。同时鄂尔多斯第三轮草原补奖政策落实面积 9272.2 万亩，划定依据为国土"三调"草地面积和第二轮草原补奖面积 9781.4 万亩。鄂尔多斯市 2019 年草原确权承包落实草原承包经营权面积 8672.82 万亩。据 2023 年鄂尔多斯市自然资源局公布的 2021 年度国土变更调查数据，全市草地面积 7672.49 万亩，较 2021 年国土"三调"数据减少了 55.04 万亩，[②] 目前草地审批均以此套数据为基础。草原面积因不同部门管理、不同时期、不同调查方法而存在较大差异，且进行科学衔接的难度较大，不利于为草原保护修复利用提供科学依据。

---

① 《内蒙古创新分区分类草原修复技术模式 23 项 修复退化、沙化、盐渍化草原面积达 447 万亩》，https：//kjt. zj. gov. cn/art/2023/12/18/art_1228971344_59010234. html？show_loading=0&webview_progress_bar=1，2023 年 12 月 18 日。
② 数据由鄂尔多斯市林草局提供。

（二）政策支持力度不够、标准规范缺失

缺乏专门针对草原生态数字化建设的政策支持和引导，在项目审批、资金扶持、税收优惠等方面的政策不完善，影响企业和社会力量参与的积极性。关于草原生态数字化建设过程中的数据安全、隐私保护、知识产权等方面的法律法规尚不健全，存在法律风险和隐患。例如，在草原生态数据的采集、存储和使用过程中，可能涉及个人隐私和企业机密，需要依据相关法规予以规范。缺乏统一的草原生态数字化建设标准和规范，不同地区的草原生态监测指标和数据格式不一致，导致各地区、各部门在建设过程中各自为政，系统兼容性差，数据难以共享和整合，给数据的汇总和分析带来困难。

（三）数据采集、共享与整合困难

数据覆盖率低方面，天空地一体化数据采集范围有限，存在数据空白区域，难以全面准确地反映草原生态整体状况。在一些偏远、地形复杂的草原地区，传感器、卫星等设备的覆盖不足，导致部分区域的数据缺失。数据质量参差不齐方面，采集到的数据可能因设备精度、环境干扰等因素而存在误差，影响数据的准确性和可靠性。数据标准不统一方面，不同地区、不同部门的数据采集标准和方法不一致，导致数据的准确性、完整性和可比性存在差异，增加了数据整合的难度。在草原植被覆盖度监测中，不同的监测设备和方法可能得出不同的结果。数据共享和流通不畅方面，由于数据的归属权、安全性等问题，各部门、各机构之间存在数据壁垒，难以共享和交换数据，无法充分发挥数据的综合价值，影响了数字化建设的整体效果。

（四）核心技术应用与创新不足

关键核心技术研发滞后方面，虽然对遥感、无人机等技术的应用取得了一定成效，但在草原生态模型构建、大数据分析算法等关键技术领域，仍缺乏自主创新和深入研究，与国际先进水平相比存在一定差距。技术应用深度不足方面，部分地区在数字化建设中，仅仅停留在数据的采集和简单分析

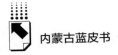

上，缺乏对数据的深度挖掘和应用，难以充分发挥数字化技术在草原生态保护和管理中的作用。技术应用适应性差方面，现有的一些数字化技术在草原生态环境中的应用效果不理想，不能很好地适应草原的复杂自然条件和生态特征。某些智能监测设备在草原的大风、低温等恶劣环境下的稳定性和可靠性降低。创新能力不足方面，在草原生态数字化建设的技术创新方面，缺乏有效的激励机制和创新氛围，难以产生有突破性的技术成果和应用模式。

（五）基础设施建设滞后

网络覆盖有限方面，草原地区地广人稀，网络基础设施建设难度大、成本高，造成有些区域网络信号弱或无网络覆盖，无法及时将采集到的数据上传至云端，影响数据的传输和实时监测。电力供应不稳定方面，部分草原地区电力供应不足或不稳定，无法保证数字化设备的持续稳定运行，甚至导致设备损坏或数据丢失。特别是在一些偏远的草原深处，电力保障问题较为突出。硬件设备缺乏方面，数字化建设需要配备大量的传感器、监测设备、服务器等硬件设施，但由于资金投入不足等，硬件设备的数量和质量难以满足需求。

（六）专业人才短缺

数字化专业人才匮乏方面，既懂草原生态又懂数字化技术的复合型人才缺乏，限制了数字化建设的规划、实施和运维。尤其在一些基层草原管理部门，缺乏专业的技术人员，导致数字化设备和系统的使用效率低，难以支撑草原生态数字化建设的规划、设计、实施和运维等工作。人才培养体系不完善方面，目前针对草原生态数字化建设的人才培养体系尚不健全，培养规模和质量难以满足实际需求，导致人才队伍建设滞后。相关的教育和培训体系不健全，无法培养出满足草原生态数字化建设需求的专业人才，高等院校中针对草原生态数字化的专业设置和课程体系不够完善，学生缺乏实践机会和针对性地技能培养。人才吸引力不足方面，草原地区的工作和生活条件相对艰苦，对数字化专业人才的吸引力较弱，人才流失现象严重，难以形成稳定的人才队伍。

（七）资金投入不足

建设资金不足方面，草原生态数字化建设需要大量的资金投入，包括基础设施建设、设备购置、软件开发、数据采集等，但政府财政投入有限，社会资本参与度不高，导致资金短缺，影响建设进度和质量。运营维护资金缺乏方面，数字化系统建成后，需要持续的资金投入进行运营维护、设备更新、技术升级等，但往往缺乏稳定的资金来源，使得系统难以持续稳定运行，功能逐渐退化。

四 内蒙古草原生态数字化建设对策与建议

（一）做好构建"草原一张图"工作

"草原一张图"是对草原资源进行全面监测、综合监管和保护的一种有效的信息化手段，通过草原资源调查和草原生态监测管理，更加有效地进行草原禁牧和草畜平衡监管，实现对草原生态环境的切实保护，确保草原生态系统的健康和稳定。这项工作不仅有助于草原管理部门更好地制定草原保护政策、进行科学规划和资源合理配置，还能提升草原生态保护和可持续发展的水平，同时也为科研工作者开展草原相关研究提供重要的数据支持。构建"草原一张图"，需要做好以下工作。

做好数据收集与整理工作。组织专业人员全面普查草原资源。对草原的面积、类型、植被覆盖度、土壤状况等进行详细调查，确保数据的准确性和完整性；利用卫星遥感、无人机航测等现代测绘技术，获取高分辨率的草原影像数据。梳理各部门已有的草原相关数据，整合现有数据资源，包括草原监测数据、土地利用数据、生态保护红线数据等。建立数据共享机制，确保不同部门的数据能够有效整合，避免重复采集和数据不一致的问题。

加强技术支撑与平台建设。采用先进的地理信息系统（GIS）技术，对草原空间数据的存储、管理、分析和可视化展示，并对录入的草原数据及时

编辑和更新，确保数据的实时性和准确性。搭建具备数据查询、统计分析、地图制作、预警监测等功能，方便用户进行草原资源管理和决策的草原信息管理平台，将收集到的草原数据进行整合和展示。

保持动态监测与数据更新。建立草原监测体系，定期对草原植被生长状况、草原退化情况、病虫害发生情况进行监测，采用地面监测和遥感监测相结合的方式，提高监测的精度和效率。根据监测结果，及时对"草原一张图"中的数据进行更新，确保数据的时效性，及时更新草原数据，建立数据更新机制，明确数据更新的责任部门和时间节点。

协同管理与应用。"草原一张图"工作涉及草原管理、生态环境、自然资源管理等多个部门，因此需要加强多部门协作，建立部门间协调机制，明确各部门的职责和任务，共同推进"草原一张图"工作。

（二）完善数据采集与整合体系

统一标准与规范。建立内蒙古自治区统一的数据采集标准和规范，确保不同地区、不同部门在数据采集时遵循相同的要求，保证数据的一致性、准确性和可比性，为后续的数据分析和应用提供可靠的基础。打破数据壁垒，构建高效的数据共享机制，消除各地区、各部门之间的数据隔阂。通过建立数据共享平台，实现数据的实时流通与共享，让草原生态相关的数据能够在不同主体之间自由流动，提高数据资源的利用效率，为草原生态的综合分析和决策提供全面的数据支持。

加强基础数据资源体系建设。不仅要注重数据的采集，还要重视数据资源体系的完善。拓宽数据采集渠道，丰富数据类型，涵盖草原植被、土壤、气候、水资源、生物多样性等多方面信息。同时，建立面向农牧民的数据服务平台，通过开发移动端应用或信息服务平台等方式，让农牧民能够方便快捷地获取与草原生态相关的实用数据，如草原植被生长状况、适宜放牧区域等信息，提升农牧民参与草原生态保护和生产经营的科学性。

（三）深化科学技术应用与创新

加大研发投入。在草原生态模型构建、大数据分析算法、人工智能应用等关键技术领域持续加大研发资金投入。吸引和培养一批高素质的专业技术人才，组建专业的研发团队，提高自主创新能力，努力缩小与国际先进水平的差距，为草原生态数字化建设提供坚实的技术支撑。

拓展技术应用深度。推动数字化技术在草原生态保护和管理中的全方位应用，不仅仅局限于数据的采集和分析。利用大数据技术对海量的草原生态数据进行深度挖掘，分析草原生态系统的变化趋势、影响因素等；运用人工智能技术实现对草原生态问题的智能预警和预测。通过对草原植被覆盖度、土壤湿度等数据的实时监测和分析，提前预判可能出现的草原退化、病虫害暴发等问题，并及时采取相应的防治措施；借助遥感技术实现对草原生态的宏观监测和动态跟踪，及时掌握草原生态的整体状况和变化情况。

推动产业融合创新。促进数字技术与草原生态产业的深度融合，为相关产业发展注入新动力。在草原畜牧业方面，利用数字化技术实现精准养殖，通过对牲畜的生长状况、健康状况、饮食情况等数据的实时监测和分析，制定科学合理的养殖方案，提高养殖效率和质量，同时降低养殖成本和资源消耗。例如，通过安装在牲畜身上的传感器实时获取牲畜的活动量、体温等数据，及时发现牲畜的疾病或异常情况，做到早预防、早治疗。在草原生态旅游方面，通过数字化手段提升游客体验和旅游服务水平，利用虚拟现实（VR）、增强现实（AR）等技术为游客提供虚拟草原游览、历史文化场景重现等更加丰富的旅游体验；通过大数据分析游客的行为和偏好，为游客提供个性化的旅游线路推荐和服务，提高游客的满意度和忠诚度。

（四）强化人才培养与引进

制定人才培养计划。结合内蒙古草原生态数字化建设的实际需求，制定针对性强的人才培养计划。一方面，鼓励内蒙古自治区内高校开设草原生态数字化管理、地理信息科学、数据科学与大数据技术等相关专业和课程，培

养具备草原生态专业知识和数字化技术技能的复合型人才。另一方面，开展多样化的职业培训项目，针对在职人员进行数字化技能提升培训，使其能够更好地适应草原生态数字化建设的工作要求。

完善人才培养体系。建立产学研合作机制，加强学校与企业、科研机构之间的紧密合作。学校可以邀请企业和科研机构的专家参与教学，为学生提供实践指导和案例分析；企业和科研机构则为学生提供实习和实践机会，让学生在实际项目中得到锻炼和提升能力。通过这种方式，培养出既具有扎实理论基础，又具备丰富实践经验的专业人才。此外，鼓励学生参与科研项目，培养学生的创新思维和科研能力，为草原生态数字化建设培养创新型人才。

优化人才发展环境。制定优惠政策吸引和留住人才，为投身草原生态数字化建设的人才提供良好的发展空间和待遇保障。例如，提供住房补贴、科研经费支持、职称评定倾斜等政策，解决人才的后顾之忧，让他们能够安心在内蒙古工作和发展。同时，营造尊重人才、鼓励创新的社会氛围，激发人才的创新活力和工作积极性。

（五）确保资金投入与保障

加大政府投入。政府要加大对草原生态数字化建设的资金投入力度，设立专项基金，专门用于支持数字化基础设施建设、技术研发、应用推广等项目。明确资金的使用方向和重点，确保资金能够真正投入关键领域和关键环节，推动草原生态数字化的快速发展。积极争取国家相关政策和资金支持，将内蒙古草原生态数字化建设纳入国家重点项目规划，争取更多的国家资金和政策支持。

拓宽资金来源渠道。鼓励社会资本参与草原生态数字化建设，通过政府与社会资本合作（PPP）模式、产业投资基金等，吸引企业、金融机构等社会力量投资。建立合理的利益分配机制，保障社会资本的合法权益，充分调动社会资本的积极性，形成政府、企业和社会共同参与的多元化资金投入格局。在草原生态旅游数字化项目中，政府可以与旅游企业合作，共同投资建设数字化旅游服务平台，企业通过平台的运营获得收益，同时也为草原生态保护和旅游发展做出贡献。

（六）加强基础设施建设

提升网络覆盖水平。持续完善草原地区的网络基础设施，特别是要加强偏远地区的网络信号覆盖。加大对通信基站建设的投入，采用先进的通信技术，提高网络带宽和稳定性，确保数据能够实时、顺畅地传输和共享。这不仅有利于草原生态数据的及时采集和传输，也为远程监控设备实时掌握草原生态状况、对草原生态保护设施进行管理和控制等提供了基础条件。

更新与维护监测设备。定期对现有的监测设备进行更新和维护，及时淘汰老化、损坏的设备，确保监测设备的正常运行和数据的准确性。积极引进先进的监测技术和设备，提高数据采集的精度和可靠性。采用高分辨率的遥感卫星、智能化的传感器等设备，提升对草原生态环境的监测能力。同时，建立设备维护管理的长效机制，明确设备维护的责任主体和工作流程，确保设备始终处于良好的工作状态。

建设综合管理平台。打造草原生态数字化综合管理平台，整合各类数据资源和应用系统，实现对草原生态的全面监测、分析、管理和决策支持。该平台应具备强大的数据处理和分析能力，能够对多源、海量的草原生态数据进行快速处理和深度分析，为草原生态保护和管理提供科学依据。通过平台可以实时掌握草原植被的生长情况、土壤肥力的变化、水资源的分布和利用情况等，进而制定科学合理的草原生态保护和管理方案。

（七）拓展应用服务与提升

开发多样化应用服务。根据不同用户群体的需求，开发多样化的数字化应用服务。针对草原管理部门，提供科学决策支持系统，帮助其制定更加合理、有效的草原生态保护政策和管理措施。通过对草原生态数据的分析，为草原禁牧、休牧政策的制定提供科学依据，确定合理的禁牧、休牧区域和时

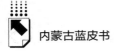
间。针对农牧民，提供生产经营指导服务，如根据草原植被状况和气候条件，为农牧民提供合理的放牧建议、种植指导等，帮助农牧民提高生产效益。针对公众，开发草原生态科普教育应用，通过生动形象的展示和互动体验，增强公众的草原生态保护意识。

推动数字乡村建设。将草原生态数字化建设与数字乡村建设深度融合，全面提升草原地区的整体数字化水平。加强草原地区的信息化基础设施建设，提高乡村网络覆盖的质量和速度，为数字乡村的全面发展奠定坚实的基础。积极推动信息技术在乡村治理、公共服务等领域的应用，提升乡村教育、医疗、文化等公共服务质量，让农牧民能够更便捷地享受到现代化社会带来的便利。例如，利用远程医疗服务，让农牧民也能获得高质量的医疗资源；在线教育平台的普及，为草原地区的孩子们提供丰富多样的学习资源。数字乡村建设的深入实施，不仅促进了草原地区的经济发展，还推动了社会进步与生态保护的和谐统一。

五　结语

草原生态数字化建设无疑是推动草原生态实现可持续发展的必由之路，但随着技术的不断进步和应用的深入拓展，更加完善的草原生态数字化体系，可为保护草原生态环境、促进草原经济发展和维护草原文化传承发挥重要作用，为实现草原生态文明建设和经济社会高质量发展贡献智慧与力量。

参考文献

陈永泉：《内蒙古草原生态保护与修复》，《草原与草业》2020 年第 4 期。
李元、罕德宝：《草原生态生产数字化的发展现状、主要问题与对策建议》，《畜牧与饲料科学》2024 年第 3 期。
罗新萍：《生态大数据在林业草原信息化建设工作中的应用研究》，《林业科技情报》2024 年第 1 期。

苗垠:《关于内蒙古草原保护管理和高质量发展的思考》,《林业科技通讯》2023 年第 12 期。

孙蕊、刘泽东、高海娟:《简析我国草原生态环境的保护与修复》,《畜牧产业》,2024 年第 3 期。

B.9
内蒙古荒漠化治理研究报告[*]

永　海[**]

摘　要：　本报告认为，近年来内蒙古荒漠化和沙化土地面积持续减少、沙化程度减轻，"四大沙漠""四大沙地"治理成效显著，沙化土地植被持续向好发展。治理措施包括政策法规保障、生态工程建设、产业结构调整、科技创新支撑及加强宣传教育，取得了生态环境改善、沙尘天气减少、促进经济发展和提升国际影响力等成效。但也存在资金投入不足、技术创新待加强、生态补偿机制不完善及治理成果巩固难度大等问题。未来应加大资金投入、加强科技创新、完善生态补偿机制、加强成果巩固并推动区域协同发展，以实现内蒙古荒漠化治理的可持续推进。

关键词：　荒漠化　沙化土地　防沙治沙　内蒙古

内蒙古自治区位于中国北部，是我国重要的生态屏障，拥有广袤的草原、森林和湿地，生态资源丰富多样。然而，受自然因素（气候干旱、大风天气频繁、土壤质地疏松等）和人类活动（过度放牧、过度开垦、水资源不合理利用、樵采和乱挖草药、矿业开发等）的影响，内蒙古面临着严重的荒漠化问题。例如，气候变化导致干旱加剧，大风天气频繁使得土地沙化速度加快。同时，过度放牧、不合理的土地开发以及资源开采等人类

---

* 基金项目：内蒙古自治区社会科学院学科建设专项"内蒙古黄河流域践行'习近平生态文明思想'的实践探索与理论创新研究"（项目编号：2023SKYXK002）阶段性成果。
** 永海，博士，内蒙古自治区社会科学院牧区发展研究所副研究员，主要研究方向为干旱区土地利用与农村牧区发展。

活动也对生态环境造成了极大破坏。荒漠化给当地的生态环境、经济发展和社会稳定带来了巨大挑战。生态环境恶化，生物多样性减少，沙尘暴等自然灾害频发，严重影响了人们的生活质量。加强荒漠化治理，推进生态文明建设，对于实现内蒙古的高质量发展具有重要意义。只有采取科学合理的治理措施，才能恢复生态平衡，促进经济可持续发展，保障人民的幸福生活。

一 内蒙古荒漠化现状

（一）荒漠化和沙化土地面积大

内蒙古自治区第六次荒漠化和沙化土地监测结果显示，截至 2019 年，全区 12 个盟市的 83 个旗县（市、区）分布有荒漠化土地，面积达 88966 万亩，占自治区土地面积的 50.14%。[①] 如此大面积的荒漠化土地，使得生态环境面临严峻挑战，对农牧业生产、生物多样性以及人们的生活质量都产生了极大的负面影响。同时，有 92 个旗县（市、区）分布有沙化土地，面积59723 万亩，占自治区土地面积的 33.66%。[②] 沙化土地不仅影响着土地的可利用性，还容易引发沙尘暴等自然灾害。

（二）荒漠化和沙化土地面积持续减少

与 2014 年第五次荒漠化和沙化土地监测结果相比，2019 年全区荒漠化和沙化土地面积分别减少 2415 万亩和 1459 万亩，年均分别减少 483 万亩和292 万亩，实现了连续四个监测期持续"双减少"。这一成绩的取得，得益于政府的高度重视和大力投入，以及社会各界的共同努力。然而，我们不能

[①] 刘丽霞：《全区荒漠化和沙化土地面积持续"双减少"程度连续"双减轻"》，《呼和浩特日报（汉）》2023 年 6 月 17 日。

[②] 李国萍：《内蒙古第六次荒漠化和沙化土地监测结果公布》，《内蒙古日报（汉）》2023 年6 月 17 日。

因此而放松警惕，荒漠化治理仍然任重道远，需要持续不断地努力，进一步巩固和扩大治理成果，为内蒙古的可持续发展奠定坚实的基础。

（三）荒漠化和沙化程度连续减轻

与 2014 年相比，内蒙古全区荒漠化状况有了显著改善。极重度荒漠化土地减少 1591 万亩，重度荒漠化土地减少 1851 万亩，中度荒漠化土地减少 4326 万亩，与此同时，轻度荒漠化土地增加 5354 万亩。在沙化方面，极重度沙化土地减少 2199 万亩，重度沙化土地减少 3231 万亩，中度沙化土地减少 1524 万亩，而轻度沙化土地增加 5495 万亩。这一系列数据表明，全区荒漠化和沙化土地程度实现连续四个监测期持续"双减轻"① 这一成绩的取得，得益于政府的大力投入、科学的治理规划以及全社会的共同努力。

（四）"四大沙漠""四大沙地"治理成效显著

内蒙古的巴丹吉林、腾格里、库布其、乌兰布和四大沙漠，正发生着积极的变化，呈现出流动沙地和半固定沙地减少、固定沙地增加的良好趋势。其中，流动沙地减少 227 万亩，半固定沙地减少 1159 万亩，固定沙地增加 1701 万亩。不仅如此，四大沙漠的沙化状况也不断改善，极重度、中度面积减少，轻度面积增加。具体来说，极重度面积减少 159 万亩，重度面积减少 1044 万亩，中度面积减少 133 万亩，轻度面积增加 1363 万亩。② 与此同时，科尔沁、浑善达克、毛乌素、呼伦贝尔四大沙地的治理也取得了显著成效。沙化土地面积总体减少 730 万亩，半固定沙地减少 983 万亩，固定沙地增加 510 万亩。沙化程度方面，重度、中度面积减少，轻度面积增加。具体来说，重度面积减少 863 万亩，中度面积减少 1193 万亩，轻

① 李国萍：《内蒙古第六次荒漠化和沙化土地监测结果公布》，《内蒙古日报（汉）》2023 年 6 月 17 日。

② 刘丽霞：《全区荒漠化和沙化土地面积持续"双减少"程度连续"双减轻"》，《呼和浩特日报（汉）》2023 年 6 月 17 日。

度面积增加 1044 万亩。这些成果的取得，是多方努力的结果，为内蒙古的生态环境改善奠定了坚实的基础。

（五）沙化土地植被状况持续向好

全区可治理沙化土地面积达 32494 万亩，目前已治理沙化土地面积 12549 万亩，占可治理沙化土地的 38.62%。与 2014 年相比，全区沙化土地植被状况显著改善。低植被盖度面积减少，高植被盖度面积增加，尤其是植被盖度大于 40% 的沙化土地面积明显增加，增加 6428 万亩。这表明内蒙古在沙化土地治理方面成效显著，植被恢复工作取得积极进展。

尽管内蒙古荒漠化和沙化土地治理取得了显著成效，但大部分地区为干旱、半干旱区，自然环境依然脆弱，全区还有 2 亿亩沙化土地待治理，防沙治沙任务仍然艰巨；已经治理的沙化土地林草植被处于恢复阶段，极易反弹，巩固治理成果任务艰巨。

二 内蒙古荒漠化治理措施

（一）政策法规保障

内蒙古自治区政府高度重视荒漠化治理，并出台了一系列政策法规。例如《内蒙古自治区防沙治沙条例》明确了治理目标、责任主体和具体措施，为防沙治沙工作提供了有力的法律支撑。《内蒙古自治区草原管理条例》则强调对草原的保护和管理，防止草原退化和荒漠化。这些政策法规的实施，为内蒙古荒漠化治理提供了法律依据，确保治理工作有法可依、有序推进。

（二）生态工程建设

内蒙古积极实施一系列重大生态工程。三北防护林工程极大地提升了区域防风固沙能力，京津风沙源治理工程为京津冀地区筑起绿色生态屏障，退耕还林还草工程有效恢复了生态平衡。通过植树造林，让大地披上绿装；种

草固沙，稳固土壤防止风沙侵蚀；封禁保护，给予生态自我修复的时间。这些措施共同发力，不断增加植被盖度，逐步改善生态环境，为内蒙古的高质量发展奠定了坚实的基础。

（三）产业结构调整

内蒙古大力推动产业结构调整，积极发展绿色产业。在生态农牧业方面，鼓励农牧民发展舍饲养殖，减少牲畜对草原的过度啃食，推广青贮玉米种植等，降低对草原资源的依赖。同时，加大对沙产业的扶持力度，充分开发沙棘、肉苁蓉等沙生植物资源。这些沙生植物不仅具有生态修复功能，还能带来经济收益，实现了生态与经济的双赢，为荒漠化治理提供了可持续的发展路径。

（四）科技创新支撑

内蒙古高度重视荒漠化治理中的科技创新。不断加强科技研发，投入大量资源研究和推广先进的治沙技术与模式。飞播造林快速扩大植被覆盖面积，草方格沙障有效固定流沙，滴灌节水技术提高水资源利用效率，防沙治沙和风电光伏一体化工程实现生态与能源协同发展。同时，建立多个荒漠化治理科研基地和示范园区，发挥技术支撑和示范引领作用，为荒漠化治理探索新路径、提供新方案。

（五）加强宣传教育

内蒙古积极开展多种形式的宣传教育活动，以提高公众的生态环境保护意识。在"世界防治荒漠化与干旱日"等重要节点，通过举办主题活动、发放宣传资料、开展科普讲座等方式，广泛普及荒漠化防治知识。让公众了解荒漠化的危害及治理的重要性，动员全社会积极参与荒漠化治理。只有人人树立起生态保护意识，才能形成强大的合力，共同为守护内蒙古的生态环境、治理荒漠化贡献力量。

三　内蒙古荒漠化治理成效

（一）生态环境改善

近年来，内蒙古荒漠化治理取得显著成效。植被盖度明显提高，土地沙化现象得到有效遏制。监测数据显示，全区森林覆盖率从 2000 年的 17.57% 大幅提升至 2023 年的 23%，草原综合植被盖度也从 37.08% 提高到 45%。《内蒙古自治区"十四五"林业和草原保护发展规划》明确指出，到 2025 年，全区森林覆盖率将达到 23.5%，森林蓄积量达 15.5 亿立方米，草原综合植被盖度稳定在 45%。这一系列数据充分表明，内蒙古在生态环境改善方面迈出了坚实步伐。

（二）沙尘天气减少

内蒙古大力推进荒漠化治理，取得了显著的成效，其中之一便是沙尘天气明显减少。随着植被盖度的不断提高以及各项防沙治沙措施的有效落实，荒漠化土地得到了有效控制。过去，沙尘暴肆虐，给人们的生活带来诸多不便和危害。如今，荒漠化治理使得沙尘天气的发生频率和强度大幅降低，空气质量得到显著改善。人们可以更加安心地进行户外活动，享受蓝天白云和清新的空气。这不仅提升了居民的生活质量，也为地区的高质量发展奠定了坚实的基础。

（三）经济发展促进

内蒙古通过持续的荒漠化治理，极大地改善了生态环境，进而为当地经济发展创造了极为有利的条件。随着生态环境的好转，沙产业顺势崛起，对沙生植物资源如沙棘、肉苁蓉等进行深度开发利用，形成了从种植、加工到销售的完整产业链。同时，生态旅游业也蓬勃发展，广袤的草原、葱郁的森林吸引着众多游客前来观光游览。这些新兴产业的兴起，为当地带来了丰厚

的经济收益，有力带动了农牧民增收致富，实现了生态保护与经济发展的良性互动。

（四）国际影响力提升

内蒙古在荒漠化治理方面取得的卓越成效，引起了国际社会的广泛关注和高度认可。内蒙古通过一系列行之有效的治理措施，如政策法规保障、生态工程建设、产业结构调整、科技创新支撑以及宣传教育等，成功遏制了荒漠化的蔓延，实现了生态环境的显著改善。其荒漠化治理经验为全球荒漠化治理提供了宝贵的中国方案和中国智慧。国际组织和其他国家纷纷前来考察学习，内蒙古成为全球荒漠化治理的典范，极大地提升了我国在国际生态治理领域的影响力。

四 内蒙古荒漠化治理存在的问题

（一）投入不足

荒漠化治理是一项长期而艰巨的任务，需要大量的资金投入。目前，内蒙古在荒漠化治理方面的资金投入仍然有限，难以满足治理需求。首先，荒漠化治理涉及大规模的植被恢复、水利设施建设、土壤改良等工程，这些都需要巨额的资金支持。例如，植树造林需要购买树苗、支付人工费用以及进行后期的养护管理，而草原生态修复也需要投入大量资金用于草种选育、草原围栏建设等。然而，由于资金有限，很多治理项目无法全面铺开，只能选择重点区域进行治理，治理效果受到一定影响。其次，荒漠化治理是一个持续的过程，需要长期的资金投入，但目前主要依赖政府财政拨款和部分项目资金，渠道相对单一。社会资本参与荒漠化治理的积极性不高，主要原因在于荒漠化治理项目的投资回报周期长、风险较大，缺乏有效的激励机制。这使得荒漠化治理的资金压力持续存在，难以保证治理工作的长期稳定进行。

（二）技术创新有待加强

虽然在荒漠化治理技术方面取得了一定成果，但与国际先进水平相比，仍存在差距。在技术创新、人才培养等方面还需要进一步加强。首先，在荒漠化治理技术创新方面，内蒙古在植树造林、草原生态修复等方面积累了一些经验，但在一些关键技术领域仍存在不足。例如，在沙漠化土地的生态修复技术方面，对于如何提高植被成活率、改善土壤结构等问题，还需要进一步探索和创新。同时，在水资源利用技术方面，如何实现高效节水灌溉、提高水资源利用效率，也是亟待解决的问题。其次，人才培养是技术创新的关键。目前，内蒙古在荒漠化治理领域的专业人才相对匮乏，尤其是缺乏具有创新能力和实践经验的高层次人才。这使得在技术研发、项目实施等方面受到一定限制。

（三）生态补偿机制不完善

生态保护和建设者的利益未能得到充分保障，极大地影响了其参与荒漠化治理的积极性。生态补偿机制是调动各方参与生态保护和建设的关键，但内蒙古的生态补偿机制存在补偿标准低的问题，以草原生态补偿为例，补偿标准常常无法完全弥补牧民因参与生态保护而遭受的损失。这使得部分牧民在生态保护与自身经济利益的权衡中产生犹豫，积极性不高。补偿范围也较为狭窄，未能涵盖所有的生态保护和建设行为。此外，补偿方式单一，以资金补偿为主。然而，不同地区、不同群体有着不同的需求，单一的资金补偿难以满足多样化的需求。比如一些地区可能更需要技术支持、基础设施建设等方面的补偿。这种不完善的生态补偿机制，不利于荒漠化治理的持续推进。

（四）治理成果巩固难度大

部分地区在荒漠化治理取得初步成效后，却面临着成果难以巩固的困境。由于后续管理和保护措施不到位，植被退化、土地沙化反弹等问题时有发生。荒漠化治理成果的巩固确实需要长期地管理和保护。然而，现实中一

些地区在完成治理后，缺乏有效的后续管理机制。对于植被的养护，往往没有制定科学合理的计划，不能及时进行浇水、施肥、病虫害防治等工作，导致植被生长不良。在水资源管理方面，也重视不够，未能合理分配和利用水资源，影响植被的生存。同时，随着经济社会的发展，一些地区的开发建设活动不断增加，如过度开垦、不合理的工程建设等，对生态环境造成了新的压力。这些开发建设活动破坏了地表植被，影响了土壤结构，使得荒漠化治理成效难巩固。

五　未来内蒙古荒漠化治理的建议

（一）加大资金投入

首先，积极争取国家和社会各界的支持，加大对荒漠化治理的资金投入至关重要。国家层面的资金支持对于大规模的荒漠化治理项目起着关键作用。内蒙古可以通过制定详细的生态治理规划和项目方案，积极向国家申请专项资金，用于植树造林、草原生态修复、水利设施建设等。同时，要积极争取社会各界的支持，包括企业捐赠、公益组织资助等。例如，鼓励企业通过设立生态环保基金、开展公益造林等活动，为荒漠化治理贡献力量。其次，创新投融资机制，吸引社会资本参与荒漠化治理。可以探索建立荒漠化治理的 PPP 模式，即政府与社会资本合作模式。通过政府与企业合作，共同投资、建设和运营荒漠化治理项目，实现风险共担、利益共享。最后，还可以设立生态产业投资基金，吸引金融机构和社会投资者参与，为荒漠化治理相关的生态产业项目提供资金支持。例如，发展沙产业、生态旅游等项目，既可以实现生态治理，又能带来经济效益，吸引社会资本的投入。

（二）加强科技创新

首先，加大对荒漠化治理技术研发的支持力度。政府应加大对科研机构和高校的科研投入，鼓励开展荒漠化治理关键技术的研究。例如，在沙漠化土地的生态修复技术方面，加大对耐旱植物选育、土壤改良技术、水资源高效利用技术等的研发投入。同时，要加强对科技创新成果的转化和应用，将先进的技术及时应用到荒漠化治理实践中，提高治理效果。其次，加强与国内外科研机构的合作交流。内蒙古可以与国内外知名的科研机构建立合作关系，共同开展荒漠化治理的科研项目。通过合作交流，学习借鉴先进的治理经验和技术，提高自身的科研水平。例如，可以与以色列等在沙漠治理方面有先进经验的国家开展合作，引进高效节水灌溉技术、沙漠农业技术等。最后，培养和引进一批高素质的科研人才。人才是科技创新的关键。内蒙古要加强对荒漠化治理领域科研人才的培养，通过高校教育、科研项目培养等方式，培养一批有创新能力和实践经验的科研人才。同时，要积极引进国内外优秀的科研人才，为荒漠化治理提供智力支持。例如，制定优惠政策，吸引高层次科研人才来内蒙古工作，为他们提供良好的科研环境和生活条件。

（三）完善生态补偿机制

首先，建立健全生态补偿政策体系。政府应制定完善的生态补偿法律法规，明确生态补偿的主体、对象、标准、方式等，为生态补偿提供法律依据。同时，要建立生态补偿的长效机制，确保生态补偿资金的稳定来源。例如，可以通过征收生态税、设立生态补偿基金等方式，筹集生态补偿资金。其次，提高生态补偿标准。目前内蒙古的生态补偿标准普遍较低，难以充分弥补生态保护和建设者的损失。政府应根据生态保护和建设的成本、效益以及当地居民的生活需求，合理提高生态补偿标准。例如，在草原生态补偿方面，可以根据草原的质量、面积、生态功能等因素，制定差异化的补偿标准，提高牧民的生态保护积极性。最后，保障生态保护和建设者的合法权益，充分调动其积极性。除了资金补偿外，还可以探索多元化的补偿方式，如技术补偿、政策补偿等。例如，为生态保护和建设者提供生态农业技术培训、优先享受生态旅游项目开发等政策支持，提高他们的经济收入和生活水平。同时，要加强对生态补偿资金的管理和监督，确保资金使用的公平、公正、公开，保障生态保护和建设者的合法权益。

（四）加强成果巩固

首先，建立荒漠化治理成果监测和评估体系。通过卫星遥感、地面监测等手段，对荒漠化治理区域的植被盖度、土壤质量、水资源状况等进行定期监测和评估，及时掌握治理成果的变化情况。例如，可以建立荒漠化治理成果数据库，对监测数据进行分析和管理，为治理决策提供科学依据。其次，加强对治理区域的后续管理和保护。制定科学合理的后续管理和保护措施，加强对植被的养护、水资源的管理、土地的合理利用等工作。例如，建立植被养护制度，定期进行浇水、施肥、病虫害防治等工作；加强水资源管理，合理分配和利用水资源，确保植被的生存和生长；加强对土地的监管，防止过度开垦、过度放牧等行为的发生。最后，加强宣传教育，提高公众的生态保护意识。通过各种媒体渠道，广泛宣传荒漠化治理的重要意义和成果，提高公众对生态保护的重视程度。例如，可以制作荒漠化治理专题纪录片、开展生态保护主题宣传活动等。同时，要加强对中小学生的生态教育，培养他们的生态保护意识和责任感，形成全社会共同参与荒漠化治理的良好氛围。

（五）推动区域协同发展

首先，加强与周边省区的合作。内蒙古荒漠化治理不是孤立的，需要与周边省区共同合作，实现区域生态环境的整体改善。可以建立区域生态合作机制，共同制定生态治理规划和政策，加强在荒漠化治理、水资源保护、生态产业发展等方面的合作。例如，与宁夏、甘肃等省区共同开展黄河流域生态保护和高质量发展合作，共同推进荒漠化治理和生态修复。其次，共同推进荒漠化治理，实现区域生态环境的整体改善。通过区域协同发展，可以整合各方资源，提高荒漠化治理的效果。例如，可以共同开展跨区域的生态治理项目，加强在技术、资金、人才等方面的交流与合作。同时，要加强区域间的生态补偿机制建设，实现生态保护和建设的成本共担、利益共享，推动区域生态环境的可持续发展。

六 结论与展望

（一）研究结论

内蒙古荒漠化治理取得了显著成效。现状方面，曾经荒漠化和沙化土地面积大，但如今土地面积持续减少，沙化程度减轻，"四大沙漠""四大沙地"治理成效突出，沙化土地植被状况不断向好。[①] 在治理措施上，政策法规保障为治理工作奠定了坚实基础，生态工程建设直接推动生态修复，产业结构调整实现了经济发展与生态保护的良性互动，科技创新支撑提高了治理效率和质量，加强宣传教育提升了公众环保意识。治理成效体现在生态环境改善、沙尘天气减少、促进经济发展以及提升国际影响力等多个方面。然而，仍存在资金投入不足、技术创新有待加强、生态补偿机制不完善和治理成果巩固难度大等问题。

（二）研究展望

未来，内蒙古荒漠化治理充满希望。在资金投入方面，应积极争取国家支持和吸引社会资本，拓宽资金渠道，确保治理工作有充足的资金保障。加强科技创新，与国内外科研机构合作，培养专业人才，研发先进治理技术。完善生态补偿机制，提高补偿标准，丰富补偿方式，充分调动生态保护和建设者的积极性。加强成果巩固，建立健全监测评估体系，强化后续管理和保护措施。推动区域协同发展，与周边省区加强合作，共同推进荒漠化治理，实现区域生态环境整体改善。相信通过持续努力，内蒙古荒漠化治理将取得更大成就，为筑牢我国北方重要生态安全屏障和推动高质量发展作出更大贡献。

[①] 刘丽霞：《全区荒漠化和沙化土地面积持续"双减少"程度连续"双减轻"》，《呼和浩特日报（汉）》2023 年 6 月 17 日。

参考文献

侯瑞霞、曹晓明、冯益明等：《中国内蒙古自治区荒漠化程度监测数据集（2001—2021年）》，《中国科学数据》（中英文网络版）2023年第1期。

李夏子、郭春燕、韩国栋：《气候变化对内蒙古荒漠化草原优势植物物候的影响》，《生态环境学报》2013年第1期。

屈静媛、张俊科：《"十三五"以来内蒙古荒漠化和沙化土地现状及治理技术浅析》，《内蒙古林业调查设计》2022年第4期。

杨雪栋：《内蒙古自治区荒漠化和沙化土地监测概述》，《内蒙古林业调查设计》2020年第2期。

B.10
内蒙古农牧民增收致富
及绿色消费研究报告*

明　月**

摘　要：　收入和消费是农牧民生活中的核心要素、农牧业经济发展的重要组成部分。农牧民增收致富和绿色消费直接反映了农牧民生活品质的提升,获得感、幸福感、安全感的增强。党的十八大以来,内蒙古农牧业经济发展迅速,农牧民收入及消费水平不断提升,生活得到前所未有的改善,但与此同时,也存在城乡居民收入差距大、区域间收入差距大、收入来源单一、消费水平提高速度慢,以及消费升级中高品质产品、信息类产品供给不足和服务方式相对单一等问题。为此,本文针对上述问题提出了加快农牧产业高质量发展、补齐农村牧区公共服务短板等对策建议。

关键词：　收入消费　农牧民收入　绿色消费

一　内蒙古农牧民收入增长与消费发展变化

(一)农牧民收入状况

1.农牧民收入稳定增加

党的十八大以来,内蒙古自治区党委和政府始终坚持以人民为中心的发

---

* 基金项目：内蒙古自治区社会科学院学科建设专项“内蒙古黄河流域践行‘习近平生态文明思想’的实践探索与理论创新研究”(2023SKYXK002)的阶段性成果。
** 明月,内蒙古自治区社会科学院牧区发展研究所副研究员,主要研究方向为农村牧区经济研究。

展思想，把改善农牧民生活、促进农牧民增收作为新时代"三农三牧"工作的重点，积极推进农牧业供给侧结构性改革，加快推动农牧业经济结构调整和转型升级，完善农村牧区社会保障制度，落实各项惠农惠牧政策，实施乡村振兴战略，不断提高农牧业综合生产能力，使农牧民收入实现平稳增长。2012~2023年，农牧民人均可支配收入由7611元增至21221元，年均增长9.8%。其中，2015年农牧民人均可支配收入突破1万元大关，达到10776元。从增长趋势看，2012~2015年农牧民收入增速由14.6%放缓至8.0%，表明农牧民收入增速趋缓；2015~2023年农牧民收入增速为7.1%~10.7%，呈现平稳增长态势（见表1）。

表1　2012~2023年内蒙古城乡居民收入增长情况

年份	农牧民收入		城镇居民人均可支配收入（元）	城乡收入绝对差额（元）	城乡收入之比
	人均可支配收入（元）	增长率（%）			
2012	7611	14.6	23150	15539	3.0：1
2013	8596	12.9	25497	16901	2.9：1
2014	9976	16.1	28350	18374	2.8：1
2015	10776	8.0	30594	19818	2.8：1
2016	11609	7.7	32975	21366	2.8：1
2017	12584	8.4	35670	23086	2.8：1
2018	13803	9.7	38305	24502	2.8：1
2019	15283	10.7	40782	25499	2.7：1
2020	16567	8.4	41353	24786	2.5：1
2021	18337	10.7	44377	26040	2.4：1
2022	19641	7.1	46295	26654	2.4：1
2023	21221	8.0	48676	27455	2.3：1

资料来源：根据《内蒙古统计年鉴》2013~2023年相关资料整理。

2. 农牧民收入结构持续优化

2012~2023年，农牧民经营净收入保持稳定增长，由4689元增至11607元，在可支配收入中占比由61.6%降到54.7%；工资性收入由1459元增至

4086 元, 在可支配收入中占比由 19.2% 提升至 19.3%; 转移净收入显著增加,由 1140 元增至 4948 元, 在可支配收入中占比由 15.0% 提升至 23.3%, 提高 8.3 个百分点; 财产净收入的增量非常小, 由 323 元增至 580 元, 在可支配收入中占比由 4.2% 降到 2.7%, 呈现下降趋势。总体来看, 党的十八大以来,各项惠农惠牧政策力度不断加大, 扩大农村牧区社会保障制度覆盖范围, 带动了农牧民转移净收入的快速增长。农牧民收入结构的序列依次是经营净收入为主、转移净收入、工资性收入和财产净收入 (见表 2)。

表 2 内蒙古农牧民人均可支配收入构成

单位: 元, %

	类别	2012 年	2015 年	2020 年	2023 年
总量	人均可支配收入	7611	10776	16567	21221
	经营净收入	4689	6185	8828	11607
	工资性收入	1459	2250	3353	4086
	转移净收入	1140	1916	3888	4948
	财产净收入	323	425	498	580
比重	经营净收入占比	61.6	57.4	53.3	54.7
	工资性收入占比	19.2	20.9	20.2	19.3
	转移净收入占比	15.0	17.8	23.5	23.3
	财产净收入占比	4.2	3.9	3.0	2.7

资料来源: 根据《内蒙古统计年鉴》2013~2023 年、《中国统计年鉴》2013 年相关资料整理。

(二)农牧民消费支出变化

党的十八大以来, 随着农村牧区经济社会的发展, 农牧民收入不断增加, 为提升生活水平和生活质量奠定了坚实的基础。尤其, 近年来内蒙古多措并举持续恢复和扩大消费, 促进消费市场平稳增长, 营造便利安全放心的消费环境, 有力推动了农村牧区消费市场的繁荣发展, 为更好满足农牧民日益多样化、高品质的消费需求发挥了积极作用。2012~2023 年农牧民人均消费支出由 6382 元增加至 18650 元, 年均增长 10.2%。其中,

2013年为9080元、2014年为9972元、2015年为10637元、2016年为11462元、2017年为12184元、2018年为12661元、2019年为13816元、2020年为13594元、2021年为15691元、2022年为15444元。农牧民消费结构优化升级，恩格尔系数显著下降。从结构变化看，食品烟酒和居住仍是目前农牧民消费支出的主要事项，但随着消费理念和方式的不断变化，农牧民交通和通信、医疗保健、教育文化娱乐等消费支出的比重也逐渐增加。可见，农牧民消费结构优化升级，消费层次不断提高，从以吃穿用为主的温饱型生存消费转向享受型和发展型消费，汽车、智能手机、高档家电等更多地进入广大农牧民家庭，交通和通信、教育文化娱乐成为消费新热点，绿色健康理念、特色餐饮引领新潮流。2012~2022年，食品烟酒消费支出的绝对量不断增加，所占比重下降。具体来说，农牧民人均食品烟酒消费支出由2378元增长到4796元，占消费支出的比重由37.3%降到31.1%，下降6.2个百分点；居住支出由1079元增长到2998元，占消费支出的比重从16.9%上升到19.4%；交通和通信消费支出由912元增长到2241元，占消费支出的比重在14.3%~15.8%；医疗保健消费支出由589元增长到2140元，占消费支出的比重由9.2%提升到13.9%；教育文化娱乐消费支出由513元增长到1447元，占消费支出的比重由8.0%提升到9.4%；生活用品及服务支出由269元增长到698元，占消费支出的比重在4.2%~4.5%；其他商品和服务支出绝对量缓慢上升，比重下降，由157元增长到295元。在这期间，除食品烟酒和居住外，最重要的消费是交通和通信、医疗保健、教育文化娱乐等。2022年农牧民消费结构的序列依次是食品烟酒、居住、交通和通信、医疗保健、教育文化娱乐、衣着、生活用品及服务、其他商品和服务等（见表3）。从恩格尔系数看，2012~2023年农牧民恩格尔系数由37.3%降为29.1%，下降8.2个百分点。其中，2013年为30.9%、2015年为29.4%、2020年为30.6%、2021年为30.1%、2022年为31.1%、2023年为29.1%，呈现下降趋势。恩格尔系数是衡量农牧民生活水平的指数，指数值越低，说明生活质量越高。

表3　内蒙古农牧民消费支出构成

单位：元，%

类别		2012 年		2015 年		2020 年		2022 年	
		绝对数	比重	绝对数	比重	绝对数	比重	绝对数	比重
人均消费支出		6382	—	10637	—	13594	—	15444	—
消费结构	食品烟酒	2378	37.3	3123	29.4	4164	30.6	4796	31.1
	衣着	482	7.6	765	7.2	727	5.3	829	5.4
	居住	1079	16.9	1817	17.1	2633	19.4	2998	19.4
	生活用品及服务	269	4.2	475	4.5	583	4.3	698	4.5
	交通和通信	912	14.3	1647	15.5	2152	15.8	2241	14.5
	教育文化娱乐	513	8.0	1458	13.7	1436	10.6	1447	9.4
	医疗保健	589	9.2	1118	10.5	1667	12.3	2140	13.9
	其他商品和服务	157	2.5	235	2.2	231	1.7	295	1.9

资料来源：根据 2013~2023 年《内蒙古统计年鉴》等相关资料整理。

二　内蒙古农牧民增收与消费中存在的问题

（一）城乡居民收入差距大，农牧民收入来源单一

1. 内蒙古城乡居民收入差距较大

从绝对数来看，2012~2023 年，内蒙古城乡居民人均可支配收入的绝对差额由 15539 元增加至 27455 元，呈现不断扩大态势。从比值看，2012 年以来内蒙古城乡收入之比虽然逐步缩小，但差距仍然较明显，2023 年城乡收入之比为 2.3∶1。

2. 农牧民收入来源单一

首先，内蒙古农牧民主要收入来源是经营净收入，以农牧业种植和养殖收入为主，非农收入所占比重小。2012~2022 年，以农牧业为主的第一产业纯收入在农牧民全年可支配收入中一直占比在 50% 以上，在经营净收入中占 90% 以上。党的十八大以来，农牧民经营净收入总体呈现稳步增长，但

受疫情影响农牧业生产生活成本上升，如种子、化肥、农药、农用机械、饲草料、繁育、人工费用等农畜生产资料的价格持续上升，直接影响到农作物的种植成本和畜牧业的养殖成本，导致农牧民家庭经营的利润增长空间变小。

其次，农牧民工资性收入增长空间有限、财产净收入来源少，比重偏低。据统计，2012~2023 年，农牧民工资性收入和财产净收入在农牧民可支配收入中所占比重仍然较低，成为收入增长中的短板。与城镇相比，农村牧区乡镇企业较少，对农村牧区劳动力吸纳能力较弱，农牧民在第二、第三产业的就业不充分，导致农牧民工资性收入增长困难，加上农村牧区金融市场发展迟缓，农牧民财产规模偏小，理财投资和股权投资等理财方式还没有大规模普及，土地经营权流转、农牧业机械设备租赁、房屋出租等方面的收入变化不大，制约着农牧民财产净收入的增加。2023 年，农牧民人均工资性收入和财产净收入分别为 4086 元和 580 元，仅相当于城镇居民人均工资性收入和财产净收入的 13.7%和 21.9%。

（二）区域之间收入差距较大，对农牧民消费造成不利影响

收入是影响消费的核心因素。目前，由于不同地区居民收入分配格局的不断变化和收入渠道拓宽，地区间收入差距持续拉大，收入分配的集中度越来越高，表现为各地区购买力参差不齐。同时，不同地区居民收入差距从多个方面、不同角度体现出来，这种差距不仅反映在区域内和区域之间，也反映为与全国平均水平的差距。[①] 一是内蒙古地区间农牧民购买力差距拉大。从内蒙古各盟市农牧民收入情况看，不仅各盟市之间农牧民人均可支配收入差距大，而且各盟市之间城乡居民收入差距也明显，尤其是不发达地区农牧民人均可支配收入与经济发达地区的城镇居民人均可支配收入之间的差距非常突出，非均衡的区域经济结构一时很难改变。据统计，2022 年，全区 12 个盟市中农牧民人均可支配收入排前 3 位的依次是阿拉善盟

[①] 吴晶英：《促进内蒙古城乡居民增收的对策选择》，《企业研究》2010 年第 10 期。

（26666 元）、鄂尔多斯市（25234 元）、乌海市（25224 元）；农牧民人均可支配收入最低的是兴安盟（15399 元）。二是从全国来看，内蒙古农牧民收入与全国平均水平相比有一定差距。据统计，2022 年，内蒙古农牧民人均可支配收入低于全国平均水平，在全国排第 12 位；内蒙古农牧民人均可支配收入与全国排第 1 位的上海农村居民人均可支配收入（39729 元）相比绝对差额较大。

（三）农牧民消费水平提高速度较慢

2012~2023 年，农牧民人均消费支出增幅小于人均可支配收入（见表 4）；与城镇居民相比，农牧民的消费水平不论是绝对量还是增长速度都较低，而城乡居民收入差距不断扩大。

表 4　内蒙古农牧民人均可支配收入与人均生活消费支出变化情况

单位：元

年份	人均可支配收入	增量	人均消费支出	增量
2012	7611	—	6382	—
2013	8596	985	9080	2698
2014	9976	1380	9972	892
2015	10776	800	10637	665
2016	11609	833	11462	825
2017	12584	975	12184	772
2018	13803	1219	12661	447
2019	15283	1480	13816	1155
2020	16567	1284	13594	−222
2021	18337	1770	15691	2097
2022	19641	1304	15444	−247
2023	21221	1580	18650	3206

资料来源：根据《内蒙古统计年鉴》2013~2023 年相关资料整理。

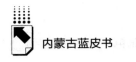

（四）农牧民消费升级中存在难点

实现农牧民消费升级并非强调规模的持续扩大，而应是高品质产品消费占比的增加，以推动农村牧区数字产品消费、绿色产品消费、信息产品消费，加速农牧民消费结构实现质变跃升，彻底完成从生存型消费模式向发展型消费模式的转变。但从农牧民消费来看存在以下问题。一是高品质产品供给不足，农村消费质量波动较大。从农村牧区的消费市场与消费环境来看，较以往有了显著改变，如产品供给进一步丰富、消费服务模式进一步创新，然而在商业经营规范程度、产品质量监管机制和农村牧区市场安全有序运营等方面依然存在不足。二是信息类产品供给不足，农村牧区消费结构转型不充分。农村牧区信息消费方面，新产品、新业态、新模式未能得到有效推广，中高端移动通信终端、智慧家庭产品等新型信息产品尚未成为农牧民信息消费的主要内容。三是服务方式相对单一，农村牧区新型消费模式推广不足。网络消费、定制消费、体验消费、智能消费、时尚消费等消费新热点依然不足，限制了平台模式、共享经济等的创新发展，继而新兴电子类产品、数字化产品、定制化产品供给不足，与消费者体验、个性化设计等相关的产业难以在农村牧区得到快速发展，制约农牧民消费升级的空间与速度。①

三 影响内蒙古农牧民收入消费的主要因素

（一）农村牧区经济发展动能不足，农牧民增收难，导致农牧民"不能消费"

一是经济实力和发展方面，内蒙古农村牧区经济发展以农牧业为主，规模并不大，增速较慢。据统计，2012~2023年内蒙古农村牧区生产总值年均

---

① 展小瑞、孙广华：《乡村振兴战略背景下农村居民消费升级及潜力挖掘》，《农业经济》2024年第9期。

增速为 5.8%，低于全区平均水平、全国平均水平，也低于其他地区。二是非农经济发展缓慢。2022 年内蒙古国民产业发展处于低端水平，产业结构为 12：48：40（全国为 7：40：53）。相对落后的经济状况，难以支撑起农牧民增收的经济大环境，也难以实现稳定、整体的富民效果。三是新兴产业发展不够有力。农村牧区工业化程度低，市场主体发育不足，创新驱动型发展动能不强。民族传统手工业发展还是小作坊式，没有形成规模经济，同时特色乡村保护与发展优势不明显，旅游产业尚未形成规模，特色品牌效益低。四是农畜产业链短、产品附加值低。农村牧区农畜产品以初级加工为主，缺少高端精深加工企业，产品延链、增值能力不强，农牧民增收渠道不多；市场信息较为闭塞，农畜产品流通渠道不畅，销售成本高。

（二）农村牧区基础设施建设不足，导致了收入增长和消费选择的局限性

内蒙古农村牧区水、电、路、网等基础设施建设薄弱，流通体系建设滞后，商业网点少，中间环节多，售后服务差，投入收益偏低，不能满足农牧民生产生活发展需要，继而限制了农牧民的消费升级。尤其，牧区嘎查水电路网等的覆盖面有待扩大，大部分牧区自然地形地貌复杂，基础设施建设难度大、维护成本高。

（三）农村牧区公共服务事业发展相对滞后、收支预期不稳定，导致农牧民"不敢消费"

当前，内蒙古农牧区社会保障制度尚不完善，医疗、卫生、教育、文化、科技等多领域硬件设施建设水平不高、规模不够，多数地区仅实现"从无到有"，但"从有到好"的转变仍未实现，同时配套的人才储备、待遇保障等软条件不足。然而养老、医疗、子女入学和住房等问题困扰着农牧民，他们不得不增加储蓄，制约了收入增长时的即时消费。

（四）农村牧区金融消费环境还没有完全改善、消费市场不健全，导致农牧民"不愿消费"

一是农村牧区消费信贷发展滞后。农村牧区金融服务机构少，能真正为农牧民提供贷款的金融机构只有农村信用社。农村信用社为农牧民放贷的形式常见的有小额信用贷款、担保贷款、联保贷款三种，其中最为普遍的是小额信用贷款和联保贷款。但是小额信用贷款的贷款金额与农牧业生产的资金需求之间的差距较大，解决不了生产实际问题；担保贷款和联保贷款虽然贷款金额大一些，但审批手续复杂，等待审批的时间长，而且还贷周期短，与农牧业生产的周期差距大，不能满足发展农牧业生产的信贷需求。[1] 由此可见，社会信用体系不完善和金融部门消费信贷产品创新不足，财力限制较大，造成农牧业发展资金不足，制约了农牧业发展和产业结构优化，导致收入和消费水平提升速度缓慢。二是农村牧区市场环境及信用环境有待改善，社会诚信意识不强，假冒伪劣产品还比较多，市场监管力度还不够，消费者权益难以得到有效保护。

（五）农村牧区空巢化和老龄化加快，导致农牧民收入消费增长的拉动力趋弱

近年来，市场化、城镇化带动乡村人口向城镇迁移，截至 2023 年末内蒙古全区常住人口城镇化率达到 69.58%。随着人口流出，农村牧区人口总量持续减少，人口呈现持续流出态势。留村的常住人口中老龄化特征凸显，加之农牧业生产机械化、集约化程度不高，季节性劳动力短缺问题明显，继而在农牧业生产关键期，缺乏生产器械和劳动力，导致农牧业生产成本和务工费高等问题。而且老年人不论是消费需求还是消费能力，都低于年轻群体，消费需求减弱。

---

[1]　明月：《扎鲁特旗牧民增收问题研究》，内蒙古师范大学硕士学位论文，2011。

（六）缺乏绿色消费观念

绿色消费观是指倡导消费者在生产生活中坚持一种合理的、科学的、健康的，有助于人们身心健康和环境保护的消费方式的消费观念。培育农牧民绿色消费观是培养农牧民生态意识的必然要求、农业生态化转型的内在需要、建设生态宜居美丽乡村的必然举措。[1] 目前，农牧民传统消费观念强，以能省则省、勤俭节约、存钱防灾防老防病的消费模式为主，对绿色消费没有准确的认知。

四 内蒙古农牧民增收致富及绿色消费的路径选择

（一）加快农牧业高质量发展，夯实农牧民增收基础

党的二十大报告中，习近平总书记提出"增进民生福祉，提高人民生活品质"。紧扣全面推进乡村振兴战略与生态文明建设，助力农村牧区经济发展，改善农牧民生活。因此，农牧业高质量发展是第一要务。农村牧区经济发展水平决定了农牧民收支能力。农村牧区应利用好国家及自治区相关政策，深入贯彻新发展理念，实施乡村振兴战略，走以生态优先、绿色发展为导向的新路子，补齐短板，实现高质量发展。结合农村牧区经济社会发展现状，发挥好农牧业优势，进一步优化农牧业区域布局，全面推进农牧业转型升级，大力发展农村牧区特色优势产业和绿色有机品牌，促进农村牧区一二三产业融合发展，夯实农牧民增收基础，实现农牧民高品质生活。一是加快农牧业特色产业发展，确保农牧民第一产业收入持续稳定增长，提升产业富民效能。落实国家重大区域发展战略，优化要素配置和生产力空间布局，推进内蒙古东中西部优势互补、差异化高质量协调发展，支持农村牧区特色产

---

① 邹丽筠、武慧俊：《乡村振兴视域下农民绿色消费观培育路径》，《当代县域经济》2023 年第 9 期。

业发展。二是延伸农牧业产业链，加快推进一二三产业融合发展，拓宽农牧民增收渠道。通过推进农牧业与农畜产品深加工企业、旅游业和电子商务等深度融合，延长农牧业产供销发展链条，增加产业效益。三是加强牧区旅游开发，培育新兴产业发展。坚持以创建内蒙古自治区级全域旅游示范旗为契机，深挖景点特色，充分发挥旅游投资公司的作用，积极引进优质企业开发运营旅游资源，做好创意营销，大力发展优势产业。以"生态旅游"建设为主线，把旅游业作为主导产业，完善旅游服务体系，打造精品旅游线路，延长旅游旺季，打响特色品牌。四是坚持"品牌兴农、品牌兴牧"理念，激励企业争创知名品牌，提高品牌效应。

（二）持续加强农村牧区基础设施建设，改善收入和消费环境

创造良好的消费环境是增强农牧民消费信心的有效保障。加大对农村牧区水电路网等基础设施建设的投入力度，推进"四好农村路"建设，构建农村牧区旅游路、产业路、互联网络，补齐农村牧区水、电、路、网等基础设施短板，实现农村牧区用电稳定持久、路网四通八达、信号畅通高速，彻底解决农牧民"水电路信"不畅的历史难题，着力改善农牧民出行条件。尤其，在内蒙古偏远牧区，协调推进网电建设项目，争取将偏远未通网电牧户纳入建设规划范畴，解决偏远牧民群众用电问题，为农牧民收入和消费增长营造良好的环境。

（三）补齐农村牧区公共服务短板，稳定收支预期，增强农牧民消费信心

加强农村牧区教育和文化服务设施建设，为农牧民提供接受高质量教育的机会和丰富多彩的文化活动，提高农牧民的文化素质和技能，满足精神文化需求；完善农村牧区社会保障体系，建立健全医疗服务体系，提高农村牧区医疗服务能力，确保农牧民在养老、医疗、就业等方面得到保障，能够享受到便捷、高效的医疗服务；着力解决城乡发展不平衡不充分问题，不断夯实民族团结进步的物质基础。持续加大对农村牧区的投入力

度，全面提高公共服务水平和社会治理能力，不断满足农村牧区农牧民美好生活需要。

（四）加大金融体系对农村牧区的服务力度，提升收入水平和增强消费意愿

针对目前农牧民贷款难问题，采取合理措施，要适当扩大金融服务范围，引导资金向农村牧区流动，保障农牧业长期发展的资金投入。一是建议农村信用社多增设在农牧区的服务网点，扩大覆盖面；二是农村信用社要进一步增加政策性支农支牧信贷资金总量；三是建议中国银行、建设银行、工商银行和农业银行等在农村牧区的营业网点业务范围进一步扩大，增加一定比例的支农支牧信贷业务；四是建议银行下放支农支牧信贷业务的审批权，简化审批程序，缩短信贷审批时间，便于农牧民及时安排生产，同时，要延长还贷周期，加大信贷力度，制定与农牧业生产周期和资金需求量相适应的信贷制度，逐步改善借贷周期与农牧业生产周期不适应、信贷资金量不能满足农牧业生产资金需求量的现状。最终实现更加有效地支持农牧业生产，改善农牧民生活。

（五）培育富民各类人才，加强科技发展支撑能力，拉动绿色消费

有文化、懂技术、会经营的新型农牧民是农牧业现代化发展的核心，也是乡村人口空心化治理的重要依托。[1] 因此，一是引进更多人才到农村牧区安居置业，解决农村牧区空巢化问题，确保农牧业发展。二是提升农村牧区人力资本，激发内生动力。要充分发挥农村牧区重点城镇的辐射带动作用，以产业、企业集聚效应吸引经济型人口流入和与之伴生的社会型人口流入，提升人口密度和经济密度。采取针对性的就业扶持政策，逐步解决高校毕业生、农村牧区转移劳动力、艰苦边远地区群众的就业难问题。三是要更加重视、关心、爱护在农村牧区基层工作的一线干部，加强农牧民增收致富和绿

---

[1]　朱道才：《我国农村空心化问题的治理研究》，经济科学出版社，2016。

色消费的人才队伍建设，落实城市人才下乡服务的激励政策，定向培养农村牧区的高素质干部和人才。四是不断推进科技进步和管理创新的同时，通过合理控制种植养殖成本，高效利用资源，从而提高产业效益。加强农牧业与信息化、新技术的融合，使农牧民通过网络、新技术，改变生产、消费模式，提升生产技能，节约劳动力，推动传统农牧业智能化、现代化发展。

（六）强化农牧民绿色消费观念，提升绿色消费能力

党的十八大以来，习近平总书记反复强调要坚定不移走生态优先、绿色低碳发展之路，倡导简约适度、绿色低碳、文明健康的生活理念和消费方式。绿色消费促进生态文明建设的作用突出，绿色消费发展备受重视。2022年1月，国家发改委等部门发布《促进绿色消费实施方案》，进一步强调大力发展绿色消费，增强全民节约意识，并把绿色消费发展作为未来几十年内的主要发展目标。可见，绿色消费是生态文明建设的重要现实途径。

思想是行为的指引，只有树立环保的消费观念才能引导人们践行相应的消费行为。目前，培育农牧民绿色消费观应从加强农村牧区绿色消费观宣传教育、构建绿色消费观教育体系、完善农村牧区绿色消费法律制度和政策环境、增强农牧民绿色消费能力等方面入手。[1] 一是强化农牧民绿色消费观念。在生态保护一侧，推动绿色发展理念进学校、进单位、进社区，引导全社会牢固树立生态文明价值观念和行为准则，处理好建设生态安全屏障与人民群众生产生活的关系，促成绿色生态、生产和生活模式，正确引导绿色环保消费观，倡导文明消费。二是提升农牧民绿色消费能力。拓展农牧民综合收入渠道是促进农牧民消费的关键。进一步增加农牧民家庭经营收入。在稳定发展农牧业生产的同时加快发展其延伸产业，包括农畜产品加工、特色产品开发等。可借鉴发达地区"一村一品"的做法，形成一批专业基地、专业嘎查和专业户，把优质产品推向市场以提高附加值。加快提高农牧民工资性收

---

① 邹丽筠、武慧俊：《乡村振兴视域下农民绿色消费观培育路径》，《当代县域经济》2023年第9期。

入。拓宽农牧民就业渠道，解决农牧民进城就业问题，强化实用技术培训力度等。持续增加政策性补贴，稳定增加农牧民转移净收入和财产净收入。

参考文献

敖芬芬、李敏：《绿色发展理念下消费者绿色消费行为的培育路径》，《市场周刊》2021 年第 11 期。

陈烨：《新阶段、新理念、新格局视域中的绿色消费研究》，《马克思主义哲学》2021 年第 4 期。

成飞：《消费转型背景下农村绿色产业发展模式研究》，《商业经济研究》2022 年第 2 期。

付伟、杨丽、罗明灿：《我国绿色消费路径依赖探析》，《西南林业大学学报（社会科学）》2020 年第 6 期。

高荣伟、马书琴：《我国绿色消费模式构建的阻力及对策探究》，《边疆经济与文化》2019 年第 12 期。

周维：《关于引导农民合理消费的思考》，《新农业》2020 年第 19 期。

蒋玲：《消费引领美好生活建构》，《天津大学学报》（社会科学版）2021 年第 5 期。

王建华、沈昊旻：《农村居民绿色消费行为及其影响因素研究》，《中国农村研究》2021 年第 2 期。

陈仁新、陈湘洲：《从消费角度看农民持续增收问题》，《上饶师范学院学报》2004 年第 21 期。

朱雅玲、赵强：《技能溢价、城乡收入差距与居民消费》，《管理学刊》2020 年第 4 期。

张冀、张彦泽、曹杨：《优化家庭收入结构能促进消费升级吗?》，《经济与管理研究》2021 年第 7 期。

李恒森、刘璇、王军礼：《我国地区居民收入差距现状分析及对策》，《重庆理工大学学报》（社会科学版）2023 年第 10 期。

付帆：《农村产业融合带动农民增收思考——基于区域协同背景下》，《经济师》2023 年第 10 期。

杨春华：《深入学习贯彻中央一号文件拓宽农民增收致富渠道》，《农业发展与金融》2023 年第 4 期。

陆娅楠：《全面促进重点领域消费绿色转型》，《人民日报》2022 年 2 月 14 日。

B.11
内蒙古牧区绿色转型与产业
融合发展报告*

花　蕊**

摘　要： 内蒙古牧区作为我国北方重要的生态安全屏障和畜牧业生产基地，在实现生态保护与经济高质量发展并重的中国式现代化进程中面临着双重挑战。为应对这些问题，绿色转型与产业融合已成为内蒙古牧区的必然选择。绿色转型的核心在于加强生态保护、优化资源配置、应用现代科学技术，并通过产业融合实现经济与生态的协调发展。而产业融合作为推动牧区绿色转型的重要路径之一，将通过畜牧业与种植业、加工业、旅游业、电子商务、高新科技等多产业深度融合，延长产业链，提升附加值，实现资源的高效配置与多元化收入来源，助力牧区实现经济增长与生态保护的双赢。为此，本报告围绕内蒙古牧区绿色转型与产业融合发展现状、面临的挑战及未来路径展开分析，旨在探索推动牧区经济转型升级、保护生态环境和提升牧区居民生活水平的生态友好型发展路径。

关键词： 绿色转型　产业融合　经济效益　生态保护

内蒙古作为我国重要牧区之一，是全国重要的生态安全屏障和畜牧业生产基地，在维持生物多样性、调节气候、保持水土等方面发挥着重要作用。然而，近几年，由于人口增长、经济发展和过度利用自然资源等，内蒙古牧

　＊　基金项目：内蒙古自治区社会科学院 2024 年度一般项目"在民族共同体建设视域下内蒙古农牧民收入增长路径研究"（批准号：YB2457）阶段性成果。

＊＊　花蕊，内蒙古自治区社会科学院牧区发展研究所研究员，主要研究方向为农村牧区经济。

区的生态环境面临着日益严峻的挑战，不仅影响了牧区的生态平衡，也对牧区经济的高质量发展构成了重大挑战。随着国家对生态环境保护的重视，内蒙古牧区绿色转型已成为必然选择。

内蒙古牧区绿色转型涉及经济发展模式的转变，从传统的资源依赖型发展模式向可持续发展模式转变。这一转变旨在通过优化资源配置、加强生态保护、推动产业融合和应用现代科技等，实现经济发展的同时，保护和改善生态环境，确保牧区经济的长远健康发展。同时，绿色转型还要求完善生态补偿机制、推动绿色产业发展，并积极探索牧区产业与生态保护的有机融合。而产业融合发展是内蒙古牧区绿色转型的重要路径之一。通过推动畜牧业与种植业、加工业、旅游业、电子商务、高新科技等多产业的深度融合，实现资源的优化配置和价值的最大化，从而提高牧民收入，改善牧区经济结构，增强牧区经济的韧性和可持续性。为此，国家和自治区陆续发布了一系列政策文件，促进牧区绿色转型和产业融合发展。

一　内蒙古牧区生态环境与经济发展状况

（一）生态环境状况

内蒙古自治区位于中国北部边疆，地理位置独特，横跨温带和亚寒带，拥有丰富多样的生态系统，其中牧区生态环境尤为重要。内蒙古草原总面积13.2亿亩，占全国草原总面积的22%。全区草牧场产草量地带性差异较大，平均单产为191~23公斤/亩，载畜能力每个羊单位为7~106亩。2018年草原植被盖度为43.8%，与2000年相比提高了13.8个百分点，部分地区草原生态已恢复到20世纪80年代中期水平,[①] 然而，受多种因素影响，草原生态系统面临退化、沙化风险。据第六次全国荒漠化和沙化调查结果，截至2019年底，内蒙古荒漠化土地面积5931.06万公顷，占全区的50.14%，分

---

① 内蒙古自治区林业和草原局，https://lcj.nmg.gov.cn/lcgk_1/。

布于 12 个盟市的 83 个旗县（市、区）。其中，极重度荒漠化面积 668.81 万公顷，重度荒漠化面积 428.84 万公顷，中度荒漠化面积 1385.51 万公顷，轻度荒漠化面积 3447.90 万公顷。内蒙古沙化土地总面积 3981.53 万公顷，占全区的 33.66%，分布于全区 12 个盟市的 92 个旗县（市、区）。其中，极重度沙化土地面积 1193.36 万公顷，重度面积 565.36 万公顷，中度面积 807.39 万公顷，轻度面积 1415.92 万公顷。①

针对草牧场退化、沙化问题，内蒙古近年来加大了生态恢复与治理力度，在一定程度上减缓了生态环境的进一步恶化，部分地区草原生态状况有所改善，植被盖度和生物多样性呈现上升趋势。全区草原综合植被盖度达到 45.0%，完成种草面积 1817.1 万亩。② 全区陆生野生脊椎动物 613 种，分属于 29 目 93 科 291 属。两栖纲 8 种，爬行纲 27 种，鸟纲 442 种，哺乳纲 136 种。自治区维管束植物（种子植物、蕨类植物）共计 2619 种，其中种子植物 2551 种，蕨类植物 68 种，分属于 144 科 737 属。③

多样化的植被系统能够更好地保持水分，减少水土流失和径流现象。然而，牧区水资源情况复杂且具有区域性差异，总体上呈现出水资源总量有限、时空分布不均、季节性波动大等特点。为此，自治区政府和相关部门积极推进水资源管理和保护措施，目前，全区已建成城乡供水一体化工程 125 处，66.6 万名农牧民享受到优质供水服务。建成千吨万人水厂 94 处集中供水点，216.4 万名农牧民受益；建成小型集中供水工程 1.7 万处，695 万名农牧民受益，供水保证率在 95% 以上。推进"一户一井""一户一窖"水源工程建设，牧区远距离拉水基本控制在 5 公里之内。推动 52 个旗县配备 332 辆应急送水车，全面强化应急保障能力，预防突发饮水事故。④ 同时，引进风与光互补设备，有效解决牧区水源井用电和设施防冻问题。

---

① 内蒙古自治区林业和草原局：《林草概况》，https://lcj.nmg.gov.cn/lcgk_1/。
② 内蒙古自治区生态环境厅：《内蒙古自治区生态环境状况公报 2023》。
③ 内蒙古自治区林业和草原局：《林草概况》，https://lcj.nmg.gov.cn/lcgk_1/。
④ 《内蒙古印发全国首个牧区供水技术指南》，草原全媒，2024 年 5 月 7 日。

（二）经济发展状况

畜牧业是牧区支柱产业，也是当地经济的主要支撑。内蒙古拥有我国最为广阔的草原，丰富的自然牧草资源为畜牧业的发展提供了得天独厚的条件。内蒙古牧区畜牧业以养殖羊、牛等草食牲畜为主，畜产品主要包括羊肉、牛奶、奶制品和羊绒、羊毛等。

2000~2021年，全区草原总面积基本保持在8800万公顷，呈现稳定态势。2022年显著下降至5404万公顷，相较于前一年减少了近3400万公顷。① 2000~2023年，全区牲畜总头数呈现出明显的增长趋势。由2000年的4173.71万头增至2023年的7880.2万头。这表明，在过去的20多年，畜牧业发展较为迅速。其中，牛头数由2000年的111.89万头增加至2023年的947.7万头，羊头数由2000年的1854.14万只增加2023年的6180.6万只。2000~2023年，肉类总产量经历了明显的变化，由2000年的143.4万吨增加至2023年的291.2万吨。其中，牛肉产量从2000年的21.84万吨增加到2023年的77.8万吨；羊肉产量从2000年的31.82万吨增加到2023年的108.8万吨。奶类产品产量由2000年的829.91万吨增加到2023年的794.9万吨。其中，牛奶产量2023年达到792.6万吨，占奶类产品的绝大部分。山羊毛和绵羊毛产量在这段时间内有一定波动。2000年山羊毛产量为3443吨，2023年增加至8635.8吨；绵羊毛产量从2000年的65051吨增加到2023年的121190.8吨。②

表1 2000~2023年内蒙古牲畜头数与畜产品产量变化情况

单位：万头（只），万吨

指标	2000年	2005年	2010年	2015年	2020年	2021年	2022年	2023年
年末牲畜总头数	4173.71	6203.23	6163.91	6662.66	7433.66	7574.69	7678.01	7780.20
牛头数	111.89	576.37	681.05	670.96	671.11	732.47	820.36	947.70

① 数据来源于相关年份的《内蒙古统计年鉴》。
② 数据来源于相关年份的《内蒙古统计年鉴》。

续表

指标	2000 年	2005 年	2010 年	2015 年	2020 年	2021 年	2022 年	2023 年
羊头数	1854.14	5419.99	5276.05	5777.80	6074.15	6138.17	6124.06	6180.60
肉类总产量	143.40	229.91	238.71	245.71	267.95	277.32	284.05	291.20
牛肉	21.84	33.61	49.73	52.90	66.25	68.71	71.87	77.80
羊肉	31.82	72.44	89.24	92.60	113.65	113.65	110.25	108.80
奶类产品产量	829.91	696.90	945.66	812.24	617.87	680.04	740.85	794.90
牛奶产量	797.80	691.08	905.15	803.2	611.48	673.24	733.83	792.60
山羊毛产量	0.34	0.76	1.26	1.26	1.23	1.25	1.37	0.86
绵羊毛产量	6.51	9.49	10.75	12.72	11.71	12.06	11.70	12.12

资料来源：根据《内蒙古统计年鉴》相关年份整理。

2000~2023 年，牧民人均收入不同阶段展现出不同的特征。2000~2010 年，牧民人均收入呈现出快速增长趋势。2000 年，牧民人均收入为3355 元，2005 年上升至 4341 元，增长 29.4%，反映了牧区经济在这一时期的稳定发展。然而，2010 年牧民人均收入发生了显著跃升，增长至14996 元，比 2005 年增加了约 2.5 倍。这与国家和地区推动经济发展政策、牧区基础设施改善、畜牧业现代化进程加快等因素有关，也可能受益于更广泛的市场需求带来的收入增长。2020~2023 年，农村牧区常住居民人均可支配收入①持续增长，由 2020 年的 16567 元增加至 2023 年的21221 元，增长约28%。② 受益于国家实施的脱贫攻坚和乡村振兴战略，牧区经济高质量发展和牧民生活水平显著提升。

二 内蒙古牧区产业结构及融合发展状况

（一）内蒙古牧区产业结构状况

通过分析第一产业、第二产业和第三产业等主要领域来探讨内蒙古牧区

---

① 由于统计口径的调整，牧民人均收入的统计方式发生了变化，之后数据以农村牧区常住居民人均可支配收入为准。

② 数据来源于相关年份的《内蒙古统计年鉴》。

产业结构。在牧区经济发展中各产业的相互关系，反映了牧区产业发展现状及其面临的挑战与机遇。

1. 第一产业（畜牧业：传统优势产业）

随着牧区人口的增加和牲畜数量的增长，草牧场承载能力面临严峻挑战。传统的粗放型畜牧业发展模式导致生态环境恶化，产出效率相对较低，产业附加值不高。此外，市场波动和疫病风险也对畜牧业发展构成威胁。因此，如何实现畜牧业可持续发展，减轻生态环境保护压力，已成为内蒙古牧区亟待解决的问题。

牧区畜牧业以牛、羊等草食性牲畜为主，畜产品包括肉类、奶类、皮毛等。近年来，随着畜牧业现代化发展，集约化养殖技术水平逐步提升，养殖规模化趋势明显。截至 2023 年，全区实现了畜牧业生产"十九连稳"。全年猪牛羊禽肉产量 285.4 万吨，比上年增长 2.7%。其中，牛肉 77.8 万吨，羊肉 108.8 万吨；牛存栏 947.7 万头，增长 15.5%；羊存栏 6180.6 万只，增长 0.9%。奶业振兴发展迈出新步伐，全年奶牛存栏 168.7 万头，比上年增长 6.1%；牛奶产量 792.6 万吨，比上年增长 8.0%。全年规模以上乳制品产量 473.0 万吨，比上年增长 13.2%。①

2. 第二产业（制造业与加工业：产业链延伸的关键）

内蒙古牧区第二产业发展较为滞后，主要包括畜产品初加工、深加工和新型资源产业。牧区加工业主要集中在畜产品的初加工和深加工领域。随着市场需求变化，加工业在牧区经济中的地位日益重要。传统的畜产品如羊毛、皮革、乳制品等，经过初步加工后销往全国各地。近年来，随着加工技术的进步和市场需求的多样化，一些牧业旗县和加工企业尝试向深加工和精细化加工方向发展，通过提升畜产品附加值来推动整个产业链的延伸。

加工业的发展为牧区经济注入了新动力，但其整体发展水平仍处于初级

---

① 《2023 年全年自治区农牧业经济运行情况》，https：//nmt.nmg.gov.cn/gk/zfxxgk/fdzdgknr/tjsj/202403/t20240322_2483900.html。

阶段，畜产品附加值相对较低，品牌影响力有限。为此，内蒙古正在积极推动畜产品加工业的现代化发展，通过引进先进技术、加强品牌建设、拓展市场渠道来提升加工业的竞争力和产业链的延伸度。此外，牧区第二产业还包括风能和太阳能等能源产业，是牧区经济绿色转型的发力点。随着全球对清洁能源需求的增加，内蒙古牧区也开始探索发展新型能源产业。其中，风能和太阳能是内蒙古牧区的主要新型能源，特别是在草原和沙漠地区，风力资源丰富，太阳能辐射强度高，通过建设多座风力发电场和太阳能发电站，为当地经济增长提供了新的动能。

3. 第三产业（服务业：新增长点）

第三产业在内蒙古牧区逐渐兴起，尤其是旅游业、电商平台等的发展，成为带动牧区经济转型的重要力量。

首先，旅游业的崛起。内蒙古牧区旅游资源丰富，依托独特的自然景观和浓郁的民俗文化，生态旅游产业迅速发展，已成为牧区经济增长的新亮点。通过发展旅游业，游客可以参与骑马、那达慕等旅游体验项目，获得独特的体验。同时，牧民也通过组织这些活动，获得可观的经济收入。然而，旅游业的快速发展也带来了环境保护问题，比如，游客数量的增加可能对草原生态造成破坏，旅游基础设施的建设可能影响自然景观的完整性。

其次，电商与互联网服务的兴起。随着互联网技术的快速普及，电子商务产业逐渐崛起，成为推动牧区经济增长的重要引擎。借助电商平台，畜产品得以销往更广阔的市场。过去，肉类、奶制品、羊绒制品等畜产品主要依赖传统的线下销售渠道，受制于交通、物流等因素，市场范围相对有限，销售途径较单一。然而，电商平台的兴起为牧区打开了新的销售渠道，牧民可以通过线上平台直接将畜产品销往全国各地，打破了地域限制，实现了供需的高效对接。通过互联网，牧民不仅能够及时了解市场需求，调整畜产品供应，还可以进行个性化的畜产品营销和品牌推广，提升了畜产品的附加值和市场占有率。这种从线下转向线上的销售模式使传统的畜牧业生产链条得以延伸，畜产品附加值得到提升。

（二）内蒙古牧区产业融合典型模式

内蒙古牧区产业融合模式多样化、创新化，涵盖种植、旅游、加工、科技、生态保护等领域。这些模式不仅推动了牧区经济的多元化发展，也为牧民创造了更多的增收机会，实现了生态保护与经济增长的协调发展。通过进一步深化产业融合模式，为内蒙古牧区实现绿色转型与高质量发展奠定了坚实的基础。

1. 种养融合模式

种养融合模式是牧区产业融合中最具代表性的。该模式通过将农业和畜牧业有机结合，实现资源的高效利用和生态环境的可持续发展。在此模式下，农田不仅能用于种植农作物，还能为畜牧业提供饲草；同时，牲畜的粪便可以作为有机肥料，用于提升农田的肥力，不仅提高了农业和畜牧业的生产效率，还通过循环利用资源，降低了对生态环境的负面影响，推动了绿色可持续发展。比如，土默特右旗创建现代农牧业产业园，立足种养结合、农牧循环产业格局，重点发展粮食、饲草等集约高效种植和优质肉羊、肉牛等规模化养殖业，形成了以北辰饲料、长信、元泰丰等为龙头，年产百万亩优质玉米、百万只肉羊、十万头肉牛的种养循环产业带。一方面，推动玉米全产业链绿色发展，深入挖掘玉米食用、饲用价值与工业价值，重点培育加工、过腹转化、营养膳食三条转化链，开发聚乳酸、液糖等下游产品，重点向有机酸、多元醇、高端保健品等高附加值方向延伸升级；另一方面，壮大有机肥料产业链，打造年产百万吨有机肥料生产基地，完善绿色玉米种植—标准化肉羊养殖—有机肥生产的种养循环产业链。2022 年，产业园总产值达 64.7 亿元，农畜产品加工转化率达 78%。[①]

2. 畜牧业与加工业融合模式

畜牧业与加工业的融合是牧区产业链延伸的重要途径之一。在此模式下，不仅生产初级畜产品，还通过发展深加工业，将初级产品加工为附加值

---

① 内蒙古自治区农牧厅，https://nmt.nmg.gov.cn/xw/nmyw/202311/t20231130_ 2418617.html。

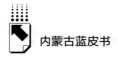
更高的产品，如乳制品、肉制品、皮革制品等。通过加工，牧区能够将资源优势转化为经济优势，提高畜产品的市场竞争力和附加值。该模式的优势在于可以延长产业链，提升附加值，也为牧民创造更多的就业机会。比如，锡林浩特市首放食品加工园区，通过签约特色加工户 18 家，产品涵盖 13 大类 21 个传统地方特色乳制品种类，带动就业人数达 200 余人，年产值达上亿元。过去，牧民草场面积小、经营收入低、舍饲成本高，通过将草场流转给经营大户，实现分工分业，从而增加收入。该模式可有效解决超载过牧问题，控畜减畜的同时转变生产经营方式、提升产业效益，通过多种利益联结机制使牧民在产业转型过程中获取多元化收益，成为平稳推动畜牧业转型升级的关键。①

3. 畜牧业与旅游业融合模式

畜牧业与旅游业融合模式是在传统畜牧业的基础上，融入旅游等元素的创新发展模式。内蒙古牧区以独特的草原风光和民俗文化吸引了大量游客，已成为牧区经济发展的重要组成部分。此种模式的核心在于通过发展旅游业，提升畜产品的市场价值，为牧民提供多元化的收入来源。通过畜牧业与旅游业融合，提供丰富的旅游体验，游客通过参与骑马、搭建蒙古包、制作奶制品等体验活动，了解独特的游牧生产方式和生活习俗。同时，旅游业的发展也推动了牧区基础设施的改善和服务业的发展。比如，科尔沁右翼前旗统筹草原生态保护与资源利用，建设"草原宿集"发展旅游业态，吸引游客体验游牧文化，文旅收入成为禁牧减畜后牧民重要的收入来源；西乌珠穆沁旗依托蒙古马资源，打造"白马文化产业园"，开展"研学旅行""婚纱旅拍""摄影那达慕"等休闲文化活动，蒙古马养殖户通过提供马匹获得收益分成。②

4. 畜牧业与科技融合模式

科技在推动牧区产业升级和绿色转型中发挥着至关重要的作用。畜牧

---

① 内蒙古自治区农牧厅，https：//nmt. nmg. gov. cn/xw/nmyw/202311/t2023 1130_ 2418617. html。

② 内蒙古自治区农牧厅，https：//nmt. nmg. gov. cn/zt/ljztfbsxnmyqqxpz/2024 08/t20240826_ 2563341. html。

业与科技的融合主要体现在现代化高新技术、智能化管理系统，以及生物技术的应用等。通过提高养殖技术，更有效地管理牲畜的健康和生产，提高畜牧业生产效率和经济效益。比如，鄂尔多斯乌兰现代农牧科创园主打"二产拉动一产""以工哺农"模式，重点建设园区管理与科创研发中心，优质高效奶牛肉牛科研实验站，生态牧场特色主题公园，园区智能化大数据云管理平台，优质牧草示范基地，万头优质奶牛、肉牛标准化示范场，肉牛标准化屠宰加工厂，乳制品加工厂，有机肥加工厂等。项目建成后，依托智能化技术装备体系，通过实行产业融合、生态循环的创新发展模式，促进农牧业产业化发展。同时，发力劳务输出、土地流转、饲草料供应等，为当地农牧民提供更多的就业机会和增收渠道，全面推动农牧产业高质高效发展。[①]

此外，科技的应用还体现在牧区信息化建设中。借助电子商务平台，使畜产品更便捷地进入全国市场，拓展销路，增加销量。这种模式不仅提高了牧区产业的整体竞争力，还促进了传统畜牧业向现代化、信息化转型。

5. 畜牧业与生态保护融合模式

牧区产业发展也越来越注重生态保护。通过实施草原生态补偿、退牧还草、轮牧等措施，牧区可以在保证畜牧业发展的前提下，避免对草原的过度利用，促进草原生态恢复。这种模式的核心在于实现经济效益与生态效益的"双赢"。在保护草原生态的同时，牧区还可以通过发展生态友好的畜牧业，如有机畜牧业、生态旅游等，增加经济收益。这不仅有助于缓解生态压力，还能为牧民提供更加可持续的收入来源。比如，西乌珠穆沁旗牧场主阿拉腾敖其尔抓住国家重要农畜产品生产基地建设的有利契机，流转 6300 亩草场成立白音苏布格生态家庭牧场，牧场积极响应自治区"减羊增牛"号召、坚守绿色优质底色，通过引进牲畜良种培育适应地方生态环境的高产优质白

---

① 内蒙古自治区农牧厅，https://nmt.nmg.gov.cn/zt/ljztfbsxnmyqqxpz/202408/t20240826_2563341.html，2024 年 6 月 14 日。

牛品种，同时向周边牧户提供优质种公牛和母牛犊，提高牲畜养殖效益，年收入达 50 万元。①

三　内蒙古牧区绿色转型与产业融合发展面临的挑战

（一）生态环境压力与可持续发展的矛盾

内蒙古牧区绿色转型面临的首要挑战是在推动经济发展的同时，如何有效保护和恢复脆弱的草原生态系统。长期以来，由于过度利用草场牧、气候变化等，草原退化问题日益严重。推动产业融合发展有助于实现经济多元化发展，但也可能进一步加剧生态压力。比如，旅游业的发展可能增加环境负担、加工业的扩展可能增加污染风险等。在此背景下，实现绿色转型的关键在于找到经济发展与生态保护的平衡点。这需要牧区在发展过程中加强生态环境保护，同时，推广生态友好型产业模式，如有机畜牧业、生态旅游业等，确保经济发展与生态环境的可持续性。

（二）经济结构单一与产业多元化发展的需求

内蒙古牧区经济结构长期以来以畜牧业为主，其他产业的发展相对滞后。这种单一的经济结构在面对市场波动、自然灾害和环境压力时显得尤为脆弱。推动绿色转型与产业融合发展的一个重要目标就是实现经济多元化发展。然而，如何有效拓展新的经济增长点，发展高附加值产业，仍然是牧区面临的重大挑战。另外，市场竞争力不足与品牌建设滞后，导致畜产品附加值不高，经济效益较低。在推动产业融合发展过程中，加工业和旅游业的兴起为提升畜产品价值提供了机遇，但由于缺乏有效的品牌推广和市场营销，畜产品难以在激烈的市场竞争中占据绝对优势地位。

---

① 内蒙古自治区农牧厅，https：//nmt.nmg.gov.cn/zt/ljztfbsxnmyqqxpz/202408/t20240826_2563341.html，2024 年 8 月 26 日。

（三）基础设施建设滞后与产业发展的瓶颈

内蒙古牧区基础设施建设相对滞后，交通网络不发达、信息化程度低，严重制约了产业融合发展。基础设施建设的滞后不仅影响了畜产品的运输和销售，也限制了旅游业的发展。比如，牧区的交通网络不发达，游客到达牧区的便利性较差；物流体系不完善，加工业难以有效获取原材料或将畜产品快速送达市场。为此，牧区需要加大对交通、通信、物流等基础设施的投资，改善区域内的交通条件，提升信息化水平，建立高效的物流网络。

（四）技术与人才的短缺

技术和人才的短缺是推动绿色转型和产业融合发展过程中面临的一个重要挑战。牧区缺乏先进的生产技术和管理经验，这在很大程度上限制了产业升级和创新。此外，牧区地理位置偏远，生活条件相对艰苦，难以吸引和留住高素质人才，同时技术教育和培训体系也不完善，难以满足产业发展的需求。

（五）政策实施的持续性与协调性

内蒙古牧区绿色转型与产业融合发展离不开政策的支持。然而，政策实施的持续性和协调性仍然是一个挑战。由于产业融合涉及多个行业和领域，政策的制定和实施需要跨部门、跨区域的协调。如果政策缺乏持续性或协调性，将可能导致资源浪费、发展不平衡等问题，影响整体发展效果。

四　推进内蒙古牧区绿色转型与产业融合发展的对策建议

（一）强化生态保护政策，推动草原生态修复

内蒙古牧区绿色转型离不开草原生态的恢复与保护。为此，应进一步加强生态保护政策的实施力度，重点推进草原生态修复工程，确保牧区生态环

境的可持续性。一是加大草原生态补偿力度。通过增加生态补偿资金，鼓励牧民积极参与退牧还草、沙化治理等生态修复工作，使牧民获得政策补贴和项目收入，增加收入来源，减轻对传统生产方式的依赖。生态补偿机制应与牧民经济利益挂钩，保障牧民在保护生态的同时获得相应的经济回报。二是实施生态分区管理。根据草原生态状况，划定不同的生态保护区，实行差异化管理。对生态环境较为脆弱地区实行严格的保护措施，限制开发活动；而对生态环境较好的地区，在严格的生态保护前提下，允许适度的畜牧业生产和旅游开发。

（二）支持绿色产业转型，推动经济多元化发展

为了推动内蒙古牧区绿色转型与产业融合发展，政府应出台政策支持绿色产业发展，促进牧区经济多元化发展。一是发展生态有机畜牧业。通过政策引导和财政支持，推动生态有机畜牧业发展。设立专项资金支持生态养殖技术的研发与推广，并为参与生态有机畜牧业生产者提供税收减免、贷款贴息等优惠政策。二是支持绿色加工业。鼓励发展与畜牧业相关的绿色加工业，如乳制品加工、肉制品加工等。政府可以通过提供技术支持、减免税收和补贴资金等，帮助企业引进先进的绿色生产技术和设备，减少资源浪费和环境污染。三是发力清洁能源产业。利用内蒙古丰富的风能、太阳能等资源，发展清洁能源产业。政府应出台相关政策，鼓励企业投资风能、太阳能等清洁能源项目，提供土地、资金、技术等方面的支持，推动牧区经济结构向低碳化方向转型。

（三）加快基础设施建设，提升产业融合能力

基础设施的完善是推动牧区产业融合的基础。加大对基础设施的投资，改善交通、通信、物流等条件，为产业融合提供有力支撑。一是改善交通和物流条件。加快牧区道路和铁路建设，提升交通的便利性。同时，完善冷链物流网络，特别是针对畜产品的储运需求，建设冷藏仓库和配送中心，确保畜产品的品质，提升市场竞争力。二是推动信息化基础设施建设。加大牧区

互联网基础设施建设力度，提升网络覆盖率和网速，通过推广"互联网+"模式，推动电子商务、数字畜牧业等新兴产业发展，提升牧区产业的融合度和现代化水平。

（四）加强人才培养与技术支持，提升产业创新能力

牧区绿色转型与产业融合发展需要大量的技术和人才支持。一是人才引进与培养。实施引进高素质人才的政策，如提供住房、补贴、培训等支持，鼓励技术人才、管理人员到牧区工作。同时，加强本地人才的培养，通过设立畜牧业与相关产业职业教育和培训基地，提升牧民技术水平和管理能力。二是技术创新支持。通过设立专项科研基金，鼓励科研机构和企业进行绿色生产技术的研发与推广，推动牧区产业的技术升级，提升产业的创新能力和竞争力。

（五）完善市场机制与金融支持机制，促进产业健康发展

为确保牧区产业融合的顺利推进，应完善市场机制，提供强有力的金融支持，帮助畜牧企业和牧民抵御市场风险，促进产业健康发展。一是完善市场信息服务体系。建立完善的市场信息服务平台，为畜牧企业和牧民提供及时准确的市场信息，帮助他们更好地把握市场动态，减少市场风险。同时，推动畜产品的品牌化建设，提升市场知名度和产品附加值。二是加强金融支持与风险管理。通过政策引导，鼓励金融机构开发针对牧区的金融产品，如绿色信贷、畜牧业保险等，帮助畜牧企业和牧民获得融资支持，分散市场风险。此外，通过设立牧区产业发展基金，为重点项目和初创企业提供资金支持，推动牧区经济快速发展。

（六）加强政策协调与监督，确保绿色转型持续推进

牧区绿色转型与产业融合涉及多个部门和领域，需要政府的强力协调与监督，确保各项政策的有效实施。一是建立跨部门协调机制。政府应建立跨部门、跨区域的协调机制，确保畜牧、环保、能源、交通等部门在政策制定

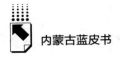

和执行中的协调一致，形成合力，共同推动牧区绿色转型与产业融合发展。二是加强政策执行与监督。为确保政策的有效性，应加强对各项政策执行情况的监督和评估，及时调整和完善政策，确保政策的实施效果。同时，建立公众参与机制，鼓励牧区居民参与政策的制定，提升政策的透明度和执行力。

五 结语

内蒙古牧区绿色转型与产业融合发展是实现经济、生态、社会多重效益的重要路径。在中国式现代化背景下，牧区绿色转型不仅是应对生态环境挑战的必然选择，也是推动经济高质量发展的核心策略。牧区通过合理的草原管理、生态保护和产业融合，实现经济效益与生态保护的"双赢"。产业融合发展模式，如畜牧业与农业、旅游业、加工业等多领域融合，正在为内蒙古牧区开辟新的经济增长点。这些模式不仅延长了产业链，提升了畜牧业附加值，也为牧区提供了多元化经济来源，增强了抵御市场波动的能力。然而，牧区绿色转型与产业融合发展仍然面临诸多挑战，如生态压力、技术应用不足、市场竞争力不强等。因此，未来的发展需要进一步加强政策支持，推动科技创新，提升牧民技能水平与市场意识，确保牧区经济与生态的协同发展。总的来说，内蒙古牧区绿色转型与产业融合发展是推动区域经济转型升级、保护生态环境和提升牧区居民生活水平的关键路径。通过持续推进绿色发展与多产业融合，内蒙古牧区有望实现可持续、现代化的高质量发展，为全国牧区提供宝贵经验与示范。

参考文献

盖志毅：《推动内蒙古农村牧区一二三产业融合发展的思考》，《北方经济》2020年第11期。

姜丽艳：《乌兰浩特市农村牧区一二三产业融合发展典型案例研究——以义勒力特镇为例》，《中国市场》2023年第29期。

吴东举：《西藏农牧区产业融合水平测度与评价研究》，《山西农经》2023 年第 3 期。

朱新宇：《乡村振兴背景下内蒙古农村电子商务与一二三产业融合发展研究》，《商业经济》2023 年第 3 期。

匡远配、夏玉莲、尹宁、李飞：《农村一二三产业融合发展的理论与湖南实践》，经济管理出版社，2020。

刘娜娜主编《新疆农村一二三产业融合发展研究》，中国农业出版社，2020。

侯丽薇、杨艳涛、李超：《西南山区农村一二三产业融合发展研究——以贵州兴义市为试点》，中国农业科学技术出版社，2020。

柴青宇、孙正林：《农村产业融合发展水平评价及路径选择》，东北财经大学出版社，2022

熊磊：《分工视角下农村产业融合发展研究》，经济科学出版社，2023。

B.12
内蒙古推进"城市双修"的成效
与经验研究报告[*]

武振国　赵建强　王琦[**]

摘　要： 习近平总书记在 2015 年中央城市工作会议上对开展生态修复、城市修补提出明确要求，强调城市建设要以自然为美，要大力开展生态修复，让城市再现绿水青山；要加强城市设计，提倡城市修补。近年来内蒙古通过建立健全相关政策制度体系、推动试点先行、多方筹措资金、探索不同工程项目间协同改善城市生态与环境等措施办法，在呼伦贝尔、包头、乌兰浩特等多个试点城市系统实施城市山体、河湖水系、园林绿化等生态修复工程，取得了积极成效和积累了宝贵经验，这对于进一步改善城市生态环境、提升城市综合承载能力、提高城市宜居水平，实现内蒙古城市高质量发展奠定了重要基础。在新时期，内蒙古的城市规划建设管理工作还需充分利用好"城市双修"的经验与既有成果，顺应城市发展规律，继续补短板，提升城市功能品质，有序实施城市体检与城市更新，加快推动城乡建设绿色发展。

关键词： 生态修复　城市修补　内蒙古

改革开放以来，我国城镇化和城市建设取得巨大成就，但伴随着城镇化

---

* 内蒙古自然科学基金项目"牧区经济与草地生态耦合共生的时空交互效应测度研究"（2023QN07010）阶段性研究成果。

** 武振国，内蒙古自治区社会科学院生态文明研究中心研究员，主要研究方向为城乡融合发展及生态治理；赵建强，恒大地产集团呼和浩特有限公司高级工程师，主要研究方向为园林城市与绿化工程；王琦，内蒙古自治区社会科学院科研管理处研究实习员，主要研究方向为习近平生态文明思想、城乡融合发展。

的持续推进，各地区不同程度出现了交通拥堵、空气污染、公共服务供给不足等"城市病"，学术界和实务界陆续开展了一系列探索，认真研究中国各类型城市的发展定位，深入探讨大中小城市发展模式、有效治理"城市病"的路径选择等。而开展生态修复、城市修补（以下简称"城市双修"）正是贯彻落实新发展理念的需要，为解决城市发展中不平衡不充分问题、补足城市短板、转变城市发展方式、改善人居环境、满足人民日益增长的美好生活需要应运而生的重要行动和有效手段。全面回顾和梳理内蒙古贯彻落实中央城市工作会议精神、加强和改进城乡规划建设管理工作的做法与经验，对于新时期内蒙古进一步改善城市生态环境、提升城市综合承载能力、提高城市宜居水平从而实现城市高质量发展具有重要意义。

一　"城市双修"的源起与内涵

党的十八大以来，以习近平同志为核心的党中央高度重视城市工作。在 2015 年中央城市工作会议上，习近平总书记对开展生态修复、城市修补提出了明确要求，强调城市建设要以自然为美，要大力开展生态修复，让城市再现绿水青山；要加强城市设计，提倡城市修补。住房城乡建设部于 2015 年 4 月将海南省三亚市作为试点城市，积极探索可复制可推广的经验。2016 年 2 月发布的《中共中央 国务院关于进一步加强城市规划建设管理工作的若干意见》明确提出，恢复城市自然生态，制定并实施生态修复工作方案，有计划、有步骤地修复被破坏的山体、河流、湿地、植被，积极推进采矿废弃地修复和再利用，治理污染土地，恢复自然生态。同时提出有序实施城市修补和有机更新，解决老城区环境品质下降、空间秩序混乱、历史文化遗产损毁等问题，促进建筑物、街道立面、天际线、色彩和环境更加协调。2016 年 12 月 10 日，住房城乡建设部在三亚市召开了全国生态修复城市修补工作现场会，详细介绍了三亚市推进生态修复城市修补的做法和经验（见图 1）。海南省紧紧抓住住房城乡建设部在三亚市开展生态修复城市修补试点的契机，以空前的治理力度在三亚开展了城市"双修

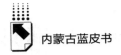

"会战"，推动三亚市迈出了建设国际化热带滨海旅游精品城市的关键一步。会议动员部署在全国全面推动"城市双修"工作，要求对三亚经验进行全面总结推广、学习借鉴。

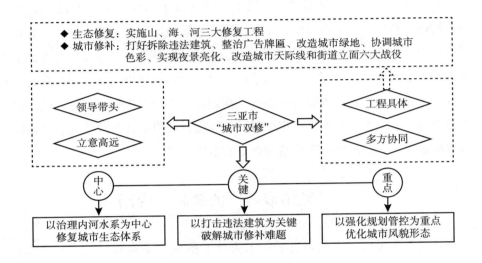

图1　三亚市"城市双修"的主要做法与经验

注：根据住房城乡建设部在三亚市召开的全国生态修复城市修补工作现场会上的讲话内容整理绘制。

在对三亚"城市双修"试点经验总结的基础上，2017年3月住房城乡建设部印发《关于加强生态修复城市修补工作的指导意见》，明确了开展"城市双修"的基本原则和目标，要求各城市制定"城市双修"实施计划，完成一批有成效、有影响的"城市双修"示范项目。考虑到我国城市数量多，自然条件、发展阶段、经济发展水平等差异较大，"城市双修"的工作目标、组织方式、理念方法、项目规模、政策措施等有较大不同，于2017年又按照绿色发展理念和要求，继续选择不同性质、规模、类型的城市作为试点，先后分两批公布了57个全国试点城市（见表1）。

表1　全国生态修复城市修补试点城市名单

省份	第一批 （2015年4月）	第二批 （2017年3月）	第三批 （2017年7月）
河北		张家口市	
			保定市、秦皇岛市
内蒙古		呼伦贝尔市、乌兰浩特市	
			包头市、阿尔山市
辽宁			鞍山市
黑龙江		哈尔滨市	
			抚远市
江苏		南京市	
			徐州市、苏州市、南通市、扬州市、镇江市
浙江		宁波市	
安徽			淮北市、黄山市
福建		福州市、厦门市、泉州市	
			三明市
江西		景德镇市	
山东			济南市、淄博市、济宁市、威海市
河南		开封市、洛阳市	
			郑州市、焦作市、漯河市、长垣县
湖北		荆门市	
			潜江市
湖南			长沙市、湘潭市、常德市
广东			惠州市
广西		桂林市	
			柳州市
海南	三亚市		
			海口市
贵州		安顺市	
			遵义市
云南			昆明市、保山市、玉溪市、大理市
陕西		西安市、延安市	
			宝鸡市
青海		西宁市	
			格尔木市

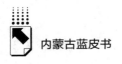

续表

省份	第一批 （2015 年 4 月）	第二批 （2017 年 3 月）	第三批 （2017 年 7 月）
宁夏		银川市	
			中卫市
新疆			乌鲁木齐市

资料来源：根据住房城乡建设部《关于将福州等 19 个城市列为生态修复城市修补试点城市的通知》《关于将保定等 38 个城市列为第三批生态修复城市修补试点城市的通知》等整理。

　　住房城乡建设部要求试点城市要在学习借鉴基础上有序实施城市修补和有机更新，有计划有步骤地修复被破坏的山体、河流、湿地、植被，因地制宜推进"城市双修"试点工作，进一步探索总结更多可复制、可推广的生态修复、城市修补经验。各试点城市的主要任务和要求可以概括为以下三个方面。

　　一是明确双修目标和工作任务。贯彻落实新发展理念，坚持以人民为中心的发展思想，以建设绿色城市、人文城市为目标改进城市规划设计方法，加强组织领导和对"城市双修"工作的指导，根据城市发展阶段和经济条件，制定工作实施方案，先行先试采取适宜的技术、适当的工程措施和技术手段开展"城市双修"。

　　二是细化具体工程、建立工作机制。探索建立完善的推进方式、工作机制和管理模式，将"城市双修"细化为可量化、可操作和可考核的工程项目，通过建立项目清单加强部门间协调，鼓励公众参与，尊重自然生态和城市发展规律，研究建立推动"城市双修"的长效机制，健全保障制度，确保"城市双修"工作兼顾系统性与长期性，能够高效有序地持续推进。

　　三是多方筹措资金、加大考核力度。积极安排财政资金，推广政府和社会资本合作（PPP）模式，吸引民间资本，鼓励项目打包整合资金，提高资金使用效益。将基础设施改善、老旧城区更新、生态修复效果及民众满意度作为"城市双修"成效的评价标准，研究建立"城市双修"成效的评价标准和考核督促制度。

这些任务和要求共同构成了"城市双修"试点工作的核心内涵，旨在通过创新和实践，推动城市发展转型、实现绿色和可持续发展。

二 内蒙古"城市双修"的主要做法与成效

同全国一样，内蒙古也面临着资源约束趋紧、环境污染严重、生态系统遭受破坏的严峻形势，基础设施短缺、公共服务不足等问题突出，"城市病"普遍存在，严重制约城市发展模式和治理方式的转型。2017 年以来，内蒙古坚决贯彻落实党中央、国务院的决策部署，充分借鉴国内外城市转型发展案例和三亚市"城市双修"的主要做法与经验，全力推进生态修复城市修补试点工作，取得了显著成效。

（一）内蒙古推进"城市双修"的主要做法

1.加强组织，建立健全"城市双修"政策与制度

内蒙古住房和城乡建设厅于 2017 年初向各地区印发了自治区的生态修复城市修补工作推进方案，指导各地区积极推进此项工作。2017 年 3 月成立了以厅主要领导任组长、有关分管领导任副组长、有关处室为成员的自治区住建厅"城市双修"工作领导小组，建立了全区"城市双修"项目库，制定了"城市双修"考核指标，要求各盟市每季度上报工作进展情况，进一步加强工作指导。在各级住房和城乡建设厅（局）相关的处（科）室明确"指导城市修补和生态修复管理及实施"的职能职责（见表 2）。同时，2017 年 2 月印发《内蒙古自治区住房城乡建设事业"十三五"规划》，要求要大力开展"城市双修"工作。2017 年 6 月，为贯彻落实《中共中央 国务院关于加快推进生态文明建设的意见》《中共中央 国务院关于进一步加强城市规划建设管理工作的若干意见》《住房城乡建设部关于加强生态修复城市修补工作的指导意见》等重要战略部署和文件要求，内蒙古自治区党委、自治区人民政府印发《关于进一步加强城市规划建设管理的实施意见》，明确提出有序实施生

态修复和城市修补，制定并实施生态修复工作方案，坚持共享发展理念，使人民群众在共建共享发展中有更多获得感。试点工作期间将"城市双修"工作纳入自治区各盟市党政领导班子全面建成小康社会考核指标任务，起到了较好的推动作用。同时，委托规划设计单位在开展全区"城市双修"课题研究的基础上制定了《生态修复城市修补导则》（以下简称《"城市双修"导则》），为推动全区"城市双修"工作取得更好的成效奠定了指导性政策基础。《2018年内蒙古自治区国民经济和社会发展计划》明确提出，提高城镇化质量，积极开展"城市双修"，稳步推进国家试点城市和自治区试点地区的试点工作。2019年4月，《内蒙古自治区党委关于贯彻落实习近平总书记参加十三届全国人大二次会议内蒙古代表团审议时重要讲话精神坚定不移走以生态优先、绿色发展为导向的高质量发展新路子的决定》再次强调，建设绿色生态宜居城市，加快推进"城市双修"。

表2　机构职能职责设置情况

层面	机构名称	具体职能描述
自治区	内蒙古自治区住房和城乡建设厅城市建设处	指导城市修补和生态修复工作
盟市	市（盟）住房和城乡建设局城市设计与风貌管理科	指导城市修补和生态修复管理及实施
旗县	旗（县）住房和城乡建设局城市建设管理股	指导城市修补、生态修复工作

资料来源：根据内蒙古自治区住房和城乡建设厅（https：//zjt. nmg. gov. cn/zwgk/nscs/csjsc/）、呼伦贝尔市住房和城乡建设局（https：//zjj. hlbe. gov. cn/News/show/1248759. html）、准格尔旗人民政府（http：//www. zge. gov. cn/qzf/jgzn/zfbm/202401/t20240123_ 3559229. html）等官方网站整理，查询日期2024年9月15日。

2. 试点先行，多方筹措资金推动"城市双修"落地见效

内蒙古积极开展"城市双修"工作，制定"双修"工作计划，不断加强对各地区工作的支持和指导力度，选择一些城市作为试点，先试先行，逐步推广。包头、呼伦贝尔、乌兰浩特、阿尔山成功入选全国"城市双修"

试点城市，选择并公布了呼和浩特市等 14 个自治区"城市双修"试点地区①。要求试点城市提高规划设计水平，完善城市功能，制定提升风貌特色的有效途径和重要举措，对探索和推进城市生态文明建设模式、新型城镇化发展方式起到重要的示范意义。据不完全统计，自全区大力推进"城市双修"以来，实施的各类"双修"项目 800 余个、总投资约 960 亿元。内蒙古自治区财政厅将包含"城市双修"内容的历史文化资源保护列入政府年度专项资金，试点执行期间下拨四批共 10650 万元用于支持各地区工作开展，有效提升城市品质。在生态修复方面，呼和浩特市投资约 100 亿元，实施面积 10 万亩的大青山前坡生态修复工程；包头市投入 20 多亿元，将赛罕塔拉城中草原周边的村庄整体拆迁，形成了如今的万亩城中草原；乌兰察布市实施占地面积 22 平方公里的"三山"生态修复工程，拆除平房 19.6 万平方米，还绿 2.3 万亩，山体绿化覆盖率达到 95% 以上，系统地解决了山体破坏、沙石裸露等问题。在城市修补方面，呼和浩特市完成全市 284 个总建筑面积 466 万平方米的老旧小区综合整治工程，加装电梯试点，有效改善市民居住环境；包头市的百里绿道横贯城区东西，为广大市民提供了一个健康绿色的休闲环境；乌兰浩特市投资 29 亿元实施罕山生态修复项目，实现生态修复、城市修补有机结合。各城市通过实施生态修复城市修补，用生态的理念改善生态环境质量，拆除违章建筑，逐步解决老城区环境品质下降、空间秩序混乱等问题，恢复老城区的功能和活力。截至 2022 年底，全区建成区绿化覆盖率达到 39.90%，人均公园绿地面积 20.46 平方米，累计建成城镇污水收集管网 1.23 万公里，再生水管网 3131 公里，再生水利用率达到 45.3%，高于全国平均水平 18.5 个百分点，每万人拥有公厕 8.41 座。城市的自然生态、城市设施、空间环境、景观风貌等得到明显改善。

3. 互学互鉴，探索与不同工程项目协同改善城市生态与环境

2017 年，在住建部组织的全国"城市双修"经验交流会上，内蒙古作

---

① 包括呼和浩特市中心城区、包头市白云鄂博矿区、呼伦贝尔市中心城区、乌兰浩特市、通辽市科尔沁区、赤峰市巴林右旗、锡林郭勒盟太卜寺旗、乌兰察布市中心城区、鄂尔多斯市康巴什区、鄂尔多斯市准格尔旗、巴彦淖尔市中心城区、乌海市、阿拉善盟阿左旗、二连浩特市。

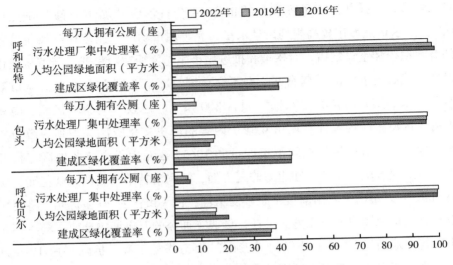

图 2　主要试点城市绿化覆盖率等指标变化情况

为唯一的省级代表做了大会典型发言，介绍了内蒙古的"城市双修"经验，其中组织技术力量制定的《"城市双修"导则》得到住建部认可，走在了全国前列。同时，2017 年 9 月和 2018 年 9 月内蒙古分别在兴安盟乌兰浩特市和阿拉善盟阿左旗召开全区"城市双修"工作现场会，为各盟市学习交流、相互借鉴提供平台。通过召开现场会，进一步提高了自治区各盟市对"城市双修"工作的认识，统一了思想，为下一步更好地开展这项工作打下良好的基础。2019 年 7 月，住建部在呼伦贝尔市开展国家"城市双修"和城市设计试点城市（自治区境内）评估调研。住建部与专家组对各试点城市开展工作情况进行点评，对自治区开展试点工作进行整体指导。2018 年以来，住建厅结合《内蒙古自治区推进城市精细化管理三年行动方案（2018—2020 年）》，开展城市"双修"，按照"300 米见绿、500 米见园"的要求，充分利用废弃地进行公园绿地的建设，见缝插绿、拆墙透绿，实现生态修复，城镇园林绿化工作取得长足的进步。以城市"双修"理念为指导，认真开展城市规划建设情况现状调研和评估工作，大力推进海绵城市建设、黑臭水体治理，不断提升城市水生态修复，有效改善城市生态环境。将城市"双修"工作与城市"微改造"、城市排水、园林绿化、老旧小区改造、城市更新、海绵城市建设等工作有机融合，鼓励结合实际调整城市用地结构，增加养老等公共服务设施用地，切实提高城市综合承载力和公共服务供给能力。将城市修补和生态修复的有关要求纳入工程实施、绿化、建筑、生态等相关的条例、规划、工作方案中，推动城市设计与建设的法治化、规范化和常态化，城镇功能品质不断提升。比如，2021 年 7 月编制印发《内蒙古自治区海绵城市建设技术导则》，进一步规范了自治区海绵城市建设，2022 年 5 月推荐并指导呼和浩特成功入选全国第二批海绵城市建设示范城市，这些都始终贯穿于改善城市生态环境、完善城市功能、补齐民生短板等"城市双修"工作的全过程。

表 3　内蒙古协同推进"城市双修"的部分工程

序号	相关制度	发布或实施时间	主要内容
1	《关于结合城市"双修"、完善公共服务供给做好非住宅商品房去库存的意见》	2018 年 6 月	规范和引导房地产市场的全面健康发展，完善各类基础设施，从而对城市发展业态做新的梳理
2	《内蒙古自治区推进城市精细化管理三年行动方案（2018—2020 年）》	2018 年 9 月	结合"城市双修"，充分利用废弃地进行公园绿地的建设，实现生态修复
3	《内蒙古自治区人民政府办公厅关于加强建筑节能和绿色建筑发展的实施意见》	2021 年 4 月	结合"城市双修"、清洁取暖、城镇老旧小区改造等，持续推进既有居住建筑节能改造工作
4	《内蒙古自治区黄河流域生态保护和高质量发展规划》	2022 年 9 月	开展城市生态修复工程。坚持以自然修复为主，系统修复城市水系统、绿地、山体和废弃地等

资料来源：内蒙古自治区住房和城乡建设厅官方网站（https：//zjt.nmg.gov.cn/zwgk/zfxxgkn/fdzdgknr/？gk＝2），查询日期 2024 年 9 月 15 日。

（二）试点城市推进"城市双修"的成效和亮点

按照内蒙古自治区住房城乡建设厅《城市修补生态修复工作推进方

案》，各试点地区积极推进"城市双修"工作，成立工作领导小组和制定具体工作实施方案，开展了与"城市双修"有关的各类专项规划编制和修编工作，实施了城市山体、河湖水系、园林绿化等生态修复工程，结合棚户区改造、老旧小区整治、城市环境综合治理等工程积极推进城市修补，城市宜居水平进一步提高，取得了积极成效。

1. 呼伦贝尔市：高水平规划打造伊敏河景观工程

呼伦贝尔先后被住建部列为"城市双修"和城市设计的试点城市。自成为试点城市以来，呼伦贝尔确立了将"城市双修"和城市设计作为实现城市绿色发展的有力抓手，提高城市治理管理能力，补短板、保生态、惠民生，以人民满意度作为衡量工作成效的主要标准，扎实推进各项城市建设工作有序开展。呼伦贝尔组织编制的《呼伦贝尔市中心城区"城市双修"总体统筹与行动规划》获内蒙古自治区优秀城乡规划编制专项规划类一等奖、中国风景园林学会科学技术奖规划设计奖二等奖及全国优秀城乡规划设计三等奖。在总体规划框架下，规划设计结构为"三四二一"①的伊敏河景观工程更是体现了"城市双修"的成效。该项目通过采取河道生态环境治理、岸线修复、景观打造等措施，保护并维持了河道多样的生态系统和物种栖息地，保持河道两岸原始的面貌，增加了深受市民喜爱、利用率很高的公共休闲场地，打造了百姓满意的沿河景观慢行系统，弥补了城市公共空间不足的短板。具体来看，在生态效益方面，延续了呼伦贝尔市"山环水抱"的城市形态，构建"青山环抱，碧水绕城，城林合璧，绿脉纵横"的山水格局，伊敏河与东山作为城市南北向的生态骨架，在项目基地形成了相连对接，完善了水体、湿地生态系统；在社会效益方面，新建森林公园2个、主题公园2个、郊野公园5个，极大地拓展了市民业余生活的公共活动空间，填补了户外运动场地缺失的空白，沿河两岸成为市民休闲、娱乐、健身、文化交流的主要活动场地。

---

① 即三大景观风貌区：滨水休闲区、草原风貌区、生态湿地区；四大主题公园：湖泊草原主题园、牧场草原主题园、河滩草原主题园、三少民族文化主题园；两大文化广场：蒙古之源和鲜卑之源主题广场；一条滨水商业街。

2. 包头市: 因地制宜开展"城市双修"工作

包头市出台《包头市城市修补生态修复工作方案》（以下简称《工作方案》），将"城市双修"工作细化为青山绿水、蓝天护卫、水土保持、功能完善、景观提升、交通改善、文旅融合七大行动，成立由市长任组长，由分管副市长任副组长，市直部门、地区组成的工作领导小组，全面加强"城市双修"组织领导工作，以重点项目为抓手，因地制宜开展"城市双修"，推动双修工作取得成效。具体来看，一是在工作方向上充分考虑"城区独大"的特点，明确了城市修补的重点是中心城区，生态修复的重点是中心城区外围的大青山、黄河湿地；二是在工作内容上充分考虑"工业城市"的特点，在生态修复工作内容上，有针对性地增加了"蓝天工程"和"水土保持"两项行动；三是在工作时间上充分考虑包头市气候特点，考虑到生态修复工作短时间难以见效，进一步研究制定了包头市"城市双修"三年行动计划；四是积极申报自治区"城市双修"试点旗县区，引导"城市双修"工作向主城区外围延伸，为形成"城市双修"示范效应，特选取了生态环境差、城市功能弱的白云鄂博矿区作为自治区"城市双修"试点旗县区，并制定相应工作对接机制，对其工作方案给予指导和审核，对"双修"工作过程进行督促和检查；五是建立"城市双修"工作长效机制，为长期开展"城市双修"工作，在工作方式上既强调以问题为导向，制定双修总体行动计划，统筹各部门开展"双修"工作，又注重利用现有工作机制，各自分别制定详细的实施方案，充分发挥城建委、环保局等部门和各旗县区的主观能动性；六是用规划引导城市布局，组织编制了《包头市中心城区治安防范设施规划》《包头市中心城区停车场专项规划（2011—2020）》等6项规划，实现"城市双修"工作的系统性和统筹性。

3. 乌兰浩特市: "双修"让城市碧水蓝天宜居宜游

乌兰浩特市成为第二批国家"城市双修"试点城市以来，全面启动"城市修补、生态修复"工作，秉承"激活水脉、传承文脉、装扮绿脉"的建设理念，以"微手术""真功夫"破解"城市病""重污染"等突出问题，以大力改善城市生态环境、建设适宜温馨的人居环境为目标，以前所未

有的力度和速度强力推动城市转型升级。从改善城市生态环境、补齐城市功能短板、提高公共服务水平、转变城市发展方式、提升城市治理能力入手，先后启动实施洮儿河生态休闲公园、神骏山生态修复及景观项目、罕山生态修复示范区项目、全市及罕山老旧小区改造等"城市双修"65项新续建项目，把好山好水好风融入城市，逐步实现城市环境更加优美、功能更加完备，呈现了"小而精、精而美"的城市风貌。在实施"城市双修"中，乌兰浩特市把山体生态修复和棚户区改造深度结合，打造山水园林、文化旅游、宜居宜业美丽城市是一大亮点。通过棚改房屋征收、违法建筑拆除、广告牌匾整治、绿化改造提升、"三纵四横"综合改造、城市亮化美化等六大城市修补工程，全面提升了城市人居环境。罕山生态修复示范区项目就是典范，不仅成为乌兰浩特市"城市双修"精品范例，而且荣获"中国人居环境范例奖"。在修复原有被破坏山体和绿地植被中，谋划自然景观和旅游产业深度融合发展，争取把"绿水青山"变成"金山银山"，是乌兰浩特市"城市双修"生态修复的另一个亮点。作为乌兰浩特市创建国家园林城市和国家生态文明建设示范市重点项目，神骏山生态修复及景观项目以蒙古马文化为主题，以生态修复为导向，利用栈道桥梁构筑神骏廊桥地标性景观，通过格桑花海和矿坑修复实现荒山复绿，同步建设周边特色商业、自然休闲、泛博物馆、娱乐探奇、户外运动等配套设施，打造风格独特的天骄神骏文化旅游体验区。

三 内蒙古"城市双修"的经验启示

内蒙古积极开展生态修复城市修补工作，对于改善生态环境质量、实现绿色发展发挥了重大作用，特别是试点工作期间自治区住房和城乡建设厅把开展"城市双修"作为做好城市规划工作的重要抓手，有效助推全区城市规划建设管理工作不断取得新成绩。在新时期，内蒙古的城市规划建设管理工作还需充分利用好"城市双修"的经验与既有成果，顺应城市发展规律，继续补短板提升城市品质，有序实施城市体检与城市更新，加快推动城乡绿色发展。

（一）梳理解构"双修"经验，不断提高城市规划建设治理水平

党的二十大报告强调了"坚持人民城市人民建，人民城市为人民"这一城市工作的出发点和落脚点，明确了城市规划和治理的一体化衔接关系。"城市双修"工作取得阶段性成果，但"城市双修"不是一朝一夕能够完成的，需要以"久久为功"的精神持续推动，其丰富的经验可以作为我们不断提高城市治理水平的宝贵财富，统筹城市规划、建设、管理工作，整体推动城市结构优化、功能完善、品质提升，打造宜居、韧性、智慧城市。一是要明确地方人民政府的主体责任。城市规划与治理是一项系统工程，既涉及住建规划部门，也涉及国土、环保、水利、林业等部门，要做好这项工作，必须明确地方人民政府主体责任，成立由政府主要领导或分管领导任组长的城市建设专项工作领导小组，加强统筹协调、协同推进，保证各项工作顺利开展。二是要有明确的实施计划。实施计划是开展城市建设工作的指南针和路线图，要在认真开展现状调查的基础上，以问题为导向，科学合理制定实施计划，有的放矢地开展工作，形成一本可量化、可考核的工作台账，做到对项目实时跟踪、实时指导，进一步强化责任落实。三是要有资金保障。城市建设落实到行动上都是具体的建设项目，需要资金的投入以保障工作开展。要充分发挥政策性资金的引导和支持作用，鼓励各地区多措并举、整合各部门的政策性资金，采取 PPP 等模式吸纳社会资金参与城市体检、城市更新及海绵城市、园林城市建设项目，集中解决一批事关生态环境、社会民生的问题，进一步改善生态环境，完善城市功能。四是要营造良好氛围。城市建设事关人民群众衣食住行、安居乐业，要不断加大宣传力度，形成全社会支持"双修"、参与"双修"、共享"双修"成果的良好氛围，充分调动社会各界的积极性，鼓励市民通过各种方式参与城市建设。

（二）充分利用"双修"成果，持续补短板提升城市功能品质

自"城市双修"开展以来，内蒙古坚持以人民为中心的规划理念，高

度重视城市各类基础设施和公共服务设施的规划编制、审批和建设工作，从顶层设计层面补短板、强弱项、提质量，进行"城市双修"，对治理"城市病"、改善人居环境、转变城市发展方式产生了积极效应，试点工作虽已结束，但住房和城乡建设部门指导城市修补和生态修复管理及实施的职能职责依然存在。在充分利用双修成果基础上，补齐教育、医疗等城市基础设施和公共服务设施短板，大力推进园林城市和海绵城市建设，提升城市品质，增加公共开敞空间，满足市民对美好生活的需求是未来城市建设的重点之一。一是按照海绵城市建设相关实施方案、技术导则，紧紧围绕海绵城市建设"渗、滞、蓄、净、用、排"六字方针，依托已建成的公园、绿地及市政道路配套绿地等现有优质生态资源，完善城市绿色基础设施海绵化功能，因地制宜设置下凹式绿地、植草沟等。二是规划引领创新发展思路，全面开展城市公园体系建设，更新带动老城区的功能修补与更新，实现良好生态产品的公平共享。三是开展口袋公园建设行动，按照"城市双修"整体思路，将城市渣土堆废弃地、拆迁腾退地、边角地通过地形重塑、优化设计、园林造景等手段，转化为各类规模的公园绿地，逐步均衡核心区、建成区、老旧城区绿地布局，提升城市品质，进一步拓展绿地空间，让百姓更便捷地欣赏园林美景，打造宜居城市。

（三）顺应城市发展规律，有序实施城市体检与城市更新

党的十九届五中全会提出"实施城市更新行动"，是顺应城市发展进入新阶段、推动城市高质量发展的重大战略举措，与"城市双修"一脉相承，旨在让城市更加宜居，让居民生活更美好，既是贯彻落实新发展理念的重要载体，又是构建新发展格局的重要支点，也是推进城市管理精细化的重要路径，为创新城市建设运营模式、推进新型城镇化指明了方向。当前，内蒙古城市发展已由大规模增量建设转为存量提质改造和增量结构调整并重，进入城市更新的重要时期。一是进一步加强认识，尊重、顺应城市发展规律，找准城市体检与城市更新的契合点，坚持人民城市人民建、人民城市为人民理念，在盟市政府所在地的中心城区开展全面体检，扎实有序推进实施城市更

新行动。二是完善城市体检和城市更新工作方法、工作机制，科学确定体检内容，强化体检结果应用，建立起统筹解决问题、有序实施城市更新的体制机制，一体化推进城市体检与城市更新工作，重点查找城市竞争力、承载力和可持续发展的短板弱项，坚持先体检后更新、无体检不更新。三是把城市体检发现的问题作为城市更新的重点，把城市体检作为统筹城市规划、建设、管理工作的重要抓手，整体推动城镇体系不断完善，城市结构优化、功能完善、品质提升，城市开发建设方式加快转变，城市人居环境持续改善，"城市病"和城市突出问题得到有效治理，打造宜居、韧性、智慧城市。

（四）践行绿色发展理念，统筹推动城乡建设绿色发展

按照中共中央办公厅、国务院办公厅印发的《关于推动城乡建设绿色发展的意见》，内蒙古应全面对接国家城镇化空间布局，加强生态保护红线、水资源刚性约束和城镇开发边界管控，引导资源要素向城市群集聚，统筹开展国土空间生态保护与修复，协同建设区域生态网络，促进区域和城市群的绿色发展，形成与资源环境承载能力相匹配、重大风险防控相结合的空间格局。一是将城乡建设绿色发展要求融入国土空间规划体系，统筹城市布局的经济、生活、生态和安全需要，统筹地上地下空间综合利用，统筹各类基础设施建设，系统推进重大工程项目。完善城乡规划、建设、管理制度，动态管控建设进程，确保一张蓝图绘到底。积极推动城乡绿色交通体系的建设，优化城市路网结构，提高道路的通达性和通畅性，依托公交场站、停车场、高速公路服务区等场所完善充电基础设施。二是在美丽城市的建设中全面贯彻人与自然和谐共生理念，合理确定城镇建设用地规模、国土开发强度，探索混合用地、产城融合的城市空间结构布局，推行小规模、渐进式有机更新和微改造。提高城市设计水平，加强对城市的空间立体性、平面协调性、风貌整体性、文脉延续性等方面的建设管控，完善城市形态，提升建筑品质。结合城市更新行动，推动老旧小区综合改造和绿色社区、完整社区的创建，提高社区信息化智能化水平，全方位提升城市结构性韧性、功能性韧性、保障性韧性。三是在农村牧区的建设中，借鉴"城市双修"经验，按

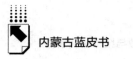
照应编尽编原则科学编制村庄规划，持续开展乡村建设生态评价工作，以生活污水治理、垃圾治理、黑臭水体整治和饮用水水源地保护为重点，推进农村牧区人居环境整治。

参考文献

董照樱子等：《"生态修复，城市修补"政策对城市碳排放的影响》，《生态学报》2024 年第 14 期。

赵蓬雯、朱昕虹：《济南市"城市双修"规划策略与实践》，载中国城市规划学会编《人民城市，规划赋能——2022 中国城市规划年会论文集》，中国建筑工业出版社，2023。

朱正威等：《从韧性城市到韧性安全城市：中国提升城市韧性的实践与逻辑》，《南京社会科学》2024 年第 7 期。

调 研 篇

B.13
山水林田湖草沙一体化保护
和系统治理调查报告

——以巴彦淖尔市为例

天莹 史主生 李娜 李莹 齐舆*

摘 要： 巴彦淖尔市位于黄河"几字弯"的顶端，是黄河"几字弯"攻坚战的主战场，在推进内蒙古黄河流域生态保护和高质量发展中占有重要位置。2012年以来，巴彦淖尔市统筹山水林田湖草沙系统治理，全面推进生态系统一体化保护修复和系统治理，取得了显著成效，但仍面临一些问题。为此，本文在全面分析巴彦淖尔市生态系统治理成效和存在的问题的基础上，重点从增加生态用水供给，调整衡量干旱地区生态建设成效的指标、优化投资结构，全面贯彻生态节水林草理念、开展立体化、一体化的监测及系统化研究，创建节水与生

* 天莹，内蒙古自治区社会科学院经济研究所所长、研究员，主要研究方向为生态经济；史主生，内蒙古自治区社会科学院经济研究所副研究员，主要研究方向为区域经济；李娜，内蒙古自治区社会科学院经济研究所副研究员，主要研究方向为产业经济；李莹，内蒙古自治区社会科学院经济研究所副所长、研究员，主要研究方向为城市与区域发展；齐舆，内蒙古自治区社会科学院副研究员，主要研究方向为产业经济。

态协调的复合技术集成示范区，增强基层执法能力建设，完善生态补偿机制、加快生态产业化及推进新型城镇化等方面提出思路和建议，为促进巴彦淖尔市生态系统一体化保护和系统性治理，维护黄河生态安全，提供政策参考。

关键词： 山水林田湖草沙　生态保护　巴彦淖尔市

　　巴彦淖尔市处于黄河"几字弯"内的关键位置，是打好黄河"几字弯"攻坚战的主战场，因此，以此市为例展开调查研究，提出统筹山水林田湖草沙一体化系统治理的思路和建议，对于夯实黄河流域绿色发展基础，进一步筑牢北疆绿色长城、生态安全屏障，落实黄河流域生态保护和高质量发展战略具有重要意义。

一　山水林田湖草沙系统治理成效

（一）生态状况显著改善，沙化趋势得到有效控制

　　多年来，巴彦淖尔市强化规划和制度建设，提升技术支持能力，建立合作机制，完善协作机制，加快推进国土绿化、三北黄河"几字弯"攻坚战等国家重点生态工程，加强林草资源利用管控，严守草原资源利用底线。推进沙漠治理，建设黄河沿岸防护林带，统筹山水林田湖草沙系统治理与修复，乌兰布和沙漠南缘重建起了长达数百公里的大型防风固沙带，为大幅减少乌兰布和沙漠进入黄河的泥沙发挥了重要作用，生态状况发生历史性转变；建立国家沙漠公园、沙化土地封禁保护区，封飞并举、人工修复和自然恢复相结合，阻止了巴音温都尔沙漠沙丘南移。2022年草原植被盖度达26.61%，比2015年提升5.56个百分点。2023年巴彦淖尔市森林覆盖率达6.7%，[①] 实现

---

① 《巴彦淖尔市2023年国民经济和社会发展统计公报》，http：//tjj. bynr. gov. cn/tjjztzl/tjgb/
202405/t20240511_ 593964. html，2024年5月11日。

全市荒漠化和沙化土地分别减少 137.85 万亩和 100.8 万亩。2023 年三北黄河"几"字弯攻坚战在磴口启动，巴彦淖尔市成立了市委书记任组长的重点生态工程领导小组，设置专班，强化组织保障。同时，先后编制《巴彦淖尔市黄河"几字弯"攻坚战实施方案》《巴彦淖尔市推进防沙治沙十条措施》《巴彦淖尔市推进"三北"工程黄河"几字弯"攻坚战奖励办法》，强化规划，完善制度。与区内外科研院所合作，并成立河套地区盐碱地林草植被构建和生态修复博士科研工作站。运用新技术、新机械新设备、新机制，支持山水林田湖草沙系统治理。采用荒漠草原原始树种造林技术、冬贮苗避风造林技术、高压水打孔造林技术，提高成活率。研制推广生产 5 种型号的压沙机，治沙机械化率达到 60% 以上，较传统治沙效率提高 5 倍以上，[①] 大幅提升了治沙效率。与周边鄂尔多斯、阿拉善等地区建立联防联治协作机制，打破地域行政界限，促进了区域间一体化治理格局的形成。2023 年，新增防沙治沙治理面积 200 万亩以上，巩固治理成果 100 万亩以上。[②] 2024 年完成生态治理 284.9 万亩。[③]

（二）生态价值转化加快，生态优势正在转变为经济优势

推进生态产业化、产业生态化。打造"天赋河套"农产品区域公用品牌，建成全球最大的有机原奶生产基地，创建光伏治沙及多主体参与林草、林药治沙模式，乌兰布和沙漠治理区和五原县被命名为"绿水青山就是金山银山创新基地"。生态改善带动了旅游业发展。

生态产业集群发展。巴彦淖尔市通过打造"天赋河套"农产品区域公用品牌，深入挖掘绿水青山的"价值"，实现了 76 种本地优质农

---

① 《内蒙古巴彦淖尔：牢记嘱托 当好"三北"工程攻坚战尖刀连排头兵》，https：//www. forestry. gov. cn/lyj/1/hmgzdt/20240628/573409. html，2024 年 6 月 28 日。

② 《巴彦淖尔市人民政府关于下达 2024 年巴彦淖尔市国民经济和社会发展计划的通知》，http：//www. wltzq. gov. cn/zwgk/zdlyxxgk/ghjh/gmjjhshfz/202404/t20240425_430013. html，2024 年 4 月 25 日。

③ 《内蒙古巴彦淖尔今年上半年完成生态治理 284.9 万亩》，https：//www. forestry. gov. cn/lyj/1/hmgzdt/20240802/579219. html，2024 年 8 月 2 日。

畜产品整体溢价 30%以上，形成了高端绿色农畜产品产业集群。① 据乌拉特海关统计，2023 年，巴彦淖尔市出口农产品 65.48 亿元，同比增长 31.35%，占内蒙古农产品出口总额的 69.74%，蝉联内蒙古 15 连冠。②

林草林药产业初具规模。巴彦淖尔市属西北道地药材产区带，是内蒙古自治区重要的中药材原产地和主产地。在长期防沙治沙的实践中，巴彦淖尔市大规模接种肉苁蓉，大力发展肉苁蓉产业，截至 2023 年底，梭梭接种肉苁蓉面积为 21.1 万亩、年产量达 970 吨，实现肉苁蓉产业产值 0.39 亿元。③

生态旅游价值不断提升。生态改善为巴彦淖尔市旅游业增添了勃勃生机，带动旅游业发展。2023 年全市接待游客 957.4 万人次，同比增长 134.4%；实现旅游收入 111.6 亿元，同比增长 2.3 倍。④ 其中，乌梁素海接待游客 41.24 万人次，实现旅游直接收入 3822.57 万元，同比分别增长 806.37%和 780.78%。2023 年"五一"假期前 3 天，乌梁素海景区接待游客达 2.2 万人次。⑤ 同时，巴彦淖尔市通过发展庭院经济、采摘园、旅游观光、农家乐等，激活林草的生活、生态功能，赋予林草文化、旅游内涵，转型提升林草的生产功能和经济价值。据统计，2023 年，全市林业旅游与休闲服务产值 2.43 亿元。⑥

---

① 《骄傲！"天赋河套"这些品牌，已成为国家级"网红"！每一个都值得点赞》，https：//baijiahao.baidu.com/s？id=1765517812068556726&wfr=spider&for=pc，2023 年 5 月 10 日。
② 阿妮尔：《订单纷至沓来"蒙字标"农产品抢"鲜"出口》，《内蒙古日报（汉）》2024 年 3 月 18 日。
③ 《巴彦淖尔市："林+"模式打造产业发展"绿色引擎"》，http：//lcj.bynr.gov.cn/zt/xxgcddesdjs/202406/t20240625_639215.html，2024 年 6 月 25 日。
④ 《巴彦淖尔市 2023 年国民经济和社会发展统计公报》，http：//tjj.bynr.gov.cn/tjjztzl/tjgb/202405/t20240511_593964_senior.html？senior=true，2024 年 5 月 11 日。
⑤ 《乌梁素海又变回了鱼肥水美的模样》，https：//www.nmg.gov.cn/ztzl/xyesdjgxsd/dmbj/202406/t20240605_2518756.html，2026 年 6 月 5 日。
⑥ 《巴彦淖尔市："林+"模式打造产业发展"绿色引擎"》，http：//lcj.bynr.gov.cn/zt/xxgcddesdjs/202406/t20240625_639215.html，2024 年 6 月 25 日。

（三）把节水作为约束性指标纳入考核，河湖治理和水资源节约不断强化

建立四级河湖管理体系，创新管理机制，形成"河湖长+检察长""河湖长+警长"联动协作长效机制，清理河湖"四乱"，禁种高秆作物，进行滩区居民迁建，实现河湖管理规范化常态化。坚持生命共同体理念，坚持山水林田湖草沙系统治理，统筹水资源、水环境、水生态，实施乌梁素海山水项目，通过防沙治沙、生态补水、控制面源污染和生产生活污水减排、湖泊内源治理、草原修复等综合措施，促进乌梁素海水生态环境持续改善，2021年向乌梁素海生态补水 5.32 亿立方米，至 2024 年水质达到Ⅴ类、局部优于Ⅴ类。2023~2024 年度累计向乌梁素海生态补水 2.42 亿立方米。① 实行最严格的水资源管理制度，落实旗县区主体责任，将节水作为约束性指标纳入考核范围。乌拉特前旗、乌拉特中旗地下水超采区几千眼机电井全部安装智能化控水设备，持续推进地下水超采区治理。实行总量控制和限额限制，实行水价综合改革，倒逼农民优化种植结构，推进节水高标准农田建设，推行节水奖励补贴，激励农户节水。加强工程措施，增加渠道衬砌长度，减少输水过程中的漏损。积极开展试验，由深浇变浅浇，逐步改变秋浇大水漫灌方式。通过综合措施，河套灌区 2023 年节水 1.462 亿立方米，超额完成目标。②

（四）加强系统治理、综合治理，农村面源污染防治取得新成效

为提升农产品质量和加强农村环境保护，巴彦淖尔市制定《巴彦淖尔市农业面源污染治理四年专项行动方案（2022—2025）》，成立了 1 个面源污染综合办公室和 6 个专项推进组，通过强化考核、资金支持、技术减污、精准测污、规模降污、依法治污等系统措施，全面推进面源污染防治。2023

---

① 《巴彦淖尔：保护美丽草原 筑牢绿色屏障》，《巴彦淖尔日报》2024 年 7 月 31 日。
② 《内蒙古河套灌区着力开展农业节水工作——促进水资源绿色高效利用》，《人民日报》2024 年 9 月 2 日。

年强化政策和项目推动，特别突出技术推广，加快施肥、控害方式的改变，实现资源的循环利用。积极推广使用新型肥、配方肥、有机肥，推广机械侧深施、测土配方施肥、无底肥全程水肥一体化等技术，以调整肥料结构、精准施肥、改变施肥方式等措施促进化肥减量化。推广绿色防控、统防统治、除草剂减量替代技术、回收农药包装废弃物措施，促进减药控害。推广玉米后茬免耕种植"一膜两用"技术、无膜浅埋滴灌技术，扩大使用加厚高强度地膜、全生物降解地膜，新配套地膜专业回收机械等，加快实现地膜减量化。开展小麦秸秆深翻还田和打捆离田、过腹还田、青贮等措施，加快秸秆资源化利用。规模化养殖场通过第三方集中处理、堆沤熟化、污水肥料化、异位床发酵等方式实现粪污资源化利用。截至 2021 年底，全市化肥、农药利用率均达 41%，较治理前的 2017 年分别提高 8.8 个和 6 个百分点，农作物秸秆和畜禽粪污综合利用率分别达到 88.6%、92.2%，分别提高 7 个和 4.3 个百分点。2023 年，农村面源防治水平进一步提升，化肥、农药利用率均达到 42.5%，地膜回收率稳定在 85%以上，秸秆、畜禽粪污综合利用率分别稳定在 91%和 92%以上。①

（五）高位推动，约束和激励机制相结合，显著提升农村人居环境和增进农民福祉

良好的人居环境，是城乡发展的宝贵财富，是人民群众幸福生活的重要体现。党的十八大以来，巴彦淖尔市把人居环境建设作为乡村振兴战略的重点，以建设宜居宜业和美乡村为目标，坚持高位推动，制定规划方案、完善体制机制，形成多部门联动，农村牧区垃圾、污水、农业生产废弃物等随处可见的情况有了明显地改观，农村人居环境有所改善，呈现出生态宜居、乡风文明的生动图景。根据农户居住的集中程度，采用集中集聚整村打造和分散农户户厕建设两种方式进行农牧区户厕改建，2013~2021 年，巴彦淖尔市

---

① 《巴彦淖尔市人民政府关于下达 2024 年巴彦淖尔市国民经济和社会发展计划的通知》，http://www.wltzq.gov.cn/zwgk/zdlyxxgk/ghjh/gmjjhshfz/202404/t20240425_430013.html，2024 年 4 月 25 日。

农村牧区户厕改造完成 20.5 万户，普及率达到 87.53%，2023 年，完成 4880 个户厕改建任务，并通过探索新技术、推广新方法，持续推动农村厕所粪污资源化利用，杜绝随意倾倒粪污现象；加强垃圾收运处置设施建设，建立垃圾焚烧发电厂，形成较为健全的垃圾收集处理体系，并根据农村与城镇距离，分三类方式进行生活垃圾处理，实现生活垃圾减量化、资源化、无害化，截至 2023 年 12 月，全市农村牧区垃圾收运处置体系已覆盖 635 个行政村，覆盖率由 2022 年的 94.2% 提高至 97.4%；① 梯次推进农村牧区生活污水治理，通过与城镇的距离和分散程度，分区域对村庄的生活污水进行集中处理，具备生活污水处理能力的建制镇达到 75% 以上；创新宜居乡村建设机制，增强农民参与度。通过将村庄清洁行动纳入村规民约和积分奖励的方式，激励农民参与农村宜居环境建设，全市约 68% 的村庄达到自治区绿色村庄标准，37 个村庄被国家林草局认定为国家森林乡村。

二 存在的问题

（一）巩固生态建设成果任务重、局部地区治理难度大、沙产业发展规模有限

多年来，巴彦淖尔市进行了大面积造林绿化，造林空间不断减少，剩余地块不仅分散，而且立地条件越来越差，造林成本越来越高。造林标准是乔木平均每亩 900 元、灌木平均每亩 400 元，如果采取整地等措施需要的成本就会更高。同时，森林抚育资金不足，用水短缺，每年需要完成国家任务 20 万亩，投入远不能满足实际需要。一些地方造林需要用水车拉水浇灌，由于资金不足和浇水难，本应该浇 4~5 次水的，改为三水或者两水，有的一水也浇不上；一些地方因立地条件差，浇不上水，影响了成活率。此外，乌兰布和沙漠东部边缘锁边林带建设时间较长，正逐步退化，后期建设的林

---

① 《我市农村牧区垃圾收运处置体系已覆盖行政村 635 个》，https://www.bynr.gov.cn/dtxw/zwdt/202312/t20231211_ 577582.html，2023 年 12 月 11 日。

带也存在结构不合理、功能不全等问题，需要更新改造和修复。林草沙产业规模有限，特别是林果产业前期投资大、周期长、见效慢，大多数企业、合作社和农户难以负担是林果产业发展慢的重要原因之一，同时，专业人员少，技术力量薄弱，缺乏生产、保鲜、储存、加工能力强的龙头企业，产业链短，导致发展水平提升缓慢。

（二）沙地、湿地生态系统脆弱

巴彦淖尔市辖区内的巴音温都尔沙地生态系统脆弱，天然植被逐年减少，由过去的 200 多种下降到 80 多种。20 世纪 50 年代天然梭梭林面积在 180 万亩左右，2001 年以来维持在 90 万亩左右，面积下降了一半，分布范围向北退缩 70 公里。湿地数量减少，部分湿地面积萎缩。干涸的湖泊湿地植物群落由湿生向旱生演替，造成局部湿地生物廊道不连贯。局部湿地被填埋占用，破坏了湿地植物和动物的生存环境。如五原县的一个镇原来有大小湖泊上百个，目前只剩下 30 多个，与干旱少雨及周边打井灌溉农田有关。

（三）生态需水与农业用水矛盾突出

巴彦淖尔市地处干旱半干旱地区，是一个水资源相对贫乏的地区，全市平均年降水量为 150 毫米，蒸发量 2200 毫米，蒸发量约是降水量的 14 倍。当地地表水和地下水资源相对匮乏，地下水资源可开采量少，分布复杂且极不均匀，水质状况普遍较差。黄河作为巴彦淖尔市最大的过境地表径流，引黄灌区多年引黄量为 48 亿立方米，地下水资源的形成也主要依靠引黄灌溉入渗补给。但是，由于总干渠、干渠、分干渠和支渠输水渗漏损失严重，渠道行水时间长，水资源浪费，供水不及时等问题，河套灌区灌溉水有效利用系数仅为 0.447，低于全国灌区 0.50 的平均水平。据内蒙古自治区水资源公报，2023 年，巴彦淖尔市总用水量 53 亿立方米，其中农业、工业、城镇公共、居民生活、生态环境用水量分别为 46.16 亿立方米、0.69 亿立方米、0.11 亿立方米、0.51 亿立方米、5.53 亿立方米，分别占用水总量的 87.09%、1.3%、0.21%、0.96%、10.43%。农田用水量 45.03 亿立方米，占用水总量的 85.0%，农业用水量及其占比最大，这与农业用水效率低、需秋浇压盐碱、天然降水少、耕地明显增长等因素有关。河套灌区农业用水灌溉指标主要是基于 1987 年国务院批准通过了《黄河可供水量分配方案》（简称"黄河'八七'分水方案"），给予河套灌区引黄用水指标约为 35 亿立方米/年。据统计，2010~2020 年，巴彦淖尔播种面积增长 46.5%。在耕地面积大幅增加且分水指标不变的情况下，新增耕地没有匹配相应的灌溉用水指标，导致用水缺口较大，灌区农业用水供需矛盾十分突出。同时，生态用水量增长较快。据内蒙古水资源公报数据，巴彦淖尔生态用水量由 2010 年的 0.52 亿立方米增加到 2023 年的 5.53 亿立方米，是 2010 年的 10.6 倍，占比从 1% 提高到 10.4%。在严重干旱的年份，农业用水与生态用水矛盾进一步加剧。

（四）节水工程、节水技术运用与生态环境协同性系统性考虑不足

技术革新不断推动着人类文明的进步。然而，单一技术的应用往往由于缺乏系统性思维，可能在解决一个问题的同时，引发新的问题。为了解决农业大水漫灌的问题，巴彦淖尔市开展了引黄滴灌项目。滴灌技术的使用虽然有效节约了水资源，但如果使用时间长，会导致滴灌带周围土壤盐碱化，影响作物生长。类似的问题还体现在衬砌技术的使用上。农业生产多采用传统的土渠输水，灌溉水在渠道输配水时，经渠道底部、边坡土壤孔隙渗漏掉大量的水，为了加强渠道防渗漏，通过在渠床上加防渗层，降低渠床土壤渗水性能，达到降低渗漏损失的目的。但是，调研发现渠道衬砌技术很好地解决了渠道水渗漏问题，但造成农田周边的防护林枯萎甚至死亡。因此，我们在利用新技术解决问题时，也应该从系统论的角度出发，关注新技术与生态环境的协同性和系统性，全面评估新的工程技术使用后可能带来的衍生问题，并及时采取相应措施。

（五）林草行政执法人员少、体制机制不顺畅

生态环境综合执法是生态环境保护的最后一道防线，也是生态环境保护

不可或缺的关键力量。执法作为保障生态环境相关法律法规和政策得以实施的有效手段，对于打击偷牧、毁林毁草等破坏森林草原的违法行为、维护生态平衡和保障公众环境权益具有重要意义。巴彦淖尔市旗县级林草行政执法中存在相关部门之间协调配合不够等问题，执法体制机制尚不健全，无法满足新时期复杂多变的执法环境和日益增长的执法需求。旗县林草主管部门与林草行政执法委托部门隶属不同部门，由于跨部门衔接不畅，往往出现移送案件困难、办案效率低等问题。此外，基层执法机构管辖面积大、职能范围广，但执法队伍建设与执法工作要求不匹配，执法人员数量不足、专业人员缺失、执法能力有限等问题普遍存在，且执法车辆、执法装备配置不齐，相应的培训机制和激励保障制度仍不完善，在一定程度上影响了执法效能。

三 持续推进山水林田湖草沙系统治理的思路和建议

（一）通过源头控水、农业节水、生态补水、水资源循环利用综合措施，增加生态用水供给

强化规划水资源论证，落实"四水四定"要求，加强对水资源承载力的量化和系统性研究，优化顶层设计，制定市、旗县区用水总量控制指标和年度用水计划，在相关规划和取水许可审批中，严格落实行政区域年度用水计划，从源头上严格合理管控用水规模。大力推进节水灌溉，加快推动河套灌区续建配套和现代化灌区改造；加大田间节水设施建设力度，规模化推进高效节水灌溉；开展农业用水精细化管理，积极推广高效节水、水肥一体化和覆盖保墒等技术；改变大水漫灌方式，加强试验和技术推广，引导农户将秋浇的深浇改为浅浇或者隔年浇，扩大面积，压减用水量；开展农业用水精细化管理，大力推进农业水价综合改革，加大配套设施投入，实现水量精准测量和管理，建立完善的精准补贴及节水奖励机制，提升农民节水意识。完善土地流转的相关制度，严格办理土地流转手续，继续推动农村土地有序流转。在此基础上，进行高标准农田建设，开展平整土地、开挖渠道、修整道路等

工作，实现"田成方、林成网、渠相通、路相连"，达到缩短行水期、降低水耗、实现工程性节水的目的。优化调整作物种植结构，根据水资源条件，推广抗旱品种，调整农业种植结构，以水定地、以水定产，着力解决农业种植业用水挤占生态用水的问题。以水定产，在保障粮食安全的前提下，适度压减耕地，为生态用水留出空间，保障生态安全和粮食安全双重安全。建设补水通道和基础设施，充分利用分陵水和汛期水，增加湿地生态补水量，维护湖泊湿地的生态功能。加强市镇中水管网和设施建设，大幅减少供水管网漏损情况，促进城镇节水降损，提升再生水利用水平，提高水资源利用率。

（二）建议调整衡量干旱地区生态建设成效的指标、优化投资重点，提高修复和治理的效率

人类只有尊重自然、顺应自然、保护自然，才能实现人与自然和谐共生，否则会遭到大自然的报复。面对干旱的自然生态条件、全球气候变化的严峻挑战及造林空间有限的现实，巴彦淖尔市不宜再继续扩大乔木林规模，而是要把建设重点转为巩固提升现有林地质量、增加灌草比重及治理沙化土地上，大幅增加封沙育草面积，保护和修复荒漠草原与荒漠。因此，建议从国家层面对衡量"干旱地区"生态建设成效的指标作出调整。改变单纯用造林面积、森林覆盖率增长指标反映建设成效，避免在立地条件很差的地段以高昂的成本、消耗大量的水去造林，特别是乔木林遇到气候严重干旱的年份，往往成活率难以保证、不可持续。建议加强研究，设置适宜的森林质量提升指标或林草植被复合盖度指标替代原有指标进行考核。同时，要优化投资结构，把资金重点放在现有林地抚育、质量提升，及草原大范围禁牧休牧、沙地封育、沙地治理上，特别要加强项目区后期管理，增加管护费，做到三分造、七分管，增加灌草植被综合盖度，提高资金使用效率。

（三）全面强化生态建设节水理念，开展立体化、一体化监测和系统化研究

全面全过程强化节水理念，种植耗水少、抗旱性强的本土灌木或草种，

不再新增耗水多的乔木林。对已有林地，适宜地区进行节水设施建设，加快退化林地树种的更新改造，以水定绿，优化林地结构，建设近自然林、雨养林，顺应自然规律，实现生态环境可持续发展。要开展长期监测和跟踪研究。建立国家重点生态工程的立体化一体化监测体系，包括气候、地上植被、地下土壤、地下生物量和水资源等，加强林草、水、农业、气象等各部门协同监测，全方位全过程掌握生态工程建设与水、土、大气的相互影响，为生态保护和系统治理提供数据支撑，为科学决策提供依据。组织生态、经济、地理、林业、草原、水利等领域的专家，开展系统性研究，对生态建设成效、问题进行综合评估，总结经验，发现问题，为今后进一步提升生态系统治理效率提供理论参考。

（四）提升执法能力，提高执法效率

需从多个维度入手，采取切实有效的措施。一是健全林草综合执法协调机制。加强旗县、苏木乡镇综合执法机构与主管部门的协同联动，推进林草主管部门与行政执法部门案件移交的有效衔接，形成打击违法行为的合力。二是构建统一高效的执法信息化平台，通过提升执法信息共享和指挥调度水平，实现执法过程的全面记录与追踪，确保所有环节均可追溯，进而形成职责明晰、执法顺畅、统一调度、监督有力的基层综合执法体系，为执法效能的全面提升奠定坚实的基础。三是推动基层执法工作深入开展，保证执法力量与执法任务相适应。要根据基层执法的项目繁多、专业性强的实际需求，增加人员和编制，确保执法力量都能与执法任务相匹配。同时，持续强化基层执法队伍的专业培训与实战演练，建立科学化、规范化、制度化的培训管理机制，定期开展法律法规、专业技能的学习和培训，提升队伍整体素质和执法能力，构建起一支高效、专业、可靠的基层执法队伍，为守护社会和谐与公平正义奠定坚实的基础。四是健全执法人员招录、管理、考核机制，确保执法队伍的高素质、专业化。一方面，在招录执法人员时应严格招录标准，注重法律素养、专业技能和职业道德的综合考量，确保执法专业对口；另一方面，应完善执法绩效考核体系，将执法效果、群众满意度、综合调度

能力纳入考核指标，并建立相应的监督与问责机制，以公正透明的执法维护生态安全，守护绿色家园。五是加大对基层执法经费、资源、装备等的保障力度，提供必要的工作条件和支持。首先，根据不同地区生态执法的需要，适当增加执法经费投入，确保基层执法部门拥有充足的资金用于日常运作、人员培训。其次，加强执法人员装备建设，为基层执法人员配备先进的执法设备、防护装备、通信工具及交通工具，并定期维护更新，提升执法装备的现代化水平。

（五）创建复合技术集成示范区，增强生态系统内部要素间协调性

党的二十届三中全会通过的《中共中央关于进一步全面深化改革　推进中国式现代化的决定》中指出要"坚持系统观念"。系统观念是改革的重要思想方法和工作方法。党的二十大报告也是从系统论层面提出坚持山水林田湖草沙一体化保护和系统治理。生态系统是一个复杂系统，生态治理一定要尊重生态发展规律。因此，首先需要增强生态系统内部要素间的协调性。通过跨学科的研究和实践，深入了解生态系统内部各要素之间的相互作用、相互影响，从而设计出更加和谐、可持续的技术解决方案。尤其是在一些关键领域需要进行深入系统地研究，如在生态环境保护与水资源节约协调、农业节水技术与压盐碱技术协同等方面，以期找到更加可持续和有利于生态环境保护的解决方案。其次，探索建立复合技术集成的综合性示范区。示范区作为一个实验平台，通过集成多种技术，以展示不同技术之间的协调和互补作用，以测试和优化技术组合，确保它们在实际应用中能够产生最佳的生态效益。同时示范区还要探索部门间技术协同，在实施节水技术和节水工程时，需要水利、农业、林草等多个部门之间的紧密合作，以确保技术方案的综合性和有效性。在推进过程中，各级各部门要树立"一盘棋"思想，加强沟通协调，层层做好衔接，凝聚工作合力。最后，加大对科技创新的扶持力度。政府和相关机构应加大对科技创新的资金和政策支持力度，鼓励科研人员开发出更多高效、有利于生态保护的技术。可以通过建设综合性科技创新平台，促进不同领域之间的技术交流和融合，生成彼此协调的复合技术。

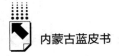
进一步加快与区内外科研院所和高校的合作，引进先进的科研理念和技术，促进本地技术的发展和创新。加大面向区内外的人才引进力度，吸引和培养具有国际视野和创新能力的人才，为解决复杂的生态问题提供智力支持。通过这些措施，确保技术进步的同时，减少对生态环境的负面影响，实现人与自然的和谐共生。

（六）完善生态补偿机制，加快生态产业化和推进新型城镇化相结合，减轻生态压力

坚持休牧禁牧和草畜平衡，大幅提高生态奖补标准，处理好生态保护、畜牧业发展、牧户生活之间的关系，增强农牧民保护草原的积极性。增加草管员数量，提高草管员工资待遇，加强休牧禁牧区后续管理。要在条件适宜的地区，发展林草沙产业，不断扩大光伏治沙及林药、林草、林果产业规模，培育壮大现有龙头企业，增强加工能力和市场开拓能力，辐射带动基地的扩大和促进农牧民增收。推进生态脆弱区、沙化地区农牧业人口流动，加快新型城镇化，减轻生态压力。加快县城建设，完善基础设施，提升教育、医疗、住房等公共服务供给能力，增强产业支撑，吸引沙区和荒漠化沙化严重地区人口进入县城生活。

B.14
国有林场建设调查报告

——以喀喇沁旗马鞍山林场为例

姜艳娟　陈晓燕*

摘　要： 　国有林场作为我国生态修复和建设的重要力量，在大规模造林绿化和森林资源管理工作中有着不可替代的作用。以喀喇沁旗马鞍山林场为例，从林场资源概况、内设机构、基础设施建设、林业工程建设、林业经济发展、林场取得的成绩及马鞍山国家森林公园建设等方面介绍了林场的基本情况，通过林场建设的四个阶段，分析了马鞍山林场建设过程中存在的问题并提出建议，明晰未来发展方向。

关键词： 　国有林场　马鞍山林场　喀喇沁旗

国有林场前身为国营林场，是新中国成立初期，为了加快森林资源培育、保护和改善生态环境，针对重点生态脆弱地区和集中连片的国有荒山荒地，采取国家投资方式建立起来的专业从事营造林和森林管护的林业基层单位。[①] 国有林场作为我国生态修复和建设的重要力量，是维护国家生态安全最重要的基础设施。[②] 国有林场在大规模造林绿化和森林资源经营管理工作中取得了巨大的成就，为保护国家生态安全、增进人民生态福祉、促进绿色

---

* 姜艳娟，喀喇沁旗林业和草原局造林绿化治沙股副股长，林业工程师，主要研究方向为营造林抗旱技术、退化林分修复、低产低效林改造及林业技术等；陈晓燕，博士，内蒙古自治区社会科学院研究员，主要研究方向为林业经济。

① 张建忠：《赤峰市国有林场改革研究》，内蒙古大学硕士学位论文，2016。
② 《国有林场改革方案》，2015年3月17日。

发展、应对气候变化发挥了重要作用。

赤峰市作为自治区生态资源最丰富的盟市，辖区内涵盖国家森林公园、国家级自然保护区、国家级水利风景区等多种类型，主要由国有林场管理。赤峰市现有国有林场56个，经营总面积2351万亩，有旺业甸实验林场、安庆沟林场、桦木沟林场、马鞍山林场等，其中2019年7月15日习近平总书记视察的马鞍山林场就坐落在喀喇沁旗，作为喀喇沁旗辖内建场最早的林场之一，它的发展历程可以说是国有林场的典型代表。

一 基本情况

马鞍山林场位于赤峰市喀喇沁旗中南部，地处燕山山脉七老图山脉，属中温带大陆性季风气候，年平均气温7.1℃，年平均风速2.2m/s，平均年降水量420.7mm，降水量多集中在6~8月；平均无霜期125天。马鞍山林场于1962年10月建场，因坐落于林区的高山酷似"马鞍"而得名。马鞍山林场隶属于内蒙古自治区喀喇沁旗林业和草原局，为副科级事业单位。素有"塞外小黄山"美誉的马鞍山国家森林公园坐落于林场管辖区内，场部同时设置马鞍山国家森林公园管护中心，实行与马鞍山林场一套班子两块牌子的管理体制。林场经营范围涉及本旗牛家营子镇、锦山镇、西桥镇、十家满族乡、河南街道、河北街道6个乡镇街道。

（一）资源概况

马鞍山林场总经营面积8299.6公顷，其中，林地占75.58%、疏林地占1.74%、灌木林地占19.61%、未成林地占0.18%、无立木林地占0.75%、宜林地占1.83%、林业辅助用地占0.31%。主要经营树种为油松、山杨、落叶松、桦树、柞树等。

马鞍山林场自然资源富集，地质遗迹珍贵。有丰富的野生植物资源，高大针、阔叶乔木、药用植物、观赏植物及其他植物有608种。药草资源丰富，有枸杞、山药、芍药、金银花、大黄、鱼腥草、柴胡、百合、桔梗、苍耳子、五味子等中草药数百种，有"天然药库"之称。野生动物种类较多，有紫貂、獾子、刺猬、松鼠等，鸟类也有百余种，如斑鸠、啄木鸟等。

（二）人员情况及基础设施建设

1. 内设机构

马鞍山林场现有场部1处，下辖宫营子、阳坡、樱桃沟、马鞍山、景区5个营林区和牛家营子、河南东2个苗圃；场部内设办公室、财务股、生产股、防火办、党办5个机构。

马鞍山林场共有职工51人，其中退休职工37人，在编在职人员14人。在编在职人员按学历结构分，大学及以上学历6人，大专学历1人，中专及以下学历4人；按职称结构分，高级职称2人，中级职称4人；按年龄结构分，51岁（含）以上7人，41~50岁3人，31~40岁1人。

2. 基础设施建设

经过60余年的发展，马鞍山林场共有建筑面积5800平方米，其中办公用房1500平方米，生产用房500平方米，职工住宅3200平方米；苗圃面积为90亩。防护设施完善，设有防火瞭望塔1座、等级公路120千米、林区公路600千米，林道100千米。防火线200千米，防火林带100千米，建设防火隔离带2174延长米，修建防火道33905延长米。

自2019年实施国有林场管护房建设以来，林场共投资100万元，先后对阳坡营林区、景区营林区、望火楼管护用房进行维修，重建宫营子营林区，使林场管护区办公环境和生活环境得到了极大地改善。现在管护区内水、电、暖、办公等设备齐全。

（三）马鞍山国家森林公园

马鞍山国家森林公园由其中一座形似"马鞍"的山体而得名，因2019年7月15日习近平总书记视察林场而闻名全国。马鞍山国家森林公园总面积3500公顷，共划分为2个片区，分别为马鞍山片区和龙泉寺片区，公园内名胜古迹众多，旅游资源丰富。园内分为马鞍鞒、小蓬莱、

拂云松、松岩、牛郎峰 5 个风景区,由庙宇、卧虎石两处人文景观和奇石赛跑、冰洞奇趣、响石、石鸡立守、锦灿石屏等 34 处景观所构成。园内不仅地貌奇异,峰峦叠翠,奇花异草,林幽水清,更有奇峰、怪石、古松、冰洞堪称"四绝"。满山遍布青松、白桦、山杨、五角枫、映山红、花秸子。春季百花盛开、万木葱茏,夏季满山滴翠、郁郁葱葱,秋季红叶如丹、层林尽染,冬季大雪封山、银装素裹,实为旅游、休闲之佳境。有奇峰怪石 40 余座,牛郎峰、织女峰、姊妹峰、灵芝峰、鹦鹉峰、玉柞峰等峰峰称奇。

马鞍山国家森林公园于 1986 年筹建,1987 年开始对游客开放,经营管理权经历了几次变动,先后由喀喇沁旗城管局、环保局、文化和旅游局、马鞍山林场管理,现由喀喇沁旗贺美旅游公司负责经营管理。

(四)林业工程建设

马鞍山林场自建场以来,先后实施了"三北"防护林工程一期/二期工程、京津风沙源治理工程、天然林资源保护工程、中央财政造林补贴项目(森林质量精准提升和低质低效林改造)、自治区植被恢复项目、创建国家森林城市等林业工程。

1. "三北"防护林工程

因马鞍山林场场部多次搬迁,档案资料丢失,加之参与人员都已退休,马鞍山林场"三北"防护林建设工程已无详细资料查阅,经查阅喀喇沁旗林业志,喀喇沁旗全旗"三北"防护林工程建设概况如下:1978~1985 年,喀喇沁旗被列入国家"三北"防护林体系建设第一期工程旗(县),人工造林面积增加,林业建设投资大幅增加,8 年共投资 502.89 万元,造林 96.82 万亩,迹地更新 15.42 万亩,育苗 15037 亩次。1986~1990 年,在总结第一期"三北"防护林建设工程的基础上,全旗开展了第二期"三北"防护林体系建设,全面开展飞机播种造林试验及飞播造林推广工程,5 年林业建设投资达 582.5 万元,共造林 39.66 万亩,迹地更新 3.5 万亩,育苗 2261 亩次。1991~1996 年,共造林合格面积 78.02 万亩,其中人工造林 39.33 万亩，飞机播种造林 38.69 万亩，迹地更新 3.03 万亩，"四旁"植树 1052 万株，育苗 3040 亩次，林业建设投资达 541.7 万元。

2. 京津风沙源治理工程、中央财政造林补贴项目等

马鞍山林场自 2001~2020 年先后完成京津风沙源治理工程、中央财政造林补贴项目、自治区植被恢复项目，共计人工造林 2.04 万亩，封山育林 5.5 万亩，退化林修复补植补造等 0.47 万亩，完成投资 1067.1 万元。

3. 其他工程

马鞍山林场抓住机遇，在林场建设过程中，积极进行场内和场外造林，将林场管辖面积扩至最大。在建设的同时积极进行低产林改造、中幼林抚育、基础设施维护、病虫害防治等工作。1993~2006 年完成低产林改造 0.3156 万亩，出材量 5202 立方米；1993~2008 年完成森林抚育 1.4273 万亩，出材量 7632 立方米；自 2010 年实施中幼林抚育，抚育面积 1.92 万亩；2018~2021 年利用天然林停伐资金进行防火道维修 4300 米，喷雾防治红脂大小蠹虫和舞毒蛾 0.38 万亩；积极自筹及争取上级资金维修防火道 15676 米，防治病虫害 1.4378 万亩。

自 2012 年以来，马鞍山林场累计完成防虫作业 33.87 万亩。自 2016 年，森林病虫害监测率达 100%，森林病虫害成灾率保持在 4% 以下。

（五）林业经济建设

马鞍山林场鼓励职工带头进行林下食用菌种植试验项目，2022 年在马鞍山林场黄家窝铺前坡建设一处林下食用菌种植基地，面积 10.2 亩，在林下成功种植木耳、榆黄蘑、猴头菇、杏鲍菇等，种植菌棒 6.6 万棒，直接带动当地 10 余人就业，群众收入增加超 3 万元。2023 年林场继续把握契机，在马鞍山红色教育基地所在地推进林下药材仿野生种植，发展面积 100 亩。

通过林场的带动示范、政府补贴，周边农户开始尝试发展林下经济。红色教育基地木栈道旁农户自发种植木耳、元蘑、榆黄蘑等，种植增收效益显著。

（六）林场取得的荣誉

2019年9月，马鞍山林场被国家林业协会评为"全国十佳林场"；被中共赤峰市委宣传部、统战部、市民族事务委员会授予赤峰市第五批"民族团结进步创建示范单位"。2021年12月、2022年7月先后被喀喇沁旗委组织部和赤峰市委组织部授予"最强党支部"荣誉称号。2022年申报国家级"森林康养林场"和"绿色中国年度人物先进集体"。

二　改革发展过程

（一）林场发展期

马鞍山林场建场时经营面积不足3万亩，辖区范围内的森林面积、森林覆盖率及活立木蓄积量极低，经过十余年的发展，林场辖区内森林面积、森林覆盖率等得到大幅提升，并于1971年将辖区内那尔村营林区（现王爷府）15万亩和青泉营林区（现大牛群）8.93万亩划出，在那尔村公社建立国营次生林林场（现王爷府林场），在青泉公社建立国营造林林场（现大牛群林场）。到1994年，新划分后的马鞍山林场森林面积扩大到9.14万亩，活立木蓄积达11.82万立方米，累计生产木材1.78万立方米，育苗1181亩次，生产针阔叶苗0.8亿株。1979年建立木材加工厂1处，年均加工木材300立方米。

（二）林场创业期

为响应国家号召，1986年马鞍山林场贷款开采金矿，但因技术不成熟，以失败告终。而后马鞍山林场抓住机遇，大力发展旅游业，实现二次创业，同年建立马鞍山国家森林公园，并于次年起开始对游客开放。随着林场可采伐资源的逐渐减少，林木质量不断下降，加之投入严重不足，机构运营效率下降，管理体制、经营体制等多方面原因，林场出现了经营项目严重亏损、无力偿还贷款的境况，同时存在长期拖欠职工工资、退休职工医疗费不能报销等情况，林场急需进行改革。

（三）第一次改革

1998 年，马鞍山林场作为全国林场改革试点单位，根据《喀喇沁旗国有林场改革实施方案》，率先实施了改革。林场选择以林木资产置换职工身份，与林场一次性解除劳动关系，并与林场签订分流协议书。至 1999 年末，林场改革全面完成，改革后林场设置岗位 18 个，分流职工 31 人，其中用林地置换职工身份 26 人，保留职工身份 5 人。改革后，林场实行财政差额开支，差额部分工资由林场通过采伐、育苗等经营方式自行解决。改革后林场经营焕发出活力，补发了职工工资，报销了离退休职工医疗费。

（四）第二次改革

因林场资源匮乏，林分质量差，可利用资源少，没有发展后续产业的经营条件，自身造血功能差，发展后劲不足，林场缺乏必备的启动资金，缺乏新的增长点，增收困难，再一次陷入经营困境。根据中共中央、国务院关于印发《国有林场改革方案》和《国有林区改革指导意见》的通知，按照内蒙古自治区党委、自治区人民政府印发的《〈内蒙古大兴安岭重点国有林区改革总体方案〉和〈内蒙古自治区国有林场改革方案〉的通知》，马鞍山林场自 2016 年起开启新一轮改革，至 2018 年 1 月 1 日全面完成改革。

改革后的马鞍山林场为公益一类事业单位，不再进行经营性活动，林场主要功能定位为：贯彻执行国家有关法律法规和政策，开展保护自然资源的宣传教育工作；制定具体管理制度，保护和管理经营范围内的自然环境和自然资源；组织调查森林资源和主要对象的分布、数量及增长变化情况；进行植被、土坡、气象、生态等科学考察和研究，探索自然演变规律和合理利用森林资源的途径；对珍稀动植物的生态进行观察、研究，负责珍稀动物资源的引种、驯化、保护和发展，拯救濒于灭绝的生物物种；加强社会协作，为科学实验、教学实习、参观考察服务；主要负责林场森林资源的调查、管

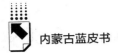

理、设计、各项生产任务的下达、生产作业的实施、验收、检查等；主要从事巡山护林、森林防火及组织扑救；落实植树造林、苗木繁育、幼林抚育、病虫害防治等各项营林生产任务；建设和管理马鞍山国家森林公园，开展森林旅游，发挥森林的生态效益和社会效益，助力乡村振兴。

新时期改革"围绕保护生态、保障职工生活"两大目标推进，喀喇沁旗人民政府将国有林场基础设施建设纳入同级政府建设计划，如将国有林场的电网改造、安全饮水、森林防火、管护用房、林业有害生物防治、林场道路基础设施建设纳入政府经济社会发展规划以及相应专项规划，并安排资金和相关支持政策。林场将现有职工人员工资、公用经费等费用全部纳入财政预算，职工基本生活得到了保障。

三 国有林场发展过程中存在的问题

（一）国有森林资源管理难度较大

马鞍山林场人员有限，管护面积大，总经营面积 8299.6 公顷，经营范围涉及 6 个乡镇街道，下设 5 个营林区 2 个苗圃。林场将经营范围划分为 22 个网格，但现有职工仅 14 人，其中包括管理岗 1 人，平均每人要管理 1.69 个网格，管护面积近 1 万亩。同时林场还要进行营造林和森林抚育、病虫害防治、防火巡查和检查等工作，任务繁重。加上临时聘用的公益林护林员，平均每个营林区仅有 4~5 名工作人员，随着喀喇沁旗全域旅游的升温，林场工作人员节假日及森林防火期内更是 24 小时在岗，森林资源保护压力巨大。

基础设施建设滞后，全面覆盖有难度。林场多是采用传统管护方式：徒步巡护、高塔瞭望、人员值守等，无人机、实时网络监控等只覆盖重点区域。

国有林场档案管理机制不健全。马鞍山林场建立了营造林采伐、保护等专项档案，但档案管理无专业人员负责，均由业务人员兼管，由于业务人员精力有限，有时会发生档案丢失问题。同时，在物资管理、远程监控、护林员管理等办公自动化建设上还有较大提升空间。[①]

（二）国有林场基础设施建设滞后，数字化建设缓慢

由于国有林场自身建设的特殊性，经常处于投资的边缘位置。[②] 经过多年的发展，林场已具备水、电、路、通信能力，马鞍山林场还设置了专门的公路、洗手间、观景台、旅游步道等游客服务设施，但仍存在基础设施老化、数字化水平低等问题。如喀喇沁旗的四个国有林场防火设备仅限于运兵车、灭火水车、风力灭火机、二号工具，但是林场管辖范围内山地多，地势险要，车辆均不能直接到达，仍采用徒步巡护、高山瞭望、人员值守等传统巡护手段，一旦发生森林火灾，很难实现"打早、打小、打了"。现有的传统巡护手段已不能满足日益发展的现代化林场需求，需加快数字化、信息化进程，加强高端智能化设备的应用，实现监测盲区的全覆盖。

（三）国有林场职工年龄比例失调，专业人才缺乏

改革后，国有林场确定了林场职工编制数量，但林场人员结构失衡，专业人才短缺，特别是林场职工平均年龄偏大，绝大多数职工年龄在40～60岁，人才断层问题严重。[③] 以马鞍山林场为例，现有编制14个，在编在职14人，但林场已近20年未招录人员，缺少新鲜血液的加入。根据马鞍山林场现有人员年龄结构，若仍没有人员考录，截至2030年底林场在编职工仅剩6人。旺业甸林场、王爷府林场和大牛群林场三个国有林场也面临同样的问题，王爷府林场和大牛群林甚至无40岁以下人员。

在编职工多数为林二代、林三代，学历为高中、进修本科，专业人才、高端人才缺乏，特别是高级工程师和懂经营管理的人才缺乏，无法在专业技

---

① 柯文斌、王佳：《保山市国有林场绿色发展路径探析》，《绿色科技》2024年第5期。
② 寇红娜：《国有林场改革发展现状、问题及对策探讨》，《中国集体经济》2021年第16期。
③ 梁炜：《"两山"理念下"未来国有林场"发展探析》，《产业经济》2023年第7期。

术和经营理念上给予林场发展足够的支撑，导致林区资源无法充分释放活力、制约林场创新发展。

（四）产业基础薄弱，资源利用效率低

马鞍山林场作为喀喇沁旗辖内最早开发森林旅游的国有林场，虽成立了马鞍山国家森林公园，但未进行森林食品开发，没有自己的品牌，也未对区域资源进行营销宣传，没有品牌意识，缺乏竞争力，仅仅依靠财政投入进行林场建设。根据 2017 年马鞍山林场森林资源统计报表，马鞍山林场乔木林地面积 6273.1 公顷，其中中幼林占 38.84%，近熟林占 31.52%，成熟林、过熟林占 29.64%。林场可采伐的成熟林、过熟林面积为 1859.5 公顷，但其中有 94.8% 为防护林，5.2% 为一般用材林，林场走木材采伐加工销售创收的途径不可行。马鞍山林场虽有两处苗圃，但是牛营子苗圃承包期未到，不能为林场创收，河南东苗圃 2022 年才收回经营权，苗圃基础设施薄弱，急需建设，同时专业的良种选育人员缺乏，成为制约林场育苗的重要因素。目前，林场依托森林资源开展林下种植，但是林下种植中药材周期长、不稳定因素多，经济效益很难预测。[①]

（五）经营、建设任务繁重，资金支撑不足

国有林场担负着营造林和森林资源培育、森林管护等多重任务，包括人工造林、封山育林、退化林分改造、公益林建设及管护、林区防火、病虫害防治、野生动植物保护等。面对如此繁重的经营、建设任务，仅仅依靠中央和地方财政资金，很难高质量完成。虽在 20 世纪 90 年代初就建立了马鞍山国家森林公园，但是从建园开始，很少有专项投入，加之社会资本的积极性不高，导致林区产业优势不能充分发挥。另外，近几年生产资料成本和人工劳务费上涨，加之林场运行需要的各项基本开支，已有资金不能满足各项任务需求，导致许多工作不能深入开展。

---

① 梁炜：《"两山"理念下"未来国有林场"发展探析》，《产业经济》2023 年第 7 期。

（六）奖励机制不健全，职工工作积极性不高

内蒙古自治区国有林场自 2016 年起开始改革，由原来的财政差额开支到现在的财政全额开支，林场的公益属性得到明确，职工待遇得到保障，林场自主意识弱化和后劲不足的问题开始显现。林场未制定适当的奖励机制和考核机制，职工缺乏积极性和创造性。

林场工作的特殊性要求林场实行 24 小时驻场制度，无法享受其他事业单位职工正常的休假制度，加之防火、防虫、生产等的劳动强度大，林场职工有时一个月也不能休息。面对高强度的连续作业，奖励机制不健全，职工积极性很难被调动。

公益一类国有林场的属性决定其不能进行开发式运营。在项目运作时，主要考虑生态效益和社会效益，不考虑经济效益；在单位管理过程中，采取的是"收支两条线"，盈利收入直接上缴财政。目前各国有林场雇佣的公益林护林员在林场生产建设、森林资源管护、病虫害防治等工作中承担重要责任，但是公益林护林员的工资仅 2000 元/月，付出与收入不成正比，很多公益林护林员将林场作为工作过渡，人员流动较大。

以上因素导致国有林场职工工作积极性不高，人才流失严重。

（七）部分国有林地确权存在一定困难

受利益驱使，蚕食国有林地现象一直存在。2017 年马鞍山林场森林资源普查数据显示，马鞍山林场现有经营面积 8299.6 公顷，有争议林地面积 1251 公顷，其中有林权证面积 23 公顷，无林权证面积 1228 公顷。这些争议地块也成为制约林场发展的不确定因素。

（八）林场发展后劲不足，急需转变工作思路

经过第一次改革后，国有林场将林木资源好的地块都以林换岗置换给下岗职工，加之天然林停伐，林场的林木资源或者属于中幼林，或者属于防护林而禁止采伐，故林场没有可采伐的林木资源；特种灌木主要为山杏、锦鸡

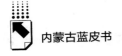

儿，林分质量差，可利用资源少。面对林场资源现状，亟须转变工作思路，寻找新的增长点，特别是在森林康养上下功夫，考虑如何将"绿水青山"变成"金山银山"。

四　国有林场发展建议

（一）积极争取资金，完善国有林场基础设施

加强基础设施建设。马鞍山林场经过两次改革，职工工资及水、电、路等办公环境得到了改善，但随着森林旅游、森林康养等的兴起，林区生活垃圾处理、污水处理等问题亟待解决。需推进改革，打造森林康养步道、开通旅游观光线，建设休闲度假区、旅游观光区、康养别墅区等不同的功能模块。

完善保障性基础设施。按照马鞍山林场发展规划，急需上级资金支持，加快林场保证性苗圃建设、林下食用菌基础设施建设等，推进国有林场全面、绿色、高质量发展。

加强数字林业建设，建设智慧林场。在信息化时代下，充分运用卫星遥感、无人机巡航、云计算、移动互联网等新一代信息技术，通过感知、物联、智能等手段，创建立体感知、协同高效、生态价值凸显、内部服务融合的森林开发新模式。利用新型技术提高智能化管理水平，使林区内林木资源和动物资源类型清晰明了，及时精准地掌握林区生态系统变化情况，提高森林资源管理的科学性。[①]

加大国有林场资金支持力度。应将方案编制、人员培训、生态监测、林区道路管护、水电、苗圃建设、营林配套设施维护、改造等工作经费纳入财政预算，为其提供稳定的财政资金。

（二）加强人才队伍建设，保证林场可持续发展

人才作为发展的第一要素，制约着林场的发展。面对林场人员不足、专

---

① 韩爱兰、朱随叶、叶红等：《国有林场发展存在的问题及对策》，《河南农业》2023年第33期。

业人才缺乏等情况，应从以下几方面进行改善。

拓宽人才引进渠道。鉴于林场工作的特殊性，应充分考虑与林业大专院校合作，积极引进和公开招聘林业专业技术人员；适当放宽招聘条件，优先安置退伍士官、大学生等；针对公益林护林员实行定向招考方式，对符合条件的公益林护林员择优转岗入编；在职称评定时，增加职称评定破格条件，对在林场工作满一定年限人员可破格参加职称评定，吸引、留住技术人才。

优化队伍结构。通过公开招考、人才引进等方式，按比例引进一批高端人才、青年人才，扩大职工队伍；根据林场建设需求，分岗位、分级别制定人才培训计划，加强管理能力、专业技术、主体业务培训，提升干部职工综合能力，提高工作效率及工作质量。[①]

完善薪酬制度。应探索国有林场绩效管理试点工作，以国有林场现行工资水平为基准，试点将经营收入与职工收入挂钩；尝试打破林场职工身份壁垒，做到以岗选人、人岗相适，将工作主责和经营效益按季度考核，按照能力水平竞争上岗，将考核结果与绩效工资挂钩，让绩效考核"考"出实效，达到精业务、强管理、敢担当的目的，激发国有林场发展新动能。[②]

加强林场之间、林场和业务主管部门之间人员轮岗互动，这样既能使主管部门新招录的人员丰富基层工作经历，也能使林场技术管理人员年龄结构趋于合理，还能不断提升林场业务管理水平。

（三）强化森林资源保护，提升森林质量

国有林场改革前，林场采取差额开支的财务政策，迫于生计，工作重点主要为育苗、采伐等，忽略了乡土珍贵树种大径材培育、低质低效天然次生林和人工林质量提升、困难立地生态恢复与重建等工作。国有林场改革后，林场应依托林业重点项目，从林种结构、物种多样性、经营管理、物种适宜性等多方面考虑，以提升森林质量为目标，分类施策，进行森林质量精准提

---

① 张臻玲：《财税激励政策下国有林场提升经营效益路径研究》，《西部财会》2023年第9期。
② 张延：《探索陕西国有林场进一步深化改革路径》，《国家林业和草原局管理干部学院学报》2023年第S1期。

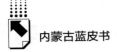

升，落实低产低效林转型，合理高效经营森林资源，有效提升森林质量和生态效益。同时加大森林抚育力度，在保护森林资源的前提下，按照科学规律，及时开展森林抚育经营，人工促进森林正向演替进程，为子孙后代多培育优质森林资源，加快绿水青山向金山银山的转化。①

（四）积极推进林业产业化，实现兴林富民

借喀喇沁旗林下经济发展春风，积极引进、试验、推广林下食用菌种植、林下仿野生药材种植，并不断延长菌菇产业链条，丰富产品种类，拓展药材深加工等产业链条，以"山上治本、身边增绿、产业富民、林业增效"为目标，将林业产业化纳入林场发展规划。

借助马鞍山林场现有森林资源及社会影响力，积极推进森林康养产业发展，培育一批集休闲娱乐、健康养生、生态旅游于一体的森林康养基地。利用景观资源和自然资源禀赋，大力发展森林生态旅游产业，开发特色旅游产品和服务项目，带动周边地区发展农家乐、旅游等，实现兴林富民。

以2019年习近平总书记视察的马鞍山林场森林抚育视察点为根据地，大力发展森林旅游，同时加快周边地区的基础设施建设、林下产业基地建设、科普场馆建设等，多角度、多方面丰富旅游项目，使马鞍山不仅仅是总书记看过的那个国有林场，更是一个五彩缤纷、绚丽多彩、欣欣向荣、不断发展的旅游胜地，不断实现"绿水青山"向"金山银山"转变。

（五）借助集体林权制度改革，摸索出一条适宜林场可持续发展的生态与经济之路

抓住2024年内蒙古自治区深化集体林权制度改革契机，将分散零星、低产低效的集体林资源收储后统一经营。

---

① 张延：《探索陕西国有林场进一步深化改革路径》，《国家林业和草原局管理干部学院学报》2023年第S1期；陈厚源：《广西国有林场高质量发展影响因素及对策研究》，《绿色科技》2023年第15期；王晨光：《新经济形势下林业经济管理信息化水平提升研究》，《林业科技》2023年第3期。

推动国有林场与农村集体经济组织或农牧户通过股份合作、租赁、托管、技术服务等形式开展场外合作经营与服务。开展国有林场经营性收入分配激励机制试点。

在有效保护森林资源和生态的前提下，合理利用商品林和二级国家级公益林、地方公益林的林下资源、林间空地、林缘林地等，适度发展林下经济、生态旅游、森林康养、自然教育等绿色富民产业。

稳步推进林业碳汇。将国有林场辖区内符合条件的林业碳汇项目开发为温室气体自愿减排项目并参与市场交易。

五 国有林场未来的发展方向

国有林场经过两次机构改革，达到了预期目标，但在保障国有林场生态功能定位的前提下，推动国有林场绿色发展成为当前面临的新课题。[1] 对于国有林场发展，提出以下建议。

（一）全面推广林业科技化，统筹推进林业高质量发展

增强林地碳汇能力；加大林场碳汇项目的开发力度，以造林、再造林、抚育管理、保护管理等项目为重点，培育发展森林生态旅游、森林康养、森林湿地生态旅游等林业生态旅游项目，科学编制林业碳汇发展规划。

积极进行碳汇交易。依托内蒙古产权交易中心生态环境资源交易平台，探索更多碳汇产品收储消纳机制和途径，将林场资源转化为经济收入。

（二）不断调整产业结构，助推主导产业经营

做强、做优第一产业。第一产业既是林场主导产业又是林场基础产业，

---

① 柯文斌、王佳：《保山市国有林场绿色发展路径探析》，《绿色科技》2023 年第 5 期；陈厚源：《广西国有林场高质量发展影响因素及对策研究》，《绿色科技》2023 年第 15 期。

对生态文明建设的贡献率最大。林场应注重森林资源培育、中幼林抚育、苗木培育、林下经济发展等。[①]

适度开发第二产业，打造林场品牌。林场应根据自身资源优势，采取渐进式、试验式方式开发林场特有产品，对有利于发展、综合效益明显的产业，应加快投产运营；对市场竞争力不强、综合效益不佳的产业应逐渐淘汰或剥离。

大力发展第三产业，延长产业链条。当前，森林旅游和森林康养发展迅速，成为最受欢迎的消费方式之一，林场应充分利用资源优势，科学规划、因地制宜，在保证生态平衡的前提下，合理挖掘林地生产力，增强林场活力，培育林场新兴经济的增长点。

（三）利用大数据，不断优化国有林场管理思路

在互联网飞速发展的时代，应充分利用网络发展带来的便利，将数据资源及时、准确地收集到互联网平台，为科学管理、决策提供可靠的依据。数据收集范围包括财务预算、生产管理、病虫害防治、森林草原防火、林业环境、天气、树木生长发育情况等，有效解决林场发展过程中出现的问题。

马鞍山林场作为国有林场的典型代表，其发展经历了初建试办、快速发展、停滞萎缩、恢复稳定、困难加剧和改革推进等时期，反映了时代对生态文明建设的不同需求。国有林场应不断转变工作思路，与时俱进，适应社会发展趋势，抓住"三北"六期工程全面启动、集体林权制度改革试点、大力发展林业经济和全域旅游等契机，确定林场发展方向，在生态文明建设中扛起"领头羊"的大旗，逐渐成为森林康养、试验示范、自然科普、生态旅游等方面的排头兵，为地方发展贡献一份"林场力量"。

---

① 徐国梁、余玉珠、韦初明等：《生态文明建设背景下国有林场林业产业发展研究》，《现代农业科技》2024 年第 14 期。

参考文献

甘燕霞、余玉珠、陆海燕：《新时代国有林场人才队伍建设研究——以 Q 国有林场为例》，《中国管理信息化》2024 年第 4 期。

刘锦明、赖章强：《安远县国有林场发展森林康养的对策建议》，《国土绿化》2024 年第 4 期。

马倩：《深化国有林场改革 探索绿色发展之路》，《中国林业产业》2024 年第 5 期。

尚会军：《大数据背景下国有林场数字化管理新策略》，《林业科技情报》2024 年第 2 期。

B.15
内蒙古草原生态保护修复调查报告

——以锡林郭勒草原为例

庞立东*

摘　要： 作为内蒙古最大的陆地生态系统，草原是我国北方重要生态安全屏障的组成部分，也是内蒙古建设国家重要农畜产品生产基地的基础和保障。由于气候变化、超载过牧、草原管理水平相对落后，天然草原处于不同程度的退化状态。近年来，作为内蒙古草原的主体部分、锡林郭勒草原积极探索草原保护修复和可持续发展路径，并取得了显著成效。本文以锡林郭勒草原为例，从"草原保护""草原修复""可持续发展"三个方面对锡林郭勒草原生态保护和修复具体措施进行了分析，梳理锡林郭勒草原的生态保护和修复路径，以期为内蒙古自治区乃至全国草原生态保护和修复提供模式参考。

关键词： 草原保护　草原修复　可持续发展　锡林郭勒草原

　　党的十八大以来，以习近平同志为核心的党中央着眼人民福祉和民族未来，将生态文明建设作为统筹推进"五位一体"总体布局和协调推进"四个全面"战略布局的重要内容，开展一系列根本性、开创性、长远性工作，推动生态文明建设发生历史性、转折性、全局性变化。内蒙古横贯中国北方，连接华北、东北、西北，是我国北方面积最大、种类最全的生态功能区，生态功能辐射全国众多省份，是我国北方重要生态安全屏障、祖国北疆

---

* 庞立东，博士，内蒙古财经大学资源与环境经济学院副教授，主要研究方向为生态修复。

安全稳定屏障、国家重要能源和战略资源基地、国家重要农畜产品生产基地。党的十八大以来从"两屏三带"到"三区四带"，内蒙古横跨北方防沙带、东北森林带、黄河重点生态区，在国家生态安全战略格局中的生态功能重要性进一步增强。保护和建设好生态环境既是内蒙古自治区实现高质量发展的内在要求，更是维护国家生态安全的战略需要。习近平总书记高度重视内蒙古生态文明建设，指出内蒙古生态状况不仅关系全区各族群众生存和发展，还关系华北、东北、西北乃至全国生态安全。

"林草兴则生态兴"，内蒙古是草原大区。作为内蒙古最大的陆地生态系统，草原是我国北方重要生态安全屏障的组成部分，也是内蒙古建设国家重要农畜产品生产基地的基础和保障，对内蒙古经济发展以及维护边疆牧区稳定发挥着重要的作用。锡林郭勒草原是内蒙古草原的主体部分，可利用草原面积占全区的 26.5%，分布的草地类型和植被种类最为齐全，最南端距首都北京仅 180 公里，平均海拔比北京高近 1000 米，生态地位极其重要。然而，近年来由于连续干旱、人口增加、过度利用、气候原因，以及草原鼠虫害频发等因素，天然放牧场退化沙化严重，出现零散分布的风蚀坑。早在 2013 年内蒙古锡林浩特国家气候观象台的数据就显示，锡林郭勒草原几十年来气温呈显著上升趋势，增温速率为每 10 年上升 0.43℃，地表平均气温上升约 1.6℃。内蒙古草原气候的暖干化趋势，使得草原产草量降低，单位草原面积的载畜能力明显下降，给牧民生活带来影响。另外，人类不合理地利用，如打草场过早刈割、留茬高度低、过度搂耙、不轮刈、不留隔离带等问题，导致植物种子未能成熟落地、地表无枯落物、地表水分蒸发量大和腐殖质减少、土壤贫瘠、植被盖度和种类减少、产草量逐年下降等现象。

近年来，锡林郭勒盟深入贯彻习近平生态文明思想和习近平总书记对内蒙古重要讲话重要指示批示精神，始终高度重视草原生态保护和修复，通过一整套较为完善的制度体系和一系列保护治理措施，实现了草原生态环境持续向好，草原植被盖度和产草量连续"双增"。2022 年 11 月 18 日，锡盟被命名为国家第六批生态文明建设示范区，乌拉盖管理区被命名为"绿水青

山就是金山银山"实践创新基地。二连浩特市、东乌珠穆沁旗、多伦县3个地区被自治区生态环境厅选为国家生态文明建设示范区和"两山"实践创新基地候选地区。

一 严格执行保护措施促进草原生态持续向好

（一）实施草原奖补政策，让草原实现"带薪休假"

由于长期超载放牧，草原生态退化，河流断流，畜牧业收入逐年下降。禁牧、休牧、轮牧，是遵循人与自然和谐共生规律、让草原休养生息的良法。在国家支持下，内蒙古连续实施草原生态保护补助奖励政策，将严重退化沙化、不适宜放牧利用的草原划为禁牧区，禁牧区以外的草原落实草畜平衡和休牧制度，以草定畜，科学核定载畜量，减轻天然草原压力，并给予牧民禁牧补助和草畜平衡奖励。

锡盟高度重视草原生态保护和修复，因地制宜、分类施策、层层压实责任，落实防沙治沙目标责任制，将64.18%的盟域面积划入生态保护红线范围，实行严格保护。

严格实施禁牧、休牧和草畜平衡制度，推行草原生态保护补奖政策，转变经营方式，促进草原生态整体恢复，逐步实现草原增绿、牧业增效、牧民增收。截至2024年锡林郭勒盟2.7亿亩草场纳入补奖政策范围，划定草畜平衡区2.4亿亩、禁牧区0.5亿亩，科学核定适宜载畜量，实行责任落实与资金发放相挂钩机制，配套推进农区禁牧、沙地禁羊措施，加大监管执法力度，多年来的超载过牧问题得到初步遏制。从2018年开始每年投入1.68亿元，在草畜平衡区全面推行春季牧草返青期休牧措施，促进草原休养生息、科学利用。

严格执行征占用林草资源审核审批管理制度，源头控制，防止乱采滥伐、乱占乱建等破坏草原林地违法行为发生，强化草场保护管理。

（二）野生草种抚育，解决草原过牧问题，"草源"是关键

自治区党委书记孙绍骋指出，内蒙古自然放养的载畜量已到了"天花板"，今后畜牧业发展的出路关键在草，有了草才能增加牛羊和牛奶。野生草种抚育主要是通过采取围栏、施肥、灌溉、草种适时采集、清选、储存等措施来满足草原生态保护修复项目区的草种需求。对于草原野生草种进行抚育，进而提高其草种质量和产量。近年来，锡林郭勒盟依托草原生态保护修复项目，不断加大野生草种繁育采集工作力度，特别是 2022 年自治区实施草种繁育基地项目以来，锡林郭勒盟积极推动优良牧草草种基地建设，在牧草良种繁育推广方面取得了显著成效，重点对冰草、披碱草、羊草、无芒雀麦、老芒麦、驼绒藜、胡枝子、黄花苜蓿、沙打旺、扁蓿豆等野生草种进行抚育。2019 年在镶黄旗建设 1 万亩野生驼绒藜抚育基地，采集种子 3000 公斤。2021 年继续建设驼绒藜种子育苗基地 50 亩，并向本旗和邻近旗县市免费支援驼绒藜幼苗 200 万株；2020 年，将锡林浩特市、多伦县、乌拉盖管理区列为野生草种资源保护和采收利用试点，通过施肥措施提高乡土草种产量，采集乡土草种 5000 多公斤。两年来，全盟巩固提升原有草种基地 0.8 万亩，新建草种基地 0.55 万亩，待全盟所有草种基地进入达产期后，每年可提供优良草种 30 万公斤。

（三）调整畜牧业结构

从生态保护角度，草原生态经济系统中，如果能量流动与物质循环的输入输出失调，就会破坏草原生态结构，导致其稳定性减弱、功能下降。2016 年锡林郭勒盟牧业年度存栏牲畜 1624 万头（只），其中羊存栏达到 1445 万只，占牲畜总头数的 89%。"一羊独大"，畜种结构不合理，养殖效益不高，科学审视全盟畜牧业发展现状、存在的短板和不适应性，全盟畜牧业发展面临"减""转""增"等多重挑战和机遇。羊的采食方式是"啃式采食"，牛的采食方式是"卷式采食"，牛采食过程对牧草损伤较小。在牧草生长早期的自然放牧情况下，牛采食过的牧草生长速度要远快于羊采食过的牧草生

长速度。当前锡林郭勒盟肉牛养殖户基本采取"放牧+补饲"的饲养方式，舍饲、半舍饲时间长达150天以上，这种暖季利用天然草场自然放牧、冷季采取舍饲半舍饲的饲养方式有利于草场保护。因此，在保障农牧户获得相同收益的前提下，养牛更有利于草原生态经济系统的良性循环。

我国肉牛以进口为主，进口量远大于出口量，近年来我国牛肉需求持续增长，从市场需求角度，牛肉是世界上消费人群最广的肉类食品。许多国家都将养牛业作为增强国民身体素质的大事来抓。截至2022年8月，我国肉牛进口量为15.5万头，进口额为3.46亿美元。这为锡盟深化畜牧业供给侧结构性改革、发展优质良种肉牛产业提供了广阔的市场空间。

从经济效益来看，肉牛业是世界上公认的朝阳产业。从近年来养殖肉羊的经济效益看，与2012年相比，2015年每只肉羊的养殖收益平均下降250元左右，在成本"底板"抬高与效益"顶板"下压的双重作用下，养羊户增收空间越来越窄，但牛肉市场价格相对稳定，据调查，2015年农牧户养殖一头基础母牛平均利润约2650元，相当于11只羊的利润。

在这一背景下，锡林郭勒盟盟委、行署主动适应经济发展新常态，积极推进供给侧结构性改革，将畜牧业调结构、转方式作为草原生态保护修复的重要举措。2016年以来，锡盟实施"减羊增牛"战略，在优化产业结构、提升生产效益、提高供给质量上持续发力，深入推进畜牧业供给侧结构性改革，实现传统畜牧业向生态畜牧业的转型。

锡盟研究制定《锡林郭勒盟优质良种肉牛发展扶持办法》，安排预算肉牛良种繁育资金1745万元，对新认定的国家肉牛核心育种场一次性奖励100万元、自治区核心育种场一次性奖励20万元、盟级肉牛核心育种场一次性奖励3万元。2024年，计划新建肉牛核心群30个，全盟肉牛核心群将达到410个。2016年以来，锡林郭勒盟累计投入专项资金5亿元，进口良种肉牛6.3万头、国内引调4.2万头，推行补贴养殖。建设国家肉牛核心育种场1处、种牛场25处、核心群342个，形成"核心育种场+种牛场+核心群+养殖户"四级良种肉牛繁育体系。同步发展优质肉羊产业，在选育提高、杂交育肥上下功夫，着力减数量、提质量。盟级财政每年安排3500万元予以支持，其中安格斯等高端肉牛品种养殖规模居全区首位，推动畜牧业不断提质增效。

经过不断努力锡林郭勒盟牧业年度牲畜存栏连续呈现负增长，总规模压减到 1328 万头只，控制在适宜载畜量范围内。年度羊存栏在 2016 年达峰后小幅回落，稳定在 500 多万（只）；大牲畜存栏则逐年攀升，2023 年达到 157.8 万头，年均增长 4.6%。大牲畜占比由 2012 年的 14.7% 增加到 2023 年的 20.4%，较大程度地缓解了草场压力。

（四）畜牧业转型升级

为促进草原畜牧业持续健康发展，2021 年底，国家发展改革委、农业农村部、国家林草局三部门联合印发《草原畜牧业转型升级试点工作方案（2022—2025 年）》，要求"靠天养畜"的传统畜牧业向现代生态畜牧业转变。为加快畜牧业转型升级，推进优质肉牛良种扩繁、舍饲圈养、育肥加工，聚焦开展浑善达克沙地歼灭战，抓好解决草原过牧问题试点等工作，锡林郭勒盟出台了《锡林郭勒盟优质良种肉牛发展扶持办法（试行）》《锡林郭勒盟促进肉牛精深加工产业链发展若干政策措施（暂行）》《锡林郭勒盟促进浑善达克沙地及半农半牧区发展肉牛规模化舍饲养殖若干政策措施（暂行）》。牲畜养殖集约化程度不断提高，对经营主体的养殖技术和管理能力也提出了更高要求。为此，锡林郭勒盟积极依托大型养殖、兽药、饲草生产经营企业和兽医第三方检测机构等组建社会化服务组织，推广"企业+合作社+农牧户""集体经济组织+专业合作社"等模式，将服务领域由养殖、防疫等环节向饲草料加工、畜产品采集、仓储冷链等环节拓展延伸。

锡林郭勒盟西乌珠穆沁旗 2023 年启动建设的国家草原畜牧业转型升级试点重点项目，采取"户繁企育、龙头加工、多元联结"模式，通过引入龙头企业代管国有草场，建设现代化棚圈，集中育肥后统一收购发展精深加工，辐射带动 30~50 个嘎查 1500~2000 户肉牛养殖户增收，既解决了牧区育肥不足问题，又通过分流放牧牲畜解决了过牧问题。牛羊挂号看病、住院治疗等场景都在西乌珠穆沁旗畜牧诊疗研究示范中心这所"动物医院"实

现。作为草原畜牧业转型升级试点子项目，该中心由地方政府投资建设、第三方诊疗服务企业运营，通过"旗级中心+苏木镇级诊疗分所+流动诊疗车"的三级服务体系，有效解决了全旗93个嘎查9000余户牧户牲畜疫病诊疗缺医少药的问题，打通了兽医社会化服务"最后一公里"。

（五）完善法治体系建设，加大执法力度

在以"一法、两例、两规章"为主的法律法规框架体系下，按照"源头预防、过程控制、损害赔偿、责任追究"谋划设计，锡林郭勒盟先后制定出台《加快推进生态文明建设实施意见》《进一步加强草原保护利用建设促进全盟草原生态持续好转的实施意见》《禁牧和草畜平衡监督管理办法》《草原承包经营权流转管理办法》等90多个制度性文件，初步形成一套较为完整的制度体系，生态管理逐步迈入规范化轨道。同时，探索实行《领导干部生态环境损害责任追究办法》《旗县市（区）党委书记抓生态建设述职制度》以及约谈问责制度，编制完成草原、森林等资源资产负债表，在全区率先建立领导干部生态环境保护任期考核制度，全面落实领导责任，推动林草生态保护建设各项措施落地见效。以生态功能区、敏感区、脆弱区和生物多样性优先保护区为重点，将盟域面积的62.35%划入生态保护红线，实行最严格的保护。另外，锡盟在全区率先成立了专门的生态保护机构。在机构改革中，锡盟进一步理顺并强化管理职能，在所有苏木乡镇设立草原生态综合执法中队，构建起条块结合、权责明确、保障有力、权威高效的生态环境管理体制。建立林业、生态、环保、水利、农牧等多部门协调联动综合执法机制，实行常态化执法检查，不断提升生态环境监管水平。

经过努力治理，草原植被高度、盖度、产草量和植物多样性显著增加，2022年草原植被覆盖度提高到46.6%。"十四五"以来，依托国家、自治区项目和政策支持，实施内蒙古高原生态保护和修复、内蒙古东部草原沙地综合治理等工程，完成退化沙化草原生态修复治理319万亩，不断提升生态系统的质量和稳定性。同时，全力推进历史遗留废弃采坑生态修复三年行动，自治区下达锡盟生态修复目标为9.84平方公里，已完成修复治理面积

11.51平方公里，超额完成了自治区下达的修复目标。为实现草原区废弃采坑"清零"目标，2023年锡林郭勒盟将剩余未治理的采坑和历史遗留矿山未治理的图斑，全部纳入全盟剩余未完成历史遗留废弃采坑治理项目，目前，12个无主废弃采坑治理项目均已完成治理，11个项目完成验收；全盟历史遗留矿山图斑1194个、面积20.06平方公里，已完成治理1189个、面积19.79平方公里，治理工作正在有序推进，待年底完成验收后，锡盟将实现历史遗留废弃采坑"动态清零"。

二 草原生态修复措施

（一）退化沙化草原改良

补播改良是治理退化沙化草原、快速恢复草原植被的有效措施。可采取草原封育改良、草原补播改良（包括飞播、免耕补播、机械喷播、机械耕翻带状补播、人工模拟飞播等）、草原土壤改良（包括草原松土改良、草原浅耕翻改良、划破草皮改良等）和草原施肥改良等。

草原改良能够增加牧草有性繁殖机会，改变草地植被成分，提高更新速度，增加植被覆盖度。如采用免耕草原改良，减少了对草原土壤的人为干扰，增强土壤的水分渗透性，改良效果明显。

锡林郭勒盟积极争取并实施自治区草原生态修复项目，加大退化草原治理力度，促进草原生态系统的正向演替和调节能力，在退化草原生态修复上取得较好成效。2019年以来，锡林郭勒盟已实施自治区生态修复项目任务面积211.63万亩，其中围栏封育自然修复面积127万亩，免耕补播种草面积36万亩，施肥面积62.7万亩，切根、设置沙障等其他措施修复面积10.6万亩。通过项目建设，全盟生态修复区域植被盖度提高了5~35个百分点，草原生产力每亩提高10~30千克，项目区多年生牧草比例明显增加。

自2019年国家和自治区草原生态修复项目启动以来，锡林郭勒盟采取围栏封育、施肥、补播、设置沙障等单项或综合措施修复退化天然草原共计

233.7万亩，其中轻度退化草原围栏封育自然修复面积达112万亩，中重度退化草原免耕补播种草面积42万亩，施肥面积70万亩。近两年，锡林郭勒盟还通过实施内蒙古高原生态保护修复工程、内蒙古东部草原沙地综合治理项目，在天然草原实施围栏封育63万亩，免耕补播0.6万亩，施肥3万亩。

（二）沙地治理

浑善达克沙地是中国十大沙漠沙地之一，位于内蒙古中部，最南端距北京直线距离180千米，是离北京最近的沙源。锡林郭勒盟辖内浑善达克沙地面积5294.2万亩，占沙地总面积的80%以上，涉及11个旗42个苏木352个嘎查，是名副其实的浑善达克沙地歼灭战的主战场。因此，锡林郭勒盟提早谋划、全力出击，2024年3月19日盟委、行署主要领导共同签发2024年1号林长令，在全力打好浑善达克沙地歼灭战、推动防沙治沙和风电光伏一体化工程落实、不断加强林草领域制度体系建设、全面提升林长履职能力等方面提出了具体要求。2024年锡林郭勒盟计划投资18.2亿元，完成沙地治理任务323.6万亩，目前，全盟浑善达克沙地歼灭战治理工程项目已全面开工。正蓝旗位于浑善达克沙地腹地，荒漠化治理难度较大，当地积极将科技成果应用于治沙实践。比如，首次启动无人驾驶机械规模化治沙项目暨浑善达克沙地"蚂蚁森林"科技扩绿行动，综合治理机器人依照林业种植的相关要求，实现抱株、钻坑、浇水等种植环节的自动化作业，有效完成了2000亩的治沙任务。又如，针对春季气温回升慢、冻土层厚的问题，为了早开工、提升种植效率，蒙草生态环境集团在沙漠腹地设置50多个取样点，对当地土质、水资源、气象条件等信息进行全面采集、汇总和分析，耗时一年半，研发出开春时节就能够破开当地冻土层的活体沙障栽植机，将栽植效率提高了近20倍。地处锡林郭勒盟最南端的太仆寺旗全年完成18.97万亩的国土绿化项目，外加完成1万亩的中幼林抚育、5万亩的造林补贴灌木平茬任务。2024年锡林郭勒盟计划完成防沙治沙任务不低于190万亩，其中，2024年重点工程任务为71.85万亩，风光一体化工程治沙面积不少于70万亩。

三　科技支撑措施

（一）草原资源遥感监测体系

锡林郭勒草原以典型草原为主体，草原火灾突发性强，会给牧区经济特别是畜牧业带来巨大损失，威胁着牧区人民群众的人身安全，严重影响草地生态系统。因此，草原防火尤为重要。锡盟地区实行"预防为主，积极消灭，防消结合"的方针，每年3月15日至6月15日、9月15日至11月15日为草原防火期，特别是防火戒严期内，建立草原资源遥感监测体系。锡盟气象局创新研发的"锡林郭勒盟防灭火遥感监控平台"，不仅包含了FY-3B/C/D卫星在内的多源极轨卫星数据，更是在地方经费支持下添加了葵花8号、风云四号静止卫星数据，能够对全盟及周边地区、中蒙边境外高风险火源区域的森林草原火点进行实时自动判别、监测、示警，还可以实现网页端平台和手机App同时监测。该平台10分钟一次的连续监测，可为森林草原火灾扑救争取到宝贵的时间，还能对火场周围风速、风向等扑火急需的气象要素自动提取，并快速形成火场服务专题图，同时可查看未来10天逐日火险等级形势预报，实现自动化、精准化、智能化火点判识与气象服务。

（二）草原生物灾害防控体系建设

防控能力建设是草原有害生物防治的基础和支撑。建设有害生物监测预警站及物资储备库、建立健全草原有害生物防治专业化服务队，可有力提升应急防治能力，使草原有害生物防治更加专业、规范、高效。

目前，草原有害生物及鼠虫害防控体系包括监测和防控两部分。在自治区层面现已形成自治区—盟市—重点旗县—农牧民测报员四级草原有害生物监测预警网络体系雏形，并已发挥了一定作用。目前，锡林郭勒盟累计完成草原鼠害防控面积2950.507万亩，其中，2020年草原鼠害防控面积

1333.56万亩，2021年草原鼠害防控面积775.897万亩，2022年草原鼠害防控面积841.05万亩；绿色防控面积1638.947万亩，绿色防控比例为55.548%。锡林郭勒盟草原工作站积极探索草原生物灾害防控新路径，与中国农业科学院草原研究所合作，构建国内首个草地天敌昆虫资源数据库和标本库；发掘一批控害作用强与应用前景广的天敌昆虫；突破一批优势天敌规模化扩繁与工厂化生产技术，创制3~5种优势天敌重大产品；集成一批以天敌控害为核心、以安全生产为目标的草地害虫绿色防控技术体系，为草原生态恢复和草牧业绿色高质量发展提供科技支撑。

四　打造旅游产业，助力草原可持续发展

文化旅游业方面，锡林郭勒盟加大对文旅产业的扶持力度，充分发挥政策的引导和推动作用，丰富优质旅游供给，激发文旅消费潜能，推动文旅产业集聚发展、迭代升级。规划建设"千里草原风景大道"，以元上都遗址保护展示、锡林郭勒游客中心等重点文旅项目为支撑，加快推动多伦县、正蓝旗、锡林浩特市、西乌珠穆沁旗、乌拉盖管理区和二连浩特市等重要节点建设，全力打造全域旅游示范区。近年来，锡林郭勒盟在培育优势业态、打造优质品牌等领域持续发力，推出生态研学、康养旅居、自驾越野等多种生态旅游产品，培育打造国家、自治区级精品旅游和红色旅游线路4条，A级旅游景区18家。2024年，锡林郭勒盟推出21个精品研学旅游产品，包括"红色""骑乘""草原""星空"等研学主题线路，为游客提供更多文旅选择。旅游景区与区内外旅行社合作，围绕"体育+马术""民俗+研学""生态+非遗""自然+天文科普"等开发特色旅游产品。锡林郭勒盟行政公署办公室发布《锡林郭勒盟扶持研学旅行市场发展若干措施（试行）》，面向研学基地、研学组织机构、研学导师确定不同奖励标准。实施"旅游倍增计划"，完善旅游交通网络，2023年锡林郭勒盟密集开通旅游包机和旅游专列，与赤峰市、乌兰察布市和河北省张家口市、承德市合作推进"坝上旅游一体化"。2024年7月，新增烟台、直飞上海、恢复石家庄等航线航点，

满足国内旅客旅行需求。此外，结合全盟文旅资源和重大文旅活动，组织策划了 70 多款线路产品，并启动各大 OTA 平台销售活动，持续提升文旅产品品质和服务水平。2024 年上半年，接待国内游客 740.10 万人次，同比增长 13.69%；国内游客总花费 95.62 亿元，同比增长 17.66%。

五　未来展望

通过做好"草原保护""草原修复""可持续发展"三篇大文章，锡林郭勒盟草原生态持续向好，走出了一条具有特色的草原生态保护新路子。锡林浩特市退化草场修复项目是全国精选的 18 个典型案例中唯一入选联合国《生物多样性公约》的草原生态修复项目。在取得令人瞩目的成绩的同时，锡林郭勒盟仍需持续完善草原保护与修复工作，包括以下几个方面。

（一）细化草原恢复目标，合理修复

锡林郭勒草原分布区域辽阔，草地类型多样，各地水热等气候条件不同，牲畜种类组成、比例及数量存在较大差异，且不同区域不同类型的草原退化成因各异，因此，有必要根据区域气候特点、畜牧业生产方式，因地制宜确定修复目标，根据不同的草原类型、不同的退化阶段和不同的限制因子，研发一系列共性和专性的恢复技术。继续坚持以自然恢复为主、人工干预为辅，尊重自然，不搞"破坏式"修复，做到量水而行、尽力而为。继续坚持科学规划、合理布局，不搞应急式生态修复，不搞"一建了之，一年了之"的"半拉子"修复，确保修复一处、成功一处。探索建立政府主导、社会参与的多元化投入机制。积极培育野生乡土牧草种子抚育基地，提升生态用种的供给能力。

（二）持续推进草原奖补政策，合理利用草原资源

草原奖补政策对于草原的生态保护发挥了重要作用，但一些地方项目资金没有与草原恢复和保护的成效相挂钩，可能陷入"破坏—保护—再破

坏—再保护"的恶性循环，需要源源不断的资金投入。另外，由于补助标准与牧民期望值及其收入水平相比差距较大，禁牧、休牧和草畜平衡制度实际执行情况不理想。因此，首先，应根据实际情况加大草原奖补力度，同时加强监管专项资金到位情况，并建立完善的奖惩制度对于草场植被恢复和保护好的牧户，给予补助或奖励；对于没有达标牧户，减少或停止奖励或补偿；对于导致草原严重退化的牧户，要有一定的惩戒措施。

其次，坚持走生态优先、绿色发展的新路子，严格落实草畜平衡和禁牧休牧制度。一方面，加大草原奖补力度，从牧民生计着手，探索可持续的草原保护制度；另一方面，充分发挥草原的景观效应，引导农牧民发展草原旅游等生态产业，让农牧民身边的绿水青山真正变成金山银山。探索草原生态修复产业化发展，鼓励农牧民以个人、合作社的形式参与草原生态修复工程建设，让农牧民在生态保护修复中获得更多收益。

（三）加强行政执法力度，采用全链条管理手段，加强宣传

一是进一步明确岗位职责，强化对意识形态工作的领导，明确责任分工，细化工作任务，落实具体责任；二是制定林草长制实施方案及林草网格化监管布设示意图，林草局党组书记为第一责任人，分管领导为直接责任人，要求其他领导班子成员认真落实"一岗双责"，抓好分管部门的意识形态工作，积极主动联合检察院开展检查执法，推进"林草长+检察长"制度与公益诉讼相结合，严格依法履行草原生态环境保护职责，针对春季休牧、草原确权、办理征占用地手续等工作建立调度、研判、会商机制，做好应急准备，防患于未然；拟建设草原生态系统数字化监管与服务平台，推进全覆盖实施草原网格化监督管理工作，利用视频号、微信公众号，以及召开新闻发布会及入户走访等方式，加大对草原生态保护尤其是超载畜量放牧方面相关法律法规、政策文件的宣传力度，力争达到宣传全覆盖。

（四）创新方法解决草地退化问题，建设人工饲草地

草畜平衡是草原利用的理想范式。但是，大量研究表明，在降水量低于

400 毫米、降水年变异高于 30% 的干旱半干旱草原地区，植物生长随降水变异而高度涨落，难以核算稳定的环境承载力，很难实现真正的草畜平衡。也就是说，在干旱半干旱草原地区，运用静态载畜量进行草畜平衡管理是不可取的。在此背景下，动态的草畜平衡管理是下一步草地放牧管理的重要方向。其中，智能化高频轮牧模式在国际上已有一些成功的案例，可为我国草原放牧管理提供经验借鉴。这些新型模式将电子围栏、智能传感器、家畜智能穿戴设备等信息元素植入放牧管理系统，对草地的饲草产量和家畜的采食行为进行实时监测，通过高频轮牧（2~3 天为一个轮牧周期），使草地实现更长时间的休养生息。

建立集约化的高产高效人工饲草地，提供发展畜牧业所需要的优质牧草（一般来说，人工草地的牧草产量是天然草原的 10 倍以上），从根本上解决草畜矛盾；确保天然草原的保护、恢复和适度利用，实现其生态功能与生产功能的"双提升"。

B.16
流域水生态保护调查报告

——以乌梁素海为例*

何永哲**

摘　要： 乌梁素海流域是国家重要的商品粮油生产基地和绿色食品原料基地，同时承担着遏制乌兰布和沙漠东侵、维护区域生态平衡的重要生态任务，是黄河流域和祖国北方重要的生态安全屏障。党的十八大以来，党中央高度重视生态文明建设，习近平总书记多次对乌梁素海流域的生态环境建设作出了明确指示。近年来，在乌梁素海保护治理中，内蒙古自治区深入践行习近平生态文明思想，坚持综合治理、系统治理和源头治理，围绕水质改善、水量增加、生态环境质量提高的目标，组织实施各项生态保护和修复治理工程，推进乌梁素海治理取得积极成效。

关键词： 流域　水生态保护　乌梁素海

2018年3月，习近平总书记在参加十三届全国人大一次会议内蒙古代表团审议时提到乌梁素海生态综合治理，强调要加快呼伦湖、乌梁素海、岱海等水生态综合治理，在祖国北疆构筑起万里绿色长城。此后，总书记先后7次对乌梁素海生态治理做出重要指示批示。按照习近平总书记重要指示批示精神，中央财政下达了20亿元基础设施建设奖补资金用于乌梁素海流域生态保护修复工程，该工程总投资57.46亿元。近年来，内蒙古巴彦淖尔市

---

* 本文为内蒙古自然科学基金项目"牧区经济与草地生态耦合共生的时空交互效应测度研究"（2023QN07010）阶段性研究成果。

** 何永哲，内蒙古自治区社会科学院助理研究员，主要研究方向为区域经济、农牧业经济。

认真贯彻落实习近平总书记重要讲话和重要指示批示精神，保持加强生态文明建设的战略定力。近年来，通过全流域、全要素综合治理，乌梁素海流域生态环境明显好转，湖区水质由劣Ⅴ类提高到整体Ⅴ类，湖心断面水质达到了Ⅳ类，生物多样性持续恢复，湖区现有鸟类 260 余种、鱼类 20 余种，治理工作取得阶段性成效。

2023 年 6 月 5 日，在内蒙古自治区考察的习近平总书记来到乌梁素海，了解当地坚持山水林田湖草沙一体化保护和系统治理、促进生态环境恢复等情况，察看乌梁素海自然风貌和周边生态环境。他强调，乌梁素海治理和保护的方向是明确的，要用心治理、精心呵护，一以贯之、久久为功，守护好这颗"塞外明珠"，为子孙后代留下一个山青、水秀、空气新的美丽家园。

一　乌梁素海概况

乌梁素海，蒙古语意为"红柳湖"，位于内蒙古 21 个半农半牧业旗县——巴彦淖尔市乌拉特前旗辖内，处在呼和浩特市、包头市、鄂尔多斯市三角地带的边缘，地理位置为东经 108°42′~108°57′、北纬 40°44′~41°03′。乌梁素海地处黄河河套平原的末端，明安川和阿拉奔草原西缘，北靠狼山山前洪积扇，南邻乌拉山山后洪积阶地，西临河套灌区，东靠乌拉山西麓，距乌拉特前旗政府所在地乌拉山镇 22 公里，是黄河改道和河套水利开发形成的河迹湖。乌梁素海湖区呈"半月形"，南北长 35~40 千米，东西宽 5~10 千米，水域面积 293 平方千米，平均库容约 4 亿立方米，是黄河流域最大的功能性湿地，是全球范围内荒漠半荒漠地区极为少见的具有极高生态价值的大型多功能湖泊，是地球同纬度最大的自然湿地和世界八大候鸟迁徙通道上的重要节点，承担着黄河水量调节、水质净化、防凌防汛等重要功能，也是黄河流域最大的淡水湖和生态安全的"自然之肾"，素有"塞外明珠"的美誉，2021 年被列入自治区重要湿地名录，2023 年被列入国家重要湿地名录。乌梁素海流域由乌梁素海、河套平原、黄河湿地、阴山山脉、乌拉特草原等共同组成。

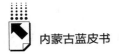

乌梁素海是河套灌区总排干的终点，是整个河套灌区唯一的退水区，也是河套灌区水利工程的重要组成部分，一方面接纳河套地区 90%以上的农田排水，形成了河套地区有灌有排的灌排网络，另一方面还发挥着滞洪区的作用，保护周边群众的生命财产安全。它是黄河流域重要的水量"调节库"，年可调洪、分洪、蓄洪约 5 亿立方米；是黄河流域重要的自然"净化区"，每年 3 亿多立方米河套灌区农田排水，经乌梁素海生物净化后排入黄河，入黄水质直接影响黄河中下游的水生态安全。

（一）气候类型

乌梁素海流域地处中纬度地区，位于大陆深处，远离海洋，地势高漫，属中温带大陆性气候。这里冬寒夏炎，四季分明，降水少、温差大，日照足、蒸发强，春季短促、冬季漫长，无霜期短、风沙天多，雨热同季。年平均气温 7.4~8.8℃，极端最低气温−30.5℃，极端最高气温 40.1℃，无霜期 146~151 天。

（二）地质特征

河套灌区内的平原地貌可分为三种类型，即狼山、乌拉山山前冲积洪积扇形倾斜平原，黄河冲积湖积平原，乌兰布和近代风积沙地。整个河套平原基本上被冲积物、冲洪积物及风积物所覆盖。乌梁素海流域在地质构造上属于内陆断陷盆地，第四纪河湖相沉积极厚，一般在 1000 米左右，地层主要由粉土层和砂类土层组成。乌梁素海流域总的地势自西南向东北微倾，平坦开阔，局部有一定的起伏，形成岗丘和洼地，这一特点对土壤盐渍化的形成有直接影响。

（三）河流水系

乌梁素海流域是一个独立、封闭的流域体系，包括整个河套灌区、乌梁素海湖区、乌拉特前旗、乌拉特中旗与乌拉特后旗的阴山南麓部分和磴口县的一部分。乌梁素海湖水的补给源主要来自乌梁素海流域的灌、排水。乌梁素海作为流域排水唯一的承泄区，西岸自北至南有义和渠、总排干沟、通济渠、八排干沟、长济渠、九排干沟、塔布渠和十排干沟等主要灌排渠沟入湖，湖水经乌毛计退水闸通过总排干沟出口段至三湖河口补入黄河。此外，还有大气降水、地下径流的补给。经过多年建设，流域形成了引水、排水、乌梁素海调蓄、退水入黄的完整水循环系统，在维持灌区水环境系统平衡等方面发挥着重要作用。

二　乌梁素海水资源现状

（一）降水和地表水资源量情况

第三次全国水资源调查评价结果显示，1956~2016 年乌梁素海流域平均年降水量为 225mm。区域降水年内分配不均，主要集中在 6~9 月的汛期，流域径流主要由降水补给，径流与降水的年内分配相似且更不均匀，呈现汛期集中、四季分配不均、最大与最小月径流悬殊等特点，地表水资源量为6452 万立方米。

（二）湖体水质现状

根据生态环境部门提供的 2021~2023 年全区"十四五"国控断面地表水环境质量状况月报，乌梁素海有一个国控考核断面为乌梁素海湖心。根据水质监测情况，从年值看，2018~2020 年水质总体变化为由Ⅳ类逐渐向好至Ⅲ类，2021~2023 年稳定在Ⅳ类水质。从月值看，2018 年水质为Ⅲ~Ⅴ类，稳定达到Ⅴ类；2019 年水质为Ⅲ~Ⅳ类，以Ⅲ类为主；2020 年水质为Ⅲ~Ⅳ类，局部时段局部监测点可达Ⅲ类水质；2021 年水质为Ⅲ~Ⅴ类，局部时段局部监测点可达Ⅲ类水质；2022~2023 年水质稳定达标，为Ⅳ类。2023 年水质轻度污染。主要污染因子为化学需氧量、高锰酸盐指数、总氮、总磷等有机污染指标和营养盐。2021~2023 年，乌梁素海总体水质趋于稳定。

（三）生态水位情况

湖泊生态水位是维护生态系统正常运行的合理水位。湖泊生态水位随季度的变化而变化，也是湖泊生态系统健康的重要保障。最低生态水位是湖泊生态系统已经适应了的最低水位，其相应的水面面积和水深是湖泊生态系统已经适应了的最小空间，因此，湖泊水位若低于此水位，湖泊生态系统可能严重退化。根据《巴彦淖尔市水利局关于印发乌梁素海生态流量保障实施方案（调整）的通知》（巴水发〔2022〕292号），乌梁素海西山嘴（乌）水文站1~12月最低生态控制水位为1017.79米。2022年对巴彦淖尔市乌梁素海全年水位的监测结果显示，均在安全保障水位以上，达到控制目标。

三　乌梁素海水生态治理措施

（一）综合治理

"十三五"期间，巴彦淖尔市委、市政府统筹山水林田湖草治理。通过"生态补水、控源减污、修复治理、资源利用、持续发展"的治理模式，实施乌梁素海流域山水林田湖草生态保护修复试点工程，包括七大类（沙漠综合治理工程、矿山地质环境综合整治工程、水土保持和植被修复工程、河湖连通与生物多样性保护工程、乌梁素海湖体水环境保护与修复工程、农田面源及城镇点源污染综合治理工程、生态环境物联网建设与管理支持）35个项目，目前35个项目已全部完工；实施乌梁素海综合治理规划（修编），包括五大类（点源、面源、生态补水与生态修复、内源、生态环境物联网建设与管理支撑项目）34个项目，2020年底全部完工。

"十四五"期间，按照生态环境部确定的乌梁素海湖心区断面水质要求，编制了《"十四五"乌梁素海流域生态环境保护治理规划》，从水环境、水资源、水生态三个方面组织实施13个项目（建设期为2021~2025年），力争水质到2025年达到Ⅳ类。点源治理方面，以"提质增效、循环利用"

为主线，充分发挥城镇污水收集、处理设施的效能，因地制宜开展建制镇生活污水处理设施建设，加强农村污水处理能力，提高中水回用率，减少污染物入湖量。面源治理方面，选择"源头减量控制、过程节水减排、末端生态净化"的技术路线，通过深入开展"四控两化"行动，推动高标准农田建设、农业深度节水、人工湿地生态净化、灌区节水改造工程等，提高农业清洁生产水平。挖掘灌溉节水潜力、提升生态过渡带净化能力。内源治理方面，持续加强与中国环境科学研究院等科研院所的合作，积极开展水生态环境保护和污染治理研究与示范、底泥内源污染与生态改善研究、流域面源污染检测评估、碳汇实测及变化特征分析研究、黄苔发生机制与控制研究等，进一步摸清乌梁素海污染底数，为科学治理提供技术支撑。同时，推进实施芦苇收割、黄苔预防、生态调控、渔民上岸等措施，通过"以鱼控草、以鱼抑藻、以鱼净水、人放天养"，增强乌梁素海生态自我修复能力，逐步恢复乌梁素海生物多样性、提升生态功能。2023年累计投放鱼苗101.1万斤，2024年春季累计向乌梁素海增殖放流39.73万斤。

（二）生态补水

加大投入力度，打通补退水通道。2012年至今，实施了一批补退水通道工程和湖坝堤防工程，2012年新建六条渠道泄水闸及配套工程，使总排干向乌梁素海补水能力达100立方米/秒，打通补水通道；2015年实施了乌梁素海网格水道工程，开挖网格水道53条共119公里，优化了海区的水动力条件。2016年完成了乌梁素海海堤围堤加固工程，海坝背坡面培土平均加固加高1米，平均顶宽增至5米，进一步增强了乌梁素海容泄能力和防洪堤坝安全。为了疏通乌梁素海退水通道，打通出口，加强退水能力建设，完善水工程体系，批复实施了乌梁素海退水渠改造及出口2座泵站工程建设。工程建成后，退水能力将达到60立方米/秒。2017年对12.5公里退水渠道进行了改造，完成了出湖通道改造工程。这些工程的实施，有效打通了乌梁素海补退水通道，为综合治理奠定了工程基础。

积极实施生态补水工程。在黄河水资源管理日趋严格的情况下，积极为乌梁素海争取生态用水，内蒙古水利厅协调黄河水利委员会和指导巴彦淖尔市，充分利用黄河凌汛和灌溉间隙的重要时间节点，对乌梁素海实施分凌生态补水。2021年以来年均补水量超5亿立方米（见表1），通过补水有效维持乌梁素海生态蓄水量，促进水质改善。通过多年的生态补水，乌梁素海水域面积稳定，水生态环境明显改善，乌梁素海水质由"十二五"之前的劣Ⅴ类逐步改善为Ⅴ类，局部区域水质达到Ⅳ类标准。

表1 2021~2024年乌梁素海生态补水情况

单位：亿立方米

年度	生态补水量
2021	5.98
2022	5.17
2023	5.48
2024	2.88

注：2024年数据为上半年补水量

数据来源：内蒙古自治区水利厅。

积极推动实施乌梁素海生态修复补水专用通道工程，有效缓解黄河来水时空不均、与农业灌溉时段冲突的矛盾，对保证乌梁素海生态水补给具有重要作用。同时，工程从乌兰布和东缘通过，可以为乌兰布和沙漠东缘锁边林草带供水，防止乌兰布和沙漠东移阻断黄河，与鄂尔多斯杭锦旗库布其沙漠沿黄生态带治理工程联合，可以阻止库布其沙漠与乌兰布和沙漠"握手"，对黄河流域生态保护和长治久安具有重要作用。在编制完成工程可行性研究报告后，2020年5月，自治区水利厅组织召开项目专家技术咨询会，邀请自治区20多位知名专家进行咨询，出具了技术咨询意见。8月21~22日，组织召开专家研讨会，邀请国内环保、水利、湖泊治理等领域的权威专家，对项目进行技术咨询。8月24~27日，水利部牵头组织四部委对该工程进行了实地调研，建议地方进一步加强论证。2020年9月，水利部黄河水利委员会向内蒙古自治区政府来函，同意开展项目前期工作。

（三）河湖治理保护

开展河湖健康评价。2022 年 6 月由自治区人民政府批复自治区河长办印发了《内蒙古自治区乌梁素海岸线保护与利用规划》，加强河湖岸线空间管控效能。2023 年 12 月由自治区级河湖长审定修编《乌梁素海管理保护（一湖一策）实施方案（2024—2026 年）》，通过科学实施"一湖一策"，实现水域空间有效管控，巩固乌梁素海生态安全屏障地位，助力幸福河湖建设，筑牢北方生态安全屏障。

常态化规范化推进河湖"清四乱"，保障乌梁素海流域生态环境。2018～2023 年，巴彦淖尔市累计巡河巡湖 12.8 万次，推动解决突出问题 900 余个，清理非法占用河道岸线 1100 公里，清理建筑和生活垃圾 33 万余吨，拆除违法建筑 2 万平方米。通过清理整治，解决了一批侵占破坏河湖问题，进一步改善河湖面貌，河湖行洪蓄洪能力得到有效恢复，有效改善了乌梁素海水体及流域的生态环境。

（四）湿地保护

持续进行湿地恢复建设，对乌梁素海保护区、特别是核心区、缓冲区原当地渔民遗弃的地笼、工程废弃物及湖区垃圾进行清理。借助乌梁素海保护区补助项目和综合治理项目，实施开通芦苇通道、疏浚湖水、收割沉水植物等工程项目，使乌梁素海水质明显改善，生态环境有大的改观。

（五）法治保障

为全面加强乌梁素海流域生态保护工作，进一步完善流域生态保护机制，保障流域生态安全，2022 年 6 月启动了巴彦淖尔市乌梁素海流域生态保护条例立法工作，2023 年 2 月，巴彦淖尔市第五届人大常委会第五次会议对该条例（草案）进行了第一次审议；8 月巴彦淖尔市第五届人大常委会第八次会议表决通过了《巴彦淖尔市乌梁素海流域生态保护

条例》，经9月自治区第十四届人大常委会审查批准，自2023年11月1日起正式实施。这部条例是自治区首部专门针对湖泊流域生态保护的地方性法规，体现了乌梁素海保护治理由"单一治湖泊"向"系统治流域"的根本转变，也是继《巴彦淖尔市乌梁素海自治区级湿地水禽自然保护区条例》颁布实施之后的，又一部引领和保障乌梁素海生态文明建设的重要法规。

四 乌梁素海水生态治理成效显著

（一）水质改善方面

党中央高度重视乌梁素海生态问题。近年来，巴彦淖尔市按照"生态补水、控源减污、修复治理、资源利用、持续发展"的治理思路，对乌梁素海进行综合治理，通过点源、面源、内源多措并举，特别是直接引入黄河水实施大规模的生态补水，乌梁素海水质逐步好转，鸟类、鱼类数量增加，湖体生态功能逐步恢复，治理取得阶段性成果。《"十四五"乌梁素海流域生态环境保护治理规划》中期评估结果显示，乌梁素海入湖污染物总量下降15.23%。2023年，乌梁素海湖心断面水质已达到规划确定的IV类水目标。生态健康综合指数为63.86，按照河湖健康评价分级标准（河湖健康状况共分为5级，80~100分为理想，60~80分为健康，40~60分为亚健康，20~40分为不健康，0~20分为病态），为健康状态。

（二）湿地保护方面

2001年至今，乌梁素海保护区管理机构实施了乌梁素海保护区生态保护示范和国家湿地保护示范工程、湿地生态保护与修复补助资金项目，依托项目资金，组织实施了水生植物收割、输水退水通道疏浚、芦苇蔓延通道控制、防护林带建设等工程，累计完成收割水域面积81平方公里，收割沉水植物10.1万吨，收割区减少生物填平作用约20毫米；打开芦苇区通水道和通风道 7 条 36 公里，疏浚主要输水、退水通道 74 公里，渠道综合通水能力达到每秒 20 立方米、退水能力提高了 1 倍以上，加快了湖水循环流动速度，改善了水质和水体环境。

（三）生态效益方面

通过上游实施生态环境综合整治等项目，流域水循环、内河道水动力、湖体和湿地的生态环境等得到大幅改善，乌梁素海得到充足的生态补水，乌梁素海流域的沙漠化趋势得到有效遏制。乌梁素海水域面积恢复到 293 平方公里。据统计，乌梁素海湿地水禽自然保护区现有野生鸟类 265 种，其中国家一级重点保护鸟类黑鹳、白尾海雕、玉带海雕、金雕、大鸨、斑鸠、遗鸥、斑嘴鹈鹕、卷羽鹈鹕 9 种，国家二级重点保护鸟类有大天鹅、疣鼻天鹅、蓑羽鹤、白琵鹭等 34 种；有大型水生植物 11 种，以芦苇和龙须眼子菜、穗花狐尾藻为优势种，水生生物 226 种，包括浮游植物 7 门 160 种、浮游动物 4 类 55 种、大型底栖动物 1 门 11 种。2023 年，乌梁素海湖区开展两次增殖放流，实现水体中藻类及其他营养盐物质转化利用和水体生态系统自我调控完善，促进了湖泊生态系统功能恢复与健康水平的提升。①

（四）生态产业方面

在芦苇综合利用中坚持把产业发展贯穿于生态治理修复全过程，聚焦绿色产业发展，畅通生态价值转换渠道。一是加强芦苇收割工作，乌梁素海芦苇收割工作在湖区全面封冻后开始实施（每年 12 月开始到次年 2 月前结束），由内蒙古乌梁素海实业发展有限公司组织增派收割机械及作业人员进行芦苇收割，实现应收尽收，进一步减少由芦苇腐烂造成的底泥污染。2022 年 12 月至 2023 年 2 月共计收割芦苇 8.7 万吨，2023 年 12 月至 2024 年 2 月累计收割芦苇 9.1 万吨。二是大力发展芦苇产业，以乌梁素海地区芦苇为原料生产无醛芦芯板项目，确保收割后的芦苇有销

---

① 《乌梁素海管理保护（一湖一策）实施方案（2024—2026 年）》。

路、有收益、可利用，形成了芦苇从生长、收割到销售的全过程良性循环机制。2023 年实现芦苇销售收入 1499.09 万元；2024 年 6 月底，实现芦苇销售收入 1176 万元。三是不断拓宽芦苇综合利用渠道，依托芦苇资源优势，大力发展芦耳种植等新兴产业，通过多点开发芦苇"资源链"，带动了乌梁素海周边产业发展。2023 年共生产木耳菌包 126 余万包，销售收入计 214 万元，木耳销售收入 49 万元，累计实现销售收入 263 万元；2024 年共生产黑芦耳菌包 78 万余包、白玉芦耳 3 万余包、灵芝菌包 4 万包，销售收入 140 余万元，木耳销售收入 18 万余元，累计实现销售收入 158 万余元。

五　乌梁素海生态保护展望

（一）常态化生态补水机制还未确立

乌梁素海地处高原干旱地区，蒸发量远大于降水量，维持湖区水量平衡主要依靠农田退水和生态补水。近年来，随着河套灌区农业节水工作的不断深入，农田退水量逐步减少，生态补水对维持湖区水量、水质、水生态的平衡愈发重要。根据《"十四五"乌梁素海流域生态环境保护治理规划》，每年至少需要向乌梁素海生态补水 4 亿立方米，才能保证乌梁素海生态安全，目前存在生态补水指标未确立的问题。下一步，应进一步协调水利部和黄河水利委员会，建立长效补水机制，加强水量调度，加大乌梁素海生态补水力度，继续对乌梁素海综合治理水利项目给予支持，全力以赴做好已建水利项目的管理工作，建立灌区节水、黄河汛期补水、应急生态补水相统筹的多元化补水机制，保障乌梁素海生态流量，促进流域生态恢复。

（二）农业节水水平仍有待提高

巴彦淖尔市是国家重要的农产品主产区，农田灌溉用水量大，年均农田灌溉用水量占全市总用水量的 85% 以上。2023 年农田灌溉水有效利用系数 0.507，低于自治区农田灌溉水有效利用系数 0.574，仍需进一步提高。① 下一步，巴彦淖尔市应继续严格按照"四水四定"要求，强化水资源消耗总量和强度双控管理，加快转变传统粗放的发展模式，大力发展绿色生产，不断加大灌区节水力度。

（三）农业面源污染风险依旧存在

近年来，农业面源污染得到大幅削减，但仍有大量污染物入湖，主要原因是面源污染治理集中在农场、农庄、园区和农畜产品加工企业的生产基地，还有大部分分散经营土地，制约了统防统治。污染源具有分散性和随机性，难以在短时间内得到有效地控制，污染物排放量占比较大，是乌梁素海入湖化学需氧量的主要来源。下一步应坚持把面源污染治理作为重点工程，集中开展面源污染治理攻坚行动，通过农业标准化生产进一步节水、降肥、减药、控膜。加强工业园区废水和城镇污水集中处理，力争建制镇污水设施配备率达到 100%，中水回用率保持在 40% 以上。

（四）内源污染复杂且治理难度大

目前乌梁素海富营养化程度属中营养，主要污染因子为化学需氧量、高锰酸盐指数、总氮、总磷等有机污染指标和营养盐。内源污染主要包括底泥释放和水生植物腐烂，这些年强化湖区内源污染治理，从提高湖体水动力、生态调控、减少内源污染物三方面系统提升湖区水质，但内源污染治理还存在成本高、周期长、治理技术要求高、治理难度大的问题。下一步乌梁素海生态保护应加强与国内顶尖高校和科研院所的合作，寻求各类科研项目资金支持和研究资源倾斜，为内源污染治理提供技术支撑与智力支持，联合探索解决乌梁素海内源污染的新模式。

---

① 《乌梁素海管理保护（一湖一策）实施方案（2024—2026 年）》。

六 结语

"十四五"期间是我国由全面建成小康社会向基本实现社会主义现代化迈进的关键时期，是习近平生态文明思想指导下的现代环境治理体系建设的关键期。立足生态文明发展新阶段，以流域综合治理为核心，坚持目标导向，突出水环境、水资源、水生态"三水"统筹，逐步消除乌梁素海生态隐患，持续改善流域生态环境，显著增强流域生态功能，协同推进黄河流域生态保护和高质量发展等"乌梁素海经验"在不断探索中日益丰富。自2018年以来，内蒙古坚持系统观念，强化系统思维，统筹乌梁素海流域山水林田湖草沙综合治理，实现从保护一个湖到保护一个生态系统的一体化、系统化修复治理，让这颗"塞外明珠"更加璀璨。

参考文献

于长洪、李云平：《一以贯之久久为功，守护"塞外明珠"乌梁素海》，北青网，2023年6月24日。

王鑫：《乌梁素海流域生态治理研究》，《经济研究导刊》2021年第16期。

崔红志、杜鑫：《巴彦淖尔生态治理的实践探索与启示》，《中国发展观察》2022年第1期。

张建斌、訾翠霞：《乌梁素海流域生态修复保护研究》，载《黄河流域生态保护和高质量发展报告（2022）》，社会科学文献出版社，2022。

B.17
防沙治沙调查报告*

——以乌兰布和沙漠为例

郝百惠**

摘　要：　乌兰布和沙漠防沙治沙是构筑北方生态安全屏障的重要组成部分，对实现黄河及华北地区的生态安全具有重要意义。本报告梳理总结了磴口县70多年防沙治沙工作，全力推进生态保护和治理，实现"绿进沙退"。党的十八大以来，磴口县以"生态建设与产业发展相互促进"为路径，通过科学理念引领、生态—生产—生活共赢发展、各级党委—企业—干部群众—科研机构共同参与，因地施策，形成新时代防沙治沙"磴口模式"。针对磴口县生态环境脆弱、水资源短缺、防沙治沙光伏一体化项目实施及相关产业发展现状，提出扎实推进沙区生态治理、强化水资源管理、推进光伏产业基础设施建设、打造产业特色品牌等，共促磴口县生态和产业高质量发展。

关键词：　防沙治沙　高质量发展　乌兰布和沙漠

内蒙古巴彦淖尔市磴口县地处西北内陆干旱区，位于黄河"几"字湾顶端、乌兰布和沙漠东缘，属于温带典型大陆性气候。年均降水量143毫米，年均蒸发量2760.25毫米，年均温8.8℃，年均无霜期159天，年均日

*　基金项目：内蒙古自治区社会科学院博士专项"乡土生物在内蒙古退化草原生态修复中的应用研究"（2023SKYBS002）阶段性成果。

**　郝百惠，博士，内蒙古自治区社会科学院牧区发展研究所助理研究员，主要研究方向为生态修复与生态经济。

照时长 3147.22 小时。全县东西长约 92 公里，南北约 65 公里，总面积 3677.1 平方公里，包含 5 个苏木镇和 5 个农场，拥有 10.79 万人口，是重要的优质农畜产品供给地。县域内沙漠面积 2840 平方公里，占总面积的 77.23%。

一 磴口县防沙治沙历史、现状与举措

新中国成立前，乌兰布和沙漠以每年 10～15 米的速度向东肆意移动，同时，每年向黄河输沙量达 7700 万吨。新中国成立初期，受风沙强烈影响，磴口县大部分土地被流沙覆盖，农作物常被连根吹走，亩产不到百斤。沙海里，仅有 20.57 公顷林木、5 万余棵树木的"绿色生态家底"，林草盖度只有 0.04%。1950 年，县政府提出要全力改善生产生活条件，沿沙设防，植树造林，营造防沙林，保护沙区草木；沿河筑堤，沿堤栽树，营造黄河护岸林带，动员全县人民开展防沙治沙工作。[①] 至 1958 年，在乌兰布和沙漠东缘建起 154 公里长，宽度为 50～100 米的防风固沙林带；沿着黄河西岸筑起 20 公里防洪堤，从根本上改善了流沙和输沙状况。紧接着，磴口县制定"防、灌、固"结合的治理方案，"防"就是利用可挡风沙的柴、草、笆子等材料扎防护墙，使黄沙不能侵入，保住村庄、渠道、良田；"灌"就是有计划地引水灌沙，促进植被生长恢复；"固"就是利用黏土、草把制成的网状方格，从而固定流沙。[②] 1961 年，三盛公水利枢纽工程建成，为治理沙漠提供了水源保障。1969 年，内蒙古生产建设兵团开赴乌兰布和沙漠，屯垦拓荒、挖渠修路、营造林网，改造沙地变良田，实现在沙区建农场。

1978 年，磴口县被列为"三北"防护林工程建设重点县，深度开展荒

---

① 《乌兰布和沙漠的绿色传奇——内蒙古努力创造防沙治沙新奇迹系列报道之一》，https://www.nmg.gov.cn/ztzl/tjlswdrw/staqpz/202306/t20230621_23354 00.html，2023 年 6 月 21 日。

② 《巴彦淖尔：治用并举治沙止漠铸就"磴口模式"》，http://byne.wenming.cn/jddt/202311/t20231113_8325058.shtml，2023 年 11 月 13 日。

山、荒沙、荒地、荒滩"四荒"承包造林。县政府先后提出了"生态立县""向沙漠进军、再造一个磴口"等生态建设目标，构建了"政府推动+政策牵动+宣传鼓动+科技带动+利益驱动"机制，采取"政府规划指导，企业组织实施，依托科技进步，全社会参与建设"的方式，大规模开展生态治理。在农村，按照林地共建模式，同时发展农业和生态造林；在牧区，按照每户沙+井+林+草+羊模式，用生产生活带动生态建设，促使人民生态与经济共同发展。同时，提倡和鼓励非公有制林业发展，促进造林主体由群众向专业团队转换。1979年，中国林业科学研究院在磴口县成立实验局（后更名为"沙漠林业实验中心"），深入开展防沙治沙科学研究，为"三北"防护林建设提供技术支撑。1998年，磴口县被确定为全国生态重点治理县。2000年，磴口县全力推进乌兰布和沙漠生态治沙工程。随着国家、自治区的退耕还林、生态移民等一系列重点生态工程的部署和实施，种植养殖大户、龙头企业、公益组织开始走进沙区参与防沙治沙。磴口县"生态扶持产业，产业带动生态"发展路径形成，柔韧草木重塑百万沙漠，生态经济同步发展。2008年，磴口县启动刘拐沙头综合治理工程，在黄河西岸建成东西宽11.5公里、南北长6公里的大型锁边林带，10.03万亩以梭梭为主的灌木林，有效切断了乌兰布和沙漠向黄河输沙的通道，使得年输沙量降至370万吨左右。在这个过程中，磴口县与周边旗县开展区域联防联治，加强政策协同与区域协作，在工程实施、乡土种质资源利用、生态系统统筹治理等方面积累了大量经验。

党的十八大以来，磴口县先后实施了京津风沙源治理二期工程、山水林田湖草沙生态保护修复试点工程、规模化防沙治沙工程等一批国家重点生态建设工程。在生态建设和产业发展相互促进的工作思路引领下，大力推进产业治沙，逐步形成了以沙漠系统治理为基础，生态修复、生态农牧业、生态光伏、生态文旅融合发展的综合产业体系，推动沙漠治理步入"以治促用、以用促治"的可持续治理阶段。以生态项目建设为基础，磴口县引进和培育各类沙产业经营主体，发展有机种植、有机养殖、特色林果、中草药材、光伏+生态、旅游等产业，累计投入社会资金75.5亿元，完成生态治理80

多万亩。2020 年以来，磴口县重点推进六个防沙治沙示范区建设，包括黄河岸线联防联治示范区、乌兰布和沙漠东缘防沙林带示范区、农田防护林网示范区、沙产业种植示范区、沙生植物种质资源库示范区、光伏+生态治理示范区，已完成生态治理 7 万亩。经过几十年的生态建设工作，截至 2023 年底，乌兰布和沙漠东缘已向西撤退 15～25 公里，全县实施生态治理面积近 210 万亩，重度沙化土地面积减少了 78%，向黄河年输沙量降低了 94.7%，林地、草地、湿地面积显著增加，林草盖度达到 37.2%，拥有沙漠湖泊 160 多个、种子植物 312 种、栖息鸟类 80 余种，沙漠治理成效显著，社会经济稳定增长，生态环境整体好转且加速改善。① 经过总结归纳，磴口县形成了可复制、可推广的荒漠化治理经验，综合所有科技管理内容，总结为防沙治沙"磴口模式"。

表 1　磴口县生态治理成效

项目	2012 年	2022 年	增长率（%）
耕地面积（公顷）	45433	103973.13	128.85
草地（公顷）	116392.37	89980.17	−22.69
林地（公顷）	9308.14	30002.64	222.33
林草覆盖率（%）	17.90	36.18	102.12
国家级自然保护区（个）	1	1	−
国家级自然保护区面积（公顷）	18600	123600	564.52
农业总产值（万元）	128292.3	286423.3	123.26
环境空气质量优良天数（天）	345	361	4.64
土壤环境质量	清洁（安全）	清洁（安全）	−
地表水环境质量	Ⅲ类	Ⅱ类	−
生态环境水平	较差	中等	−

资料来源：相关年度巴彦淖尔水资源公报、巴彦淖尔环境质量状况公报、磴口县统计年鉴。

---

① 《"守沙要塞"变绿色屏障——磴口县治沙模式三层护甲"四位一体"阻黄沙》，https://www.nmg.gov.cn/ztzl/tjlswdrw/staqpz/202307/t20230731_2354123.html，2023 年 7 月 31 日。

二 防沙治沙"磴口模式"

防沙治沙"磴口模式"是磴口县政府和人民在几十年不断探索和创新的生态治理工作中形成的。2023 年 6 月，习近平总书记在内蒙古巴彦淖尔主持召开加强荒漠化综合防治和"三北"等重点生态工程建设座谈会上，充分肯定了防沙治沙"磴口模式"的有效性。① 2023 年 7 月，自治区党委十一届六次全会审议通过《内蒙古自治区党委关于全方位建设模范自治区的决定》，提出要坚持科学治沙，推广"磴口模式"及光伏治沙模式等治理模式。② 2024 年 3 月，内蒙古自治区党委宣传部授予"磴口模式"治沙群体"北疆楷模"称号。③ "磴口模式"的深刻内涵是"精神一脉传承、两山理念引领、三生共赢发展、四方主体参与、五域系统施治"，为进一步深入开展山水林田湖草沙一体化生态治理工作提供了重要启示。

防沙治沙生态治理周期长且困难多，磴口县干部和群众在习近平生态文明思想引领下，秉持"绿水青山就是金山银山"理念，因地制宜，科学规划，平衡生态与发展之间的关系，在实践中不断丰富"磴口模式"的内涵。坚持生态、生产、生活共赢发展，积极探索防沙治沙生态治理与人民致富的结合点，按照生态产业化、产业生态化的思路，引导全社会广泛参与生态建设。深入挖掘乌兰布和沙漠资源优势，积极发展沙产业，全面推进山水林田湖草沙一体化综合治理，从而实现生态环境好起来、产业经济活起来、人民群众富起来有机结合的发展目标。"磴口模式"以各级党委为政策项目支持主体，先后出台和解读《乌兰布和沙区沙产业发展规划》《关于加快推进荒

① 《习近平在内蒙古巴彦淖尔考察并主持召开加强荒漠化综合防治和推进"三北"等重点生态工程建设座谈会》，https://www.gov.cn/yaowen/liebiao/202306/content_ 6884930. htm，2023 年 6 月 6 日。

② 《内蒙古自治区党委关于全方位建设模范自治区的决定》，https://www.nmg.gov.cn/zwyw/jrgz/202307/t20230710_ 2344239. html，2023 年 7 月 10 日。

③ 《自治区党委宣传部授予"磴口模式"治沙群体"北疆楷模"称号》，https://szb. northnews. cn/nmgrb/html/2024- 03/31/content_46491_229995. htm，2024 年 3 月 31 日。

漠中草药产业发展的实施意见》《中华人民共和国防沙治沙法》《中华人民共和国森林法》《中华人民共和国草原法》《内蒙古自治区水土保持条例》等系列政策文件和法律法规，为防沙治沙生态建设提供制度保障和政策支撑。积极引进各类企业作为产业发展主体，扶持龙头企业和产业集群，带动并完善生产、加工、营销体系。鼓励和拓展与院校、科研机构合作，助推科研项目落地实施，形成产、学、研一体化发展，从科技创新中找突破口，协同防沙治沙生态治理和经济发展。同时，以各族干部群众作为社会化参与主体，传承前辈治沙精神，将生态治理和保护工作融入当地人民生产生活中。

在多年治沙实践基础上，"磴口模式"根据国土空间自然资源水平，规划了"一地一网三区"防沙治沙体系（见图1），充分考虑了生态系统的复杂性、完整性和连续性，优化国土空间规划，实现因地施策、分区治理。"一地"是指建设自然保护地。磴口县已建成包括哈腾套海国家级自然保护区、纳林湖国家湿地公园、奈伦湖国家湿地公园和沙金套海国家沙漠公园在内的4个总面积191.4万亩的自然保护地，在确保荒漠生态系统的原真性和完整性前提下，加强水土保持和生物多样性保护，提高生态系统自然恢复力。"一网"是指建设农田防护林网。在乌兰布和沙漠东缘，选择抗病虫、耐干旱、耐瘠薄的高大乔木，围绕农田营造防护林，围绕路网营造林网，形成"窄林带、小网格、低耗水"的新型农田防护林模式，已完成157万亩的农田防护林网建设，遏制水土流失和风沙侵害。"三区"是指建设封沙育草区、防风阻沙区和光伏治沙区。封沙育草区是在裸露沙丘采取围栏封育，通过飞播、人工播种籽蒿、花棒、沙拐枣等，共治理沙漠21万亩，促进天然植被恢复。防风阻沙区是选用梭梭、柽柳、柠条等抗逆植物，利用"冷藏苗避风造林""冬贮苗造林""高压水打孔植苗造林""生物+沙障"等复合技术，先固沙、后造林，完成防沙治沙造林面积130万亩，从而阻止流沙活动和前移，形成防沙固沙防线。光伏治沙区是引进光伏企业，通过"光伏+生态治理"模式，以光锁沙、以草固沙，打造产业化、立体化、高质化的防沙治沙新业态。截至2024年7月，已完成光伏+生态治理面积约5万亩，装机162万千瓦，促进生态恢复和产业发展，从而助推自然资源向经济资源转化。

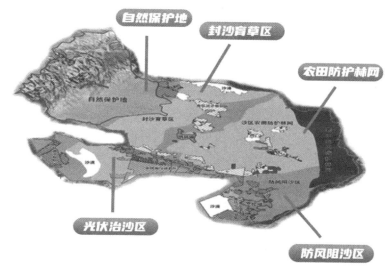

图1 "磴口模式"防沙治沙体系空间规划示意

从产业发展角度看,"磴口模式"致力于在防沙治沙生态治理背景下,打造多种防沙治沙+产业样板。一是防沙治沙+光伏产业样板。在丰富的光照资源条件下,磴口县追光逐绿,推进沙漠资源高效利用,建设光伏产业网的同时,光伏板间/板下种植柠条、梭梭、肉苁蓉、黄芪、锁阳、枸杞、甘草等沙生植物,已实现35万亩光+林+草+药模式防沙治沙。二是防沙治沙+有机奶业样板。磴口县深入推进奶业振兴,在沙区建成规模化奶牛养殖场63家,奶牛存栏达到25万头,有机奶产量突破48万吨,牛奶日加工突破4000吨,奶产业实现产值约170亿元,计划建成全球最大有机奶全产业链生产基地、全国县域内牛奶产量最大的生产基地。三是防沙治沙+特色有机农业样板。在原有农业基础上,选育和推广优质饲草新品种,大力发展有机牧草、肉苁蓉、中草药材、特色林果等产业,促进酿酒葡萄、华莱士瓜、番茄、糯玉米等有机产品精深加工,让更多"沙生产品"优质优价、走向全国。四是防沙治沙+全域旅游样板。依托县域内山水林田湖草沙全要素旅游资源优势,磴口县突出沿沙、沿河、沿山三条生态旅游路线,积极纳入黄河文化旅游带,巩固提升鸡鹿塞、纳林湖等景区品质和地域品牌影响力,改造

提升黄河三盛公水利风景区，建成乌兰布和沙漠生态博览体验区，形成龙头带动、全域发展的生态旅游新格局。

三 磴口县防沙治沙面临的问题

上文梳理归纳了磴口县防沙治沙的成果和经验，但在当下生态治理实践中，仍然存在诸多难题和困境，其中一些问题是磴口县所独有的，需要通过适宜路径，采取有效措施。

（一）生态本底脆弱，修复治理任重道远

磴口县整体生态环境本底条件依然脆弱，且资源富集区与生态脆弱区多有重叠，生态系统抗干扰能力弱，自我修复能力不强。从生态资源存量和生态产品价值角度看，磴口县生态建设效益逐步显现，而生态环境保护形势依然严峻，水土流失、土地沙化和草原退化问题仍然严重。据研究者测算，2020 年磴口县生态系统生产总值（GEP）达 107.05 亿元，其中生态调节价值占比 73.6%，核心生态服务功能防风固沙，占比 89.7%。这意味着磴口县在乌兰布和沙漠实施的防沙治沙生态治理不仅提升了当地生态环境水平、保护了本地人民生产生活的开展，还阻止了沙尘扩散、有效遏制了沙漠向东扩张入侵黄河"几字弯"，保障了黄河以及华北地区生态安全。2022 年 12 月第六次全国荒漠化和沙化调查结果显示，磴口县内还存在沙化土地 202.42 万亩，依然是国家级水土流失重点治理区域。受自然资源限制，磴口县生态治理任务很重，时间长且难度大。因地处气候变化反应敏感区域，这里极易受到气候变暖导致的干旱、大风、沙尘暴等极端灾害影响。并且，为防止已有治理区域退化，护山、节水、造林、改田、保湖、增草、治沙要继续协同推进，才能持续提升地区生态系统质量和稳定性、保障经济高质量发展。

（二）水资源长期短缺，生态治理充满挑战

磴口县自然降水少，生态系统敏感脆弱，长期以来靠黄河水补给，只能解决当地部分用水需求。随着社会和经济的发展，农业、工业、城镇生活、生态用水量增加，并且黄河水资源短缺，维持已有生态治理成果以及后续生态治理用水紧缺成为当下紧要难题。磴口县多年平均引黄水量为 4.51 亿立方米，多用于农林牧业，其中灌溉用水量平均占比 95% 以上；平均每年地下水开采量为 0.87 亿立方米，用于农业、工业、服务业以及居民生活。此外，地表大小湖泊、沼泽湿地的平均蓄水量约 2 亿立方米。截至 2024 年 8 月，尚没有明确的生态用水指标，仅靠黄河凌汛水、灌溉余水和少量浅层地下水支持当下生态治理工程。并且按照国家战略部署和要求，持续推进"三北"工程黄河"几字弯"攻坚战，至 2030 年需要完成乌兰布和沙漠生态治理 168.5 万亩，实现县域内荒漠化治理全覆盖，而年新增生态用水量约 0.5 亿方尚未得到保障。近年来，县域气候持续干旱高温，最低年降水总量仅有 73.1 毫米（2021 年），水资源短缺形势严峻。当前，已有生态建设成果中的植被生长和发展受水资源限制显著，乌兰布和沙漠湖泊面积萎缩，北部草地退化，刘拐沙头治理区、城镇周边、穿沙公路绿化带林木出现化梢、枯黄现象。此外，当地水资源科学管理尚存不足，农牧民及企业对地下水资源用水权及其使用消费机制的认识普遍不到位，农灌机电井水费收缴困难，存在自由取水现象。并且，地下水管理制度体制不完善，局部地区超采严重，取水总量和水位"双控"落实不到位、监管不及时，急需强化水资源节约管理。

（三）一体化工程用地难，配套基础建设制约发展

磴口县太阳能资源丰富，且直接辐射比例很高，适宜大规模开发利用。遵循"生态优先、绿色发展"路径，磴口县推进光伏与农业、畜牧业、林业、治沙等多种产业方式结合，重点实施光伏治沙、草光互补、农光互补，推进"光伏治沙+三业融合"发展。然而，受生态红线与其他

生态工程实施限制，防沙治沙与风电光伏一体化项目落地受到极大制约。在现有57.7万亩可用于新能源项目的土地中，剔除生态保护红线范围内土地、已建成和已批复新能源项目用地、已实施过林业工程项目用地、沙化土地中的灌木林地和已治理的沙化土地，剩余可用于光伏一体化工程的土地仅有10.25万亩。其中，还有8.38万亩的天然牧草地和0.09万亩的其他草地属于农用地管理范畴，不能用于光伏治沙项目。仅有1.56万亩沙地和0.22万亩裸土地符合光伏治沙项目"沙戈荒"地类要求。然而，一部分天然牧草地与其他草地的植被覆盖率不足30%，虽然达不到沙漠生态治理达标要求，但是存在大量沙地裸露现象，极易退化，需要进行生态治理和管护。

此外，防沙治沙与风电光伏一体化项目中的基础配套设施和相关储能、输电设备建设面临诸多难题，需要综合考虑技术、经济、环境和社会等多方面因素，制定科学合理的建设方案，从而促进相关产业发展。因项目的特殊性，工程实施往往在偏远的荒地、沙漠区域选址，这些地区存在大量移动沙丘，土壤承载力低，交通不便，施工物资运输困难，因此需要建设大量基础公路。偏远地区往往电网覆盖不足，项目产生的电能要输送到电网，需要新建或扩建输电线路，同时还需要解决输电外送走廊问题。并且光伏发电具有间歇性和波动性，为防止产电浪费，储能系统开发和建设问题急需解决。这些问题都会影响光伏治沙产业发展，影响企业投资热情。

（四）生态产业品牌化程度低，影响经济高质量发展

品牌化建设可以显著促进产业结构升级和区域经济高质量发展。磴口县地处北纬40°黄金生产地带，代表性农牧产品如小麦、番茄、油葵、华莱士瓜、肉苁蓉、甘草、羊肉、有机奶、鲤鱼等品质优良，受到了广泛好评。结合光伏治沙，磴口县计划打造多条产业带，以智慧、有机、高品质为抓手推动经济高质量发展。然而，在有关产业品牌化建设方面，仍存在明显不足，严重制约了经济发展。2018年起，磴口县全面打造"天赋河

套""食在碛口"等农产品区域公共品牌，一定程度提升了本地农牧产品影响力。但品牌化进程相对滞后，品牌布局、形象、文化内涵和创新能力不足，导致产品在市场中竞争力不强，相关附加值难以提升。此外，碛口县在品牌宣传和推广方面也存在短板，缺乏有效的营销策略和手段，导致优质产品信息难以走向更广阔的市场。这不仅限制了企业的发展空间，也影响了整个产业链的升级。同时，生态文旅产业也存在类似的情况。文旅品牌建设已经成为提升旅游目的地竞争力的重要手段，通过积极塑造本地鲜明的文旅品牌，显著提升地方竞争优势，增加发展机会。碛口县在文旅特色品牌建设方面相对薄弱，地域文旅品牌影响力不足，并且在景区品质、互动性体验、营销宣传工作方面存在提升空间。

四　碛口县防沙治沙对策建议

（一）持续推动生态系统科学治理

碛口县要持续实施新时代生态文明建设战略，科学系统谋划，高质量推进乌兰布和沙漠生态治理工作，持续推进"三北"工程，提升区域生态系统功能稳定性和连通性，在现有治理成效和发展基础上，建立全国防沙治沙综合示范样板，形成具有中国特色的治理干旱与半干旱区沙漠的经验。坚持自然恢复为主与人工修复相结合，统筹山水林田湖草沙系统治理，持续推进"两湖一屏四区"生态系统保护修复，提升国土空间生态功能，增加生态碳汇，筑牢我国北方重要生态安全屏障。加强以生态保护红线为核心的自然生态空间整体保护和合理利用，提升生态系统质量和稳定性，促进优质生态产品价值实现。此外，还要明确气象、地质灾害重点防治区，加强灾害隐患较大的危险点监测预警建设，建立灾害应急机制，开展应急物资储备和应急演练，提升灾害风险防范能力。

（二）持续优化水资源高效管理

磴口县需要统筹规划地表水、地下水资源的开发利用，提升水资源利用效率，提高水资源安全保障能力。一是需要进一步全面推进节水建设，妥善处理产业与水资源的匹配关系，调整优化与水资源环境承载能力不相适应的产业。二是要加快乌兰布和分洪区库容建设，增加生态补水指标，为生态治理提供水资源保障。建议在满足生态用水的前提下，根据地下水位变幅进行智慧化动态管理，分时段分地区严格控制地下水开采量，以保证生态安全的需要，防止已有生态建设成效退化。三是要深化公众及企业对水资源权益及缴费义务的认知，普及法律法规和政策，引导依法用水。完善水资源管理制度，加大监管力度，提升计量设施水平以及畅通信息沟通渠道，促进水资源可持续利用。四是要执行严格的取水许可制度，对取水单位采用智能计量手段，遏制用水单位乱取乱用地下水。通过法律、行政及经济等手段，对地下水的开发利用进行科学管理。要严格管理机电井取水，严禁在没有补给条件的沙区新打井，将对地下水位影响严重造成生态恶化的机电井逐步封停。完善"一井一档"台账，全面登记机电井信息、用电情况、灌溉面积、用水量等信息，为全面节水提供支撑。

（三）保障新能源产业集群基础建设

磴口县要根据生态环境承载能力，有序有效开发新能源资源，加快新能源基地基础设施建设，推动能源清洁低碳安全高效利用和一体化开发利用，提升能源全产业链水平。根据《内蒙古自治区国土空间规划（2021—2035年）》，适当调整土地管理，可以在沙漠、荒漠、戈壁、设施农用地、基本草原以外草地发展复合光伏项目。并且在实施光伏项目的同时，还要统筹安排交通、能源、水利等基础设施布局，适当增加工程项目中作业路、防火通道、电力等配套基础设施建设资金，为加快产业发展步伐提供有力保障。积极学习周边地区的建设经验，加强区域协调，建立多方决策机制，推动光伏产业发展。重点推进电力本地消纳、储能和外送通道建设，有效提升各电压等级电网的协调性，确保电力系统安全稳定运行和电力可靠供应。还要鼓励企业加大创新投入，推动技术创新，加强产学研合作以加速新技术应用。扶持科技企业加大储能技术创新投入，提高储能效益，降低设施建设成本的同时，鼓励和引导供需双方加快储能建设步伐。

（四）加大力度建设地方特色品牌

磴口县要提升品牌意识、加大品牌建设投入、完善品牌保护机制、加强品牌宣传推广，打造出一批具有市场竞争力的知名品牌，推动产业经济持续健康发展。可以利用大数据洞察群众需求，基于本地特色构建品牌形象，创新品牌传播方式，持续推动品牌建设。突出本地农畜产品生产优势，推进产品深加工生产建设。布局完善高品质产业链，加速转型升级，利用信息化手段，全面提升品牌管理水平。总结过往经验，深度推进"天赋河套""食在磴口"等已有品牌发展。引导和帮助企业、农牧户参与品牌建设，开拓市场，多方联动，通过电商平台拓展品牌影响力，通过数字化、网络化、智慧化等多维度赋能本土特色产业经济。深度挖掘自然生态、历史文化资源，重点抓旅游产品品质和服务，协调好旅游发展与文化资源保护关系的同时，形成集文化体验、生态观光、商务度假、城乡休闲于一体的区域旅游精品目的地。同时也要抓标准、强管理，构建品牌保护体系，全面提升品牌竞争力、影响力和带动力，实现经济高质量发展。

参考文献

付乐、迟妍妍、杨玉霞、张丽苹、王夏晖、王晶晶、刘斯洋：《沙区生态产品价值实现程度评估研究》，《环境科学与技术》2024年第5期。

刘相如：《防沙治沙"磴口模式"的经验启示》，《内蒙古林业》2024年第8期。

B.18
传统能源产业绿色转型调查报告[*]

——以呼和浩特市为例

屈　虹^{**}

摘　要： 能源是现代经济发展的重要支柱。党的十八大以来，我国践行能源安全新战略，坚定不移地实行能源转型。2023 年 6 月，习近平总书记来到内蒙古进行考察，强调内蒙古要"坚持以生态优先、绿色发展为导向"，以实现高质量发展。内蒙古自治区赋予首府"能源总部基地、光伏全产业链装备制造基地、氢能技术研发基地"的发展定位，在"双碳"目标下，呼和浩特市以高质量发展为目标，坚定不移地推动能源转型。然而，呼和浩特市能源产业转型尚处于起势阶段，应当以能源安全战略为指引，加快能源基地建设，完善能源转型相关政策、规划，加大资金投入，强化区域合作，增强消纳能力，推动科技创新，发挥出对全区能源转型的引领作用。

关键词： 传统能源　新能源　绿色转型　呼和浩特

能源是现代经济发展的重要支柱。传统能源是指已经大规模生产和广泛利用的一次性能源，包括煤炭、石油、天然气等化石能源是促进人类社会进步和文明发展的主要传统能源。传统能源的储藏是有限的，燃烧后放出的二氧化碳等温室气体会对自然环境造成不可逆的影响。新能源产业是指以可再

---

* 基金项目：内蒙古自治区社会科学院 2024 年度课题"内蒙古生态产业化与产业生态化协同发展研究"（项目编号：YB2443）阶段性成果。

** 屈虹，内蒙古自治区社会科学院杂志社副研究员，主要研究方向为生态经济、应用经济。

生资源为主要原料，通过科学技术手段将其转化为电力、燃料等形式供给社会使用，主要包括太阳能、风能、水能、地热能等可再生资源和核能等清洁资源。受到环境污染和资源依赖的影响，新能源成为替代传统能源的重要选择。

党的十八大以来，中国能源进入高质量发展新阶段。2014 年 6 月，习近平总书记提出"四个革命、一个合作"的能源安全新战略，是新时代我国能源领域各行业工作的根本遵循。[①] 2023 年 6 月，习近平总书记来到内蒙古进行考察，强调内蒙古要"坚持以生态优先、绿色发展为导向"，以实现高质量发展。2024 年 3 月，国家发展改革委等六部门印发《关于支持内蒙古绿色低碳高质量发展若干政策措施的通知》，对进一步推动内蒙古绿色低碳高质量发展作出系统安排，具有较强的可操作性。2024 年 7 月，党的二十届三中全会关于能源改革的重点任务作出重要规定。内蒙古的煤炭储量丰富并位居全国第一，风能和太阳能资源可开发量分别居全国第一和第二位，总之，内蒙古的能源资源禀赋优势突出，是国家重要的能源和战略资源基地，在传统能源产业和新能源产业发展方面具有巨大优势。在内蒙古能源转型过程中，呼和浩特市传统能源产业绿色转型具有重要意义。一方面，在"双碳"目标下，作为资源型城市，呼和浩特市以高质量发展为目标，坚定不移地实行能源转型；另一方面，内蒙古自治区赋予首府"能源总部基地、光伏全产业链装备制造基地、氢能技术研发基地"的发展定位，呼和浩特市能源产业绿色转型对于全区的能源转型具有一定的示范作用。

一　呼和浩特市能源产业发展概况

呼和浩特市位于内蒙古中部，在黄河河道东北部的土默川平原上，北依大青山，下辖 4 个区、4 个县、1 个旗，总面积为 17224 平方千米，人口为

---

① 王晓飞、张莹、郭焦锋：《中国能源安全新战略与实现途径》，《中国煤炭》2021 年第 3 期。

360.41万人。① 呼和浩特市是我国向蒙古国、俄罗斯开放的重要沿边开放中心城市，也是呼包鄂城市群的核心城市之一。多年来，呼和浩特市的经济一直保持稳定增长。呼和浩特市拥有丰富的煤炭资源，是中国重要的煤炭生产基地之一，2023年原煤产量首次突破千万吨级。2023年，呼和浩特市地区生产总值完成3801.5亿元，按可比价计算，比上年增长10.0%。其中，第一产业增加值为167.5亿元，增长7.7%；第二产业增加值为1337.7亿元，增长15.4%；第三产业增加值为2296.3亿元，增长7.6%。三次产业增速分别较全区高2.2个、7.3个和0.6个百分点。② 据《呼和浩特市矿产资源总体规划（2021—2025年）》，2020年全市矿业总产值为26088.8万元，利润总额为7036.04万元，其中，煤矿业产值为22363.6万元。

（一）主要能源

1. 煤炭资源

呼和浩特市的煤炭资源储量少，发热量低，生产规模较小，煤炭资源的综合加工利用项目较少，但煤炭需求较高，煤炭物流量大，煤炭工业是当地经济发展的重要组成部分。呼和浩特市有武川县流通濠和清水河煤田栋木沟两个矿区。武川县流通濠煤炭矿区的勘查区总面积为28.37km²，可采煤层1层，平均厚度为6.6m，可采范围达2.43km²，控制程度达到提交详查报告要求，圈定的总资源储量为12.87Mt。清水河煤田栋木沟矿区的勘查区总面积为25.03km²，可采煤层3层，平均总厚度为9.88m，均为局部可采煤层，勘查区控制程度达到勘探程度要求，圈定的总资源储量为47.19Mt。③

2. 太阳能资源

内蒙古自治区位于我国北部，太阳能资源在全国占比超过1/5，太阳能年

---

① 《2023年内蒙古自治区常住人口主要数据公布 呼和浩特市2023年末常住人口360.41万人，同比增长1.49%，城镇化率80.72%》，http：//www.huhhot.gov.cn/2022_zwdt/zwyw/2024 03/t20240327_1677631.html，最后检索时间：2024年8月29日。
② 数据来源：《呼和浩特市2023年国民经济和社会发展统计公报》。
③ 马强：《呼和浩特市煤炭工业现状与发展》，《内蒙古煤炭经济》2016年第Z1期。

总辐射量为 1342~1948kWh/㎡，年日照时数为 2600~3400 小时，太阳能资源可开发量居全国第二。全区太阳能资源分布呈自东向西递增特点，其中，呼和浩特市年太阳总辐射量为 6241.19MJ/m²，居全区首位。呼和浩特市平均海拔为 1050 米，晴天多，日照时数长，太阳辐射强，太阳能资源储量大，全年日照平均为 2800~3100 小时，日照辐射量仅次于青藏高原，属于四类地区，分布特点为平原高于山区。全市年均水平面辐射量在 1627MJ/m² 左右。其中，托克托县年均水平面辐射量最大，为 1785.01MJ/m²，清水河县年均水平面辐射量最小，为 1551MJ/m²。呼和浩特市属于太阳能稳定地区。

3. 风能资源

内蒙古是全国风能资源最丰富的区域之一，风能的总储量达 8.98 万千瓦，可开发利用量高达 1.5 亿千瓦，占全国储量的 40%。呼和浩特市地势东北高、西南低。地形有山区、丘陵、平原，东与卓资县、凉城县毗邻；南与和林县、土左旗接壤。地形有山区、丘陵、平原。呼和浩特市的气候类型为温带大陆性季风气候，春季干旱多风，夏季温热短促而降水集中，秋季迅速降温，冬季寒冷干燥。呼和浩特市春季以刮风为主，特别是在 5 月超过 3 级的风力极为常见，而全年更有 65 天为大风天气。呼和浩特市年有效风能密度为 134W/m²，年有效风能时数为 2660 小时。土默特左旗年有效风能密度为 104W/m²，年有效风能时数为 2909 小时；托克托县年有效风能密度为 67W/m²，年有效风能时数为 3569 小时；武川县年有效风能密度为 157W/m²，年有效风能时数为 4735 小时；和林格尔县年有效风能密度为 72W/m²，年有效风能时数为 2427 小时。清水河县年有效风能密度为 60W/m²，年有效风能时数为 3551 小时。

4. 水能资源

呼和浩特市属于黄河流域，全市有大黑河、浑河等主要支流及季节性山间小溪和干沙河，地表水贫乏，地下水较丰富。呼和浩特市北部和东部山地地下水位为基岩裂隙潜水，埋深不稳定，水质好，涌水量不大，是本区地下水的补给区。山前由洪积扇裙组成的山前倾斜平原的地下水为孔隙潜水，埋深浅，水质好，径流条件好，水量较为丰富，是呼和浩特市供水的主要来源。呼和浩特

市主要有黄河、大黑河、小黑河、什拉乌素河等 21 条河流，河流的总长度为 1155 千米；主要有万家沟水库、石咀水库、五一水库等。哈素海是呼和浩特市辖内最大的湖泊，有"塞北西湖"之称，总面积为 32 平方千米。

5. 地热资源

呼和浩特市地处呼包盆地东部，地热特征表现为受构造和沉积地层控制，并且以地层岩性控制为主、构造控制为辅。其地热田类型为沉积盆地型中低温地热田，尤其是沿大青山山前大断裂及其附属断裂，从地热生成要素和水源补给角度看，具备良好的地热资源开发利用潜力。"十三五"期间，呼和浩特市发现特大型地热田。一处在和林格尔县辖内。2020 年 12 月，地质勘探队在和林格尔新区的白垩系地层中成功钻探出了一口地热井，这块地热田的面积足有 360 平方千米，井水喷涌出来后测量的温度高达 62 摄氏度，每天可以涌出地热水 4030 立方米，水头高度足有 110 米。另一处在呼和浩特土左旗辖内。2021 年 7 月，内蒙古地质调查院在呼和浩特市土默特左旗塔布赛乡打出优质地热井，井深 2551.98 米，井口出水温度 75℃。地质专家认为，该井为目前全区盆地型热储最大自流量、最大单产流量和最大地热产能的地热井。①

（二）能源生产现状

聚焦建设国家重要能源和战略资源基地，呼和浩特市加快推动工业产业发展，培育了在全国具有较强竞争力的六大产业集群，即绿色农畜产品加工、清洁能源、新材料和装备制造、现代化工、生物医药、电子信息技术等产业集群。2023 年，呼和浩特市原煤产量首次突破 1000 万吨，焦炭产量实现翻番，发电量较上年净增百亿千瓦时以上；全市原煤产量为 1089.5 万吨，比上年净增 167.1 万吨，同比增长 18.1%；全市规模以上工业焦炭产量达 388.1 万吨，比上年净增 216.6 万吨，增速达 126.3%，实现了产量翻番。②

① 《发现特大型地热田：呼和浩特市是不是未来的"地热之城"？》，https：//baijia hao. baidu. com/s？id=1722348557617502300&wfr=spider&for=pc，2024 年 8 月 29 日。

② 《【数据解读】2023 年呼和浩特市规模以上工业能源产品全面增长》，http：//www. huhhot. gov. cn/ztzl/yhyshj/zcjd/202401/t20240126_1652930. html，2024 年 1 月 26 日。

（三）工业发电的特点

工业发电是反映经济发展和能源转型的重要指标。随着全球对可持续发展和环境保护的重视，工业发电领域经历着从高碳化石能源向零碳可再生能源的转型，这一转型不仅有助于减少碳排放，促进环境质量提升，同时也能为经济发展注入新动力。2023年，呼和浩特市规模以上工业累计发电727.2亿千瓦时，比上年净增104.3亿千瓦时，同比增长16.8%，增速快于上年增速（2022年为3.8%）13.0个百分点。发电情况好于上年，整体呈增幅扩大态势，具有以下三个方面的特点。第一，火力发电占比超九成，拉动增长作用显著。火力发电660.6亿千瓦时，同比增长16.2%。火力发电占全市规模以上工业总发电量的比重超过九成，拉动全市规模以上工业发电量增长14.8%，增长贡献率88.1%。火力发电仍是全市规模以上工业发电量快速增长的主要力量。第二，余热余压回收发电大幅增长，实现节能降碳。全市规模以上工业余热、余压发电6.1亿千瓦时，同比增长312.4%。目前，全市有6家企业拥有余热、余压回收再发电设施，主要涉及炼焦、炼油、水泥熟料生产和垃圾发电行业。全市规模以上工业余热、余压发电大幅攀升，主要是炼焦企业干熄焦余热回收发电项目投产，实现了余热、余压回收再利用。第三，清洁能源发电快速增长，发电比重提升。清洁能源发电量占全市规模以上工业发电量的9.2%，比2022年提高了0.4%。全市规模以上工业清洁能源发电66.6亿千瓦时，同比增长22.3%，快于全市规模以上工业发电量增速5.5%。全市规模以上工业风电、水电和太阳能发电量分别为40.6亿千瓦时、14.0亿千瓦时和12.0亿千瓦时，同比分别增长37.9%、6.5%和1.0%。其中，从占比和发展速度看，风电仍是清洁能源的主力。[①]

---

① 《【数据解读】2023年呼和浩特市规模以上工业能源产品全面增长》，http://www.huhhot.gov.cn/ztzl/yhshj/zcjd/202401/t20240126_1652930.html，2024年1月26日。

二 呼和浩特市新能源多元化迅速发展

近年来，呼和浩特市新能源产业呈多元化发展态势，率先推进能源资源总部基地和绿电消纳利用示范区建设，成为当地经济高质量发展的新引擎。呼和浩特市紧抓新能源开发，全力打造新能源装备制造产业集群，风电、光伏装备产业初具规模，新材料和装备制造产业集群实施多个项目，总投资额巨大。同时，呼和浩特市积极布局储能装备产业，形成了较为完整的储能产业链条，集聚了多家行业领军企业。此外，呼和浩特市依托自身的资源禀赋优势大力发展绿电，推动绿电外送，高标准地推进风电光伏外送大基地建设，为京津冀、长三角输送了大规模的清洁能源。2023年12月发布的《呼和浩特市"四五"新能源发展规划》中将呼和浩特市定位为内蒙古自治区新能源及配套产业开发的重要区域，规划的新能源类型以风电、光伏为主。

（一）能源结构调整，清洁能源的占比提升，发电结构优化

党的十八大以来，呼和浩特市加快建设能源总部基地，新能源发电呈高速增长态势。全市新能源发电由2012年的10.3亿千瓦时增加到2021年的62.8亿千瓦时，年均增速达22.3%。2021年新能源发电增速高达53.8%。①其一，清洁能源发电快速增长。2024年1~6月，全市风、光、水等清洁能源发电同比增长43.5%，占规模以上工业发电量的比重提高到12.6%。2024年1~7月，清洁能源发电量占发电总量的比例提升至11.8%，较上年同期提高2.4个百分点。其二，发电结构不断优化。在火力发电中，余热余压发电和垃圾焚烧发电的增速较快，有效地提高了能源利用效率。同时，风力发电的增势迅猛，成为清洁能源发电的重要增长点。

---

① 刘丽霞：《首府新能源发电：十年磨剑铸辉煌》，《呼和浩特日报（汉）》2022年9月15日。

其三，原煤生产下滑，原油的加工量同比下降，进一步凸显了能源结构的转变。

（二）现代化工产业加速升级

呼和浩特市依托中石油呼和浩特石化 500 万吨炼油、久泰 100 万吨乙二醇、旭阳中燃 300 万吨焦化制氢等项目，推动石油化工、煤化工、煤焦化工、氯碱化工、硅化工等 5 条产业链耦合发展，"能化一体"加速转型，形成了"横向耦合、纵向闭合、产业共生"的循环经济新模式。围绕石化产业城、煤基新材料产业园、化工循环产业园"一城两园"，按照"调结构、促转型、补链条、聚集群、育新品"的思路，主推存量化工向纵向延伸、横向耦合和产品结构优化，实现工业产值成倍增加、产业布局不断优化、能耗强度显著下降，将呼和浩特市打造成全区"油化一体"产业先行地、化工新材料产业集聚地、化工园区循环化改造示范地。呼和浩特市集聚上下游企业 40 家，拥有国家和自治区、市级研发平台 7 个。2023 年，全市现代化工产业集群完成产值 400 亿元。[①]

（三）新材料和现代装备制造产业创新发展

呼和浩特市的中环产业城是全国领先的硅材料研发制造基地，拥有年产单晶拉棒 112GW、切片 45GW、电子级单晶硅 2500 吨的生产能力。目前，呼和浩特市的电子级单晶硅产能占全国的 26.5%，光伏级单晶硅占全球的 23%、半导体单晶硅占全国的 30%。全市加快推进中环产业城、华耀光电等项目建设，积极布局硅材料产业链项目，从单纯原料端向切片、磨片、抛光、清洗等下游环节延伸，形成了光伏材料、半导体材料"双轮驱动"和中环产业城、华耀产业园"双区互动"的发展格局。2023 年，呼和浩特市新材料和现代装备制造产业集群完成产值 550 亿元，重点推进国佳纳米新材

[①] 《培育推动"六大产业集群" 做大做强工业经济 2023 年首府经济动能强劲量质并进》，《呼和浩特日报（汉）》2024 年 1 月 26 日。

料产业园二期项目、正泰新能源智能制造项目、阿特斯新能源全产业链项目、鑫环 10 万吨颗粒硅项目、江苏福明光伏新能源智能制造产业项目等 65 个项目，完成投资 185 亿元。①

（四）风电、光伏引领清洁能源产业发展

呼和浩特市牢牢把握"双碳"战略和能源安全两大主线，完善清洁能源产业链条，打造北方地区能源总部基地。呼和浩特市新能源项目发展势头强劲，重点实施阿特斯、正泰、双杰、高登赛等一批产业项目，构建"火风光水储造"全产业链，形成"武川—金山—永圣域—赛罕—旗下营—武川"的 500 千伏的"环首府"电网体系"高速公路"。目前，呼和浩特市火电装机 1236 万千瓦、风电装机 306 万千瓦、光伏装机 166 万千瓦、抽水蓄能装机 120 万千瓦、生物质发电装机 3 万千瓦，新能源装机占比 25.78%。②

在 2020 年 12 月启动的新一轮抽水蓄能中长期规划资源站点普查中，综合考虑地理位置、地形地质、水源条件、水库淹没、环境影响、工程技术及初步经济性等因素，内蒙古自治区有 4 个项目被纳入《抽水蓄能中长期发展规划（2021—2035 年）》中的重点实施项目。呼和浩特市抽水蓄能电站（120 万千瓦）服务于蒙西电网，在电力系统调峰填谷、调频调相、事故备用、助力新能源消纳等方面发挥着重要作用。2022 年，该电站累计发电量为 13.172 亿千瓦时。

近年来，呼和浩特市遵循废弃物减量化、资源化、无害化与生态化的原则，在牛粪和秸秆的资源转化、有效利用方面走出一条可行之路。蒙牛集团澳亚示范牧场拥有我国单机最大的沼气发电综合利用项目。该项目可年产沼气 365 万立方米，发电 621 万千瓦时。可将牧场的全部粪便污水回收利用，经有效处理后产生沼气，利用沼气发电上网，达到污染治理、能源回收与资源再生利用、回收有机肥的多重目的，形成了牧场种植养殖循环经济。另

---

① 《高质量发展，呼和浩特有"硬核力量"！》，《内蒙古日报》2023 年 11 月 22 日。

② 《呼和浩特市新能源装备制造业蓄能起势》，http：//www.huhhot.gov.cn/2022_zwdt/bmdt/202406/t20240618_1726962.html，2024 年 6 月 18 日。

外，和林格尔县盛乐园区丰华热力有限公司在盛乐经济园区投资建设的生物质热电项目，可充分利用该县丰富的柠条资源。和林格尔县拥有适宜柠条生长的环境，经过几年的种植，柠条种植面积达到了150万亩以上。该项目能让遍地生长的"野草"变废为宝。

（五）风光制氢潜力巨大

作为国家重要的能源和战略资源基地，内蒙古不仅煤制氢、化工副产制氢等制氢资源丰富，而且风光等可再生能源制氢潜力巨大。2022年7月，内蒙古发布风光制氢实施细则，2022年内蒙古自治区共批复9个风光制氢一体化项目，建设风电338.2kW、光伏123.9万kW。[1] 2022年2月，内蒙古发布《内蒙古自治区"十四五"氢能发展规划》，提出要重点打造"一区、六基地、一走廊"的氢能产业布局，确保氢能产业可持续发展，打造全国绿氢生产基地。该规划提出，要重点打造"一区、六基地、一走廊"的氢能产业布局。"一区"是以鄂尔多斯市为中心，带动呼和浩特、包头和乌海等城市群，构建鄂呼包乌氢能产业先行示范区。"六基地"包括呼和浩特打造自治区氢能技术研发基地等。"一走廊"是指到2030年，建成贯通内蒙古自治区的东西氢能经济走廊。内蒙古提出打造"北疆绿氢城"的新名片，计划到2025年初步形成国内领先的氢能制取、储运和应用一体化发展的产业生态集群，成为国内领先、国际知名的氢能产业发展聚集地。

三 呼和浩特市能源转型中存在的问题

近年来，以建设国家重要能源和战略资源基地为主要任务，呼和浩特市

---

[1] 《内蒙古31个风光制氢项目批复详情!》，https://www.sohu.com/a/640829489_703050，2023年2月15日。

坚定不移地以生态优先、绿色发展为导向，着力探索能源产业绿色转型，取得了一定的成效，同时，也存在一些问题，应当引起重视。

（一）能源转型处于起势阶段，有待深入推进

近年来，呼和浩特市能源转型投资大、项目多，整体上能源转型尚处于起势阶段，有待深入推进。新能源产业投资规模较大，投资回收期较长，建设前期需要大量资金支持，企业成本压力较大，包括用地成本、设备成本、技术成本等。例如，传统火电厂配套新能源发电首先面临的就是用地压力；其次是需要购进大量新能源设备，且技术研发方面也需要大量资金支持，风险高，与原火电模式相比，一次性投入成本增加。加之新能源发电投资回收期较长，如太阳能发电投资回收期为5~10年，风能发电为8~13年。尽管政府已经投入了大量的资金和资源来推动新能源产业发展，但这些投入仍然不够，新能源的研究和应用仍然需要更多的资金和资源。

（二）政策支持不健全

政府是产业发展的第一推动力，新能源产业的可持续发展需要政府的合理规划和大力支持。据调查，有超过一半的新能源企业认为新能源产业政策有待重视，认为新能源产业布局分散、产业链结构不合理，政府服务体系有待完善。此外，新能源产业项目在建设中存在相关证照迟迟不予办结、招商引资项目约定的落地费和用地补贴兑现周期长，以及接入相关配套基础设施困难等问题，可见，呼和浩特市新能源发展的营商环境有待完善。

（三）在全区能源转型中的引领作用不足

受到资源的限制（包括土地面积的限制），呼和浩特市新能源发展在全区的占比不高，在全区能源转型中的引领作用不足。例如，从呼和浩特市的风电发展情况来看，在全区中呼和浩特市新能源发展较慢。风电装机容量方面，2022年，内蒙古自治区风电新增并网装机容量为572万千瓦，主要集中在巴彦淖尔市、包头市、通辽市、乌兰察布市和锡林郭勒盟6个盟

（市）。分盟（市）看，2022 年底累计并网装机容量均超过 400 万千瓦，呼和浩特市累计并网装机容量仅为 119 万千瓦，无新增并网装机容量；分旗（县）看，累计并网装机容量超过 100 万千瓦的有 18 个旗（县），呼和浩特市的武川县在列，累计并网装机容量为 108 万千瓦。风电年发电量增长方面，2022 年，内蒙古自治区风电年发电量达到 1077 亿千瓦时，同比增长 11.4%。分盟（市）看，风电年发电量超过 100 亿千瓦时的有锡林郭勒盟、赤峰市、乌兰察布市、巴彦淖尔市、包头市和通辽市，其中，风电年发电量同比增长最快的是兴安盟，增长 55.6%，而呼和浩特市风电年发电量为 30 亿千瓦时。①

（四）区域合作有待深入

呼和浩特市在新能源发展方面的区域合作尚处于起步阶段。2023 年 11 月，呼和浩特市新能源"1+2+N"产业链生态联盟成立。该联盟的成立是为了推动能源企业进行深度合作，促进企业用能结构持续优化。在成立大会上，内蒙古能源集团有限公司、内蒙古电力（集团）有限责任公司与 18 家产业链企业签署了新能源产业链生态联盟战略合作协议。2023 年 12 月，内蒙古自治区人民政府发布《关于推动呼包鄂乌一体化发展若干举措的通知》，提出全产业链打造"风光氢储车"产业，加快建设大型风电光伏基地，协同建设呼包鄂新能源装备基地，统筹布局风电、光伏、氢能、储能装备配套产业，支持新能源装备制造企业依托新增负荷按照六类市场化实施细则开发市场化新能源消纳项目，推动建设氢硅产业应用与安全技术创新中心。

（五）新能源的消纳能力不足

风电利用小时数方面，2022 年，内蒙古自治区风电年平均利用小时数

---

① 内蒙古自治区能源局、水电水利规划设计总院编《内蒙古自治区可再生能源发展报告 2023》，中国经济出版社，2023。

为 2532 小时，较 2021 年增加 102 小时，增长 4.2%，其中，全区 4 个盟（市）年平均利用小时数较 2021 年有所增长，其中，兴安盟、鄂尔多斯市、巴彦淖尔市 2022 年平均利用小时数位居全区前三，分别为 3303 小时、2876 小时、2637 小时，呼和浩特市为 2416 小时。太阳能发电利用小时数方面，2022 年，内蒙古自治区太阳能发电年平均利用小时数为 1610 小时，较 2021 年增加 51 小时，约增长 3.3%，其中，乌兰察布市、鄂尔多斯市、包头市 2022 年平均利用小时数位居全区前三，分别为 1767 小时、1710 小时和 1671 小时，而呼和浩特市为 1576 小时。

（六）技术开发不成熟

新能源产业发展对高精尖技术依赖度较高，如太阳能、风能、地热能等的收集、转化和储存技术，以及如何根据不同地区气候特点自适应调整产品应用模式从而实现较高的生产率等创新型技术。这些技术的研发和应用都面临着不小的难题。

四 坚持"三个基地"的发展定位，推进呼和浩特市 能源产业绿色转型

加快能源绿色低碳转型发展，既是新发展阶段能源资源地区培育壮大新发展动能、锻造产业竞争新优势的内在要求，也是探索做好现代能源经济这篇文章，加快推进人与自然和谐共生现代化的使命担当。在"双碳"目标下，按照内蒙古自治区赋予呼和浩特市"三基地"的发展定位，承担起能源基地建设的重任，完善能源转型政策，加大资金投入，进一步加强区域合作，增强新能源的消纳能力，推动技术创新，从而发挥出引领能源产业转型的作用。

（一）以能源安全战略为指引，加快能源基地建设

能源安全具有全局性、战略性，影响国家经济社会的发展，与国家的

繁荣发展、人民生活的改善和社会的长治久安息息相关。2014 年 6 月，习近平总书记创造性地提出了"四个革命、一个合作"能源安全新战略，为新时代我国能源高质量发展提供了根本遵循。作为我国重要的能源和战略资源基地，内蒙古能源产业的发展要在保证国家的能源安全和支持经济发展的前提下，完成绿色低碳转型。一方面，煤炭行业要推进煤炭减量和清洁生产，将煤炭行业的发展纳入国家能源转型大局之中，持续增强供应保障能力，保障国家能源安全的基础更加牢固；另一方面，煤炭行业要坚持生态优先、绿色低碳的高质量发展，协同推进降碳、减污、扩绿、增长，大大提升煤炭清洁、高效的开发利用水平，助力呼和浩特市实现绿色发展，在能源推动地区经济发展的同时，积极主动地探索适宜的新经济增长点。

（二）完善能源转型相关政策、规划，加强能源治理

从宏观战略上讲，能源转型是政府大力推动的战略，具有较强的约束力，应当重点解决以下三个方面的问题。一是电源与电网的接入问题，电要发得出，更要送得走；二是处理好传统能源与新能源之间的统筹关系，注重产业结构调整，要在处理好产业链、供应链安全的同时，加快淘汰落后产能，推动低碳发展和循环发展；三是控制好对新能源的有效利用，推进能源资源总部基地和绿电消纳利用示范区建设。从能源治理来讲，地方政府应在国家提出的能源发展战略目标和实施方案的基础上，制定具体的能源发展规划，自上而下地实现能源治理，在树立节能低碳发展理念的前提下，完善全市的能源发展政策。

（三）加大资金投入，发挥引领作用

目前，限制新能源产业发展的关键因素除了技术就是资金，新能源项目投资巨大，且回收期长，这不仅使企业承担较大风险，融资机构也会承担一定风险，影响了金融机构对新能源融资的积极性。建议政府和金融机构建立完善的绿色融资机制，例如绿色债券、绿色信贷等，引导资本流向低碳、环

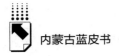

保、可持续发展等领域，为新能源企业提供更多的融资渠道。同时，政府和金融机构可以引入风险投资，为新能源企业提供更大的风险资本支持力度。通过风险投资的方式，可以为新能源企业提供更多的创新空间和市场机会，从而促进其健康、可持续发展。

（四）加强区域合作，着力建设呼包鄂新能源装备基地

呼和浩特市新能源"1+2+N"产业链生态联盟的成立和《内蒙古自治区人民政府关于推动呼包鄂乌一体化发展若干举措的通知》的发布，都是推动新能源区域合作的举措。呼和浩特市既要推动呼包鄂乌一体化发展，又要注重加强与区外的合作和交流，还应积极参与共建"一带一路"，拓展开放型经济发展新空间，坚持高质量发展。

（五）增强消纳能力，提高新能源利用效率

新能源的不稳定性和间歇性使得储能问题成为未来一个必选方向，但目前全市储能项目建设相对滞后，成本、技术、安全性等不确定因素较多，难以与风电、光伏等新能源发电设施配套运行，形成安全、稳定的新能源电力消纳、存储模式难度较大。未来如何有效地储存和利用新能源是呼和浩特市能源转型中亟待解决的问题。

（六）推动科技创新，加速新能源研发

技术直接关系到能源转型效果，新能源发展的关键在核心技术，因此，应当进一步加强支持企业掌握核心技术的政策引导。一方面，进一步完善新能源科技创新体制，推动基础科研和核心技术攻关，加大科研投入和政策支持力度，设立新能源研发专项基金，鼓励各级财政贴息支持新能源研发；另一方面，以促进创新为导向，鼓励新能源领域的自主创新，推动能源新技术、新产业的颠覆性创新。

参考文献

内蒙古自治区能源局、水电水利规划设计总院编《内蒙古自治区可再生能源发展报告 2023》，中国经济出版社，2023。

邓铭江、明波、李研、黄强、李鹏、吴萌：《"双碳"目标下新疆能源系统绿色转型路径》，《自然资源学报》2022 年第 5 期。

包海花：《内蒙古经济增长的能源依赖性研究》，《经济研究参考》2018 年第 17 期。

赵元凤、刘春梅：《内蒙古能源产业绿色化发展研究》，《前沿》2020 年第 3 期。

索米娅、马军：《"双碳"背景下内蒙古加快推进新能源基地建设路径探讨》，《内蒙古工业大学学报》（自然科学版）2023 年第 6 期。

B.19
农牧交错带绿色转型调查报告

——以科尔沁左翼后旗为例

文 明[*]

摘　要： 科左后旗地处内蒙古通辽市南部，科尔沁沙地东端与松辽平原的连接带，其自然生态资源丰富，人文资源多样。全旗以农牧业为支柱产业，以旅游业为优势产业，是典型的农牧交错带。党的十八大以来，科左后旗经济社会有了长足的发展，然而与全国、全区和通辽市平均水平相比，不管是地方经济，还是居民生活水平，都存在不小差距。新时代，科左后旗要准确把握战略定位，充分认清旗情，有效发挥生态建设、绿色发展的基础优势，通过建设多维生态安全屏障、建设绿色农畜产品基地、创建生态文化旅游新高地，探索传统产业转型升级路径，努力打造新能源基地，推动科左后旗美丽乡村全面振兴。

关键词： 生态建设　农畜产品　旅游　绿色转型

　　《中共中央关于进一步全面深化改革　推进中国式现代化的决定》明确提出，城乡融合发展是中国式现代化的必然要求。必须统筹新型工业化、新型城镇化和乡村全面振兴，全面提高城乡规划、建设、治理融合水平，促进城乡要素平等交换、双向流动，缩小城乡差别，促进城乡共同繁荣发展。可见，乡村全面振兴不能就乡村谈乡村，也要谈以城乡融合发展促进乡村振

* 文明，内蒙古自治区社会科学院牧区发展研究所所长、研究员，主要研究方向为牧区发展、生态文明建设等。

兴，更要谈乡村如何立足自身资源禀赋，牢牢把握战略定位，找准突破口和增长点，实现乡村全面振兴。

科左后旗，地处内蒙古通辽市南部，科尔沁沙地东端与松辽平原的连接带。据第七次全国人口普查结果，2020年11月，科左后旗常住人口32.14万人，比第六次全国人口普查数据少57799人，减少15.24%。其中，汉族人口为8.42万，占26.20%，其他民族人口23.72万人，占总人口的73.80%，是自治区县域蒙古族人口最集中的地区之一，是内蒙古自治区33个牧业旗之一。

从自然资源禀赋来看，科左后旗总土地面积1724.9万亩，其中，耕地占22.78%、林地占15.4、草地占50.48%，合计为88.65%。有少量的煤炭资源、硅砂资源、风能和太阳能资源，以及较为丰富的疏林草原、原始森林、湖泊、沙漠、民族风情及文物古迹等旅游资源，是以农牧业为支柱产业、以旅游业为优势产业的旗县。统计数据也证实了这一点。2023年科左后旗实现地区生产总值142.93亿元，其中第一产业增加值63.52亿元，占44.4%；第二产业增加值17.80亿元，占12.5%；第三产业增加值61.61亿元，占43.1%，人均GDP达46106元。从居民生活水平看，2023年全体居民人均可支配收入达到24641元，其中城镇居民人均可支配收入35923元，农村居民人均可支配收入达19581元；城镇居民人均消费支出20950元，农村居民人均消费支出16663元。

表1 2012~2022年科左后旗主要经济指标变化情况

年份	地方生产总值（万元）	人均生产总值（元）	三产比例	公共财政预算收入（万元）	公共财政预算支出（万元）	城镇居民人均可支配收入（元）	农村居民人均可支配收入（元）
2012	1425034	35110	19.6 : 49.2 : 31.2	27514	227101	15706	7554
2016	1704874	46034	19.7 : 40.1 : 40.2	42452	305462	23059	10242
2022	1340726	42562	45.9 : 10.6 : 43.5	26521	365398	33922	17997

资料来源：内蒙古自治区、通辽市、科左后旗统计公报。

一 "五大任务"战略定位中的科左后旗

2024年6月6日，《人民日报》刊发自治区党委书记、自治区人大常委会主任孙绍骋署名文章《落实"五大任务" 推动高质量发展》，是内蒙古自治区党委在新征程上学习贯彻习近平总书记重要讲话精神，完整、准确、全面贯彻新发展理念，以铸牢中华民族共同体意识为主线，落实习近平总书记和党中央关于把内蒙古建设成为我国北方重要生态安全屏障、祖国北疆安全稳定屏障，建设国家重要能源和战略资源基地、农畜产品生产基地，打造我国向北开放重要桥头堡的战略定位的再表态再部署。

"五大任务"战略定位关系每个地区，每个地区有不同的侧重点。首先，从建设我国北方重要生态安全屏障的角度看，科左后旗作为科尔沁沙地东端与松辽平原的连接带，是内蒙古高原向松辽平原的过渡带，是历史上科尔沁草原的主要组成部分，是当下科尔沁沙地治理的重点区域。2023年6月，习近平总书记在巴彦淖尔市部署"三北"工程三大标志性战役。科左后旗沙地面积约1160万亩，占通辽市沙地面积的1/4，是打好科尔沁沙地歼灭战的主战场之一。同时，科左后旗集多种生态系统于一体，是通辽市最重要的生态屏障区。比如，根据国土"三调"数据，科左后旗天然草地面积472万多亩，约占通辽市草原面积的20%；林地面积386万亩，占全市林地面积的18%；湿地面积9万多亩，占全市湿地面积的17%；水域面积达29万多亩，占全市水域面积的34%，尤其是湖泊水面占全市的70%以上，是通辽市8个旗县中生态功能最齐全的旗。其次，从北疆安全稳定屏障的角度看，科左后旗处在蒙辽吉三角地带，是通辽市南大门，也是蒙东地区连接东北三省的重要窗口，生活着蒙、汉、回、满、朝等29个民族，是历史上民族交往交流交融最频繁的区域之一。最后，从建设国家重要农畜产品生产基地的角度看，作为传统的农牧业旗，科左后旗是国家产粮大县，2023年粮食产量达到140万吨以上，其中玉米产量达129万吨，在全区名列前茅；同时也是养殖大县，素有"黄牛之乡"的美誉，是科尔沁黄牛——中国西门塔尔牛的主产区,"科左后旗黄牛"已经获得生态原产地保护产品认证。2023 年牛肉产量达 4 万吨,牛存栏达 76.4 万头,分别占通辽市牛肉总产量和牛存栏总数的 20% 和 28%。

此外,在自治区层面,科左后旗在向外开放和战略资源基地建设方面也有优势。比如,作为蒙东地区连接东北三省的重要交通枢纽,科左后旗交通便利,是自治区向东北经济区、环渤海经济区,向辽宁各港口城市开放的重要窗口。再如,科左后旗硅砂资源储量丰富,且有一定的产业基础,以石油压裂砂、覆膜砂、玻璃砂等为主要产品,销往东三省、山东、天津、重庆、浙江等地。在推动新能源装备制造和光伏材料产业发展过程中,科左后旗硅砂产业也有一定优势。

二 新征程上科左后旗推动乡村全面振兴的有利条件及制约因素

为了更好地了解科左后旗整体发展状况及推进乡村振兴情况,近年来笔者先后深入科左后旗努古斯台镇、阿古拉镇、查日苏镇、茂道吐苏木、散都苏木等进行调查。总的来看,近年来,科左后旗百姓生活发生了翻天覆地的变化,而这些变化带给当地群众更加现代化的生产和更加富裕的生活。然而,通过与全市、全区和全国平均水平的纵向比较可以发现,科左后旗经济社会发展水平仍有待提高,因缺乏可开发自然资源,第二、第三产业发展相对滞后,经济结构仍以第一产业为支撑。

表 2 科左后旗主要经济指标与其他区域的对比

区域	人均GDP(元)	财政自给率(%)	居民人均可支配收入(元)			居民人均消费支出(元)		
			全体居民	城镇居民	农村居民	全体居民	城镇居民	农村居民
科左后旗	46106	9.77	24641	35923	19581	17511	20950	16663
通辽市	57056	19.60	30504	41592	21667	21268	26651	17165
全区	102677	45.23	38130	48676	21221	27025	32249	18650
全国	89358	78.95	39218	51821	21691	26796	32994	18175

资料来源:全国、内蒙古、通辽市及科左后旗 2023 年统计公报。

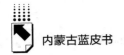
当然，以传统农牧业为主的经济结构较好地保护了科左后旗生态系统的完整性和民族文化的原生性，为科左后旗选择以生态优先、绿色发展为导向的高质量之路提供了绝佳的平台。

（一）科左后旗保存较完好的原生态自然环境和未受污染的农牧业资源为生态安全屏障建设、农牧业和旅游业发展提供了得天独厚的物质基础

一方面，科左后旗集山、林、田、湖、草、沙、湿等原生态自然景观于一体，尤其是通过近20年的封沙育林、植树造林、退牧还草、休牧禁牧等生态建设和环境保护，曾一度严重退化的沙地植被得以恢复，森林覆盖率显著提高，水环境明显改善，为发展以自然景观为主的旅游业提供了绝佳的旅游资源。另一方面，数十年来科左后旗农牧民注重兼顾精耕细作与保护土壤的耕作方式，很多地方依然坚持采用传统施肥方式以保护土地肥力，少用塑料铺膜等，有效避免农药污染和白色污染。加之，当地没有重污染，或者说没有工业企业，农牧业资源免受工业污染，为发展绿色无污染农畜产品提供了有利条件。

（二）科左后旗勤劳智慧的农牧民群众以及其保存完好的民族文化为当地发展注入源源不断的人才驱动和精神支柱

人力资源是发展的原动力，只有实现人的全面发展才能带动地区经济社会的全面发展，而教育对实现人的全面发展的作用是毋庸置疑的。科左后旗农牧民十分重视子女教育，即使在义务教育还未普及的那个年代，当地群众也会尽量供孩子读书至初中毕业，使得当地劳动力的整体素质得到普遍提高，也培养出许多有识之士。同时，由于地域相对偏僻，当地农牧民性格相对内向，中青年劳动力外出比例相对较低，劳动力年龄结构和性别比例相对合理，能为当地农牧业生产与旅游发展等提供稳定的人力资源支持。当然，文化本身也是一种生产要素。科左后旗民族文化保存完整，极具地区特点的民歌文化（包括乌力格尔、好来宝）、宗教文化（包括萨满教）、那达慕文

化，已成为当地特有的标志性文化符号，为地方经济社会的发展提供源源不断的精神力量。

（三）通过数十年的投入建设，当地交通、通信、水利等基础设施不断完善，能够为地区发展提供便利

目前，科左后旗农牧业水利设施、防护林带、畜牧业棚圈设施、窖池等基本完善，并通过土地集中整治、中低产农田改造、测土配方，以及强化防灾减灾措施等，极大提高了农牧业生产的稳定性和高效性。同时，当地有线网络、移动网络、电视广播等通信网络系统已实现全覆盖。尤其是党的十八大以来，公路交通快速发展，四条铁路、三条高速、五条国（省）道贯穿全域，沈阳桃仙机场、通辽机场为出行提供了便利，乘坐高铁直达北京市仅3.5小时、到沈阳市仅1小时，不仅解决了世世代代困扰当地群众的出行难问题，更是为绿色优质农畜产品等的输出，以及外部资源的输入、信息沟通提供了便利。

（四）恰逢我国经济转型发展时期，经济发展中的供给侧结构性改革为科左后旗的发展提供了千载难逢的绝佳机遇

在以创新、协调、绿色、开放、共享为核心理念的新发展观下，传统产业发展进入优化产品结构的调整阶段。科左后旗一直发展生态友好型传统特色农牧业。当下，积极发展以多维生态系统、独具特色的民族文化为依托的生态、文化、民俗旅游业，正逢其时。因此，如何利用好生态资源、人文资源、基础设施优势、已有产业优势，抓住新旧动能转换的关键时期，尽快形成发展优势成为关键。

当然，科左后旗在推进乡村振兴过程中也存在一些制约因素。比如产业结构比较单一，一直以农牧业为主，基本无其他产业，而且基本是养殖科尔沁黄牛、种植玉米的单一种养结构。这种单一的产业结构和种养结构，使农牧民生产和收益极易受到市场波动及极端天气影响。同时，受限于基础设施建设和技术储备，其产业转型和种养结构调整难度很大。近几年科左后旗生

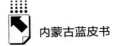

态、民俗旅游有所发展，但覆盖面小、带动力不强，特别是对农牧民生产生活带来的影响小，没有成为富民产业。比如，科左后旗属于自然灾害频发区，并以春夏季旱灾为主，这对旱作农业、放牧畜牧业的影响尤为严重。而近年来，夏季洪涝灾害频发。虽然过去几十年中，当地政府及农牧民不断加强基础设施建设，农牧业防灾减灾能力大大提高，但随着全球暖干化趋势的加剧，极端天气出现频次增多，自然灾害发生概率增加。再如，当地农牧民群众性格内向，安分守己观念比较浓厚，在面对新的市场机遇和产业选择时，仍不能摆脱传统的生产生活方式和思想观念，缺乏沟通交流，难以形成"1+1>2"效果等。

三 科左后旗实现绿色转型，
推动乡村全面振兴的几点建议

每个时代有每个时代的主题，唯独发展才是永恒的。在新时代，科左后旗准确把握新征程上的战略定位，依托丰富多样的自然资源和独具特色的民族文化，推动产业结构绿色转型，发展质量和效益逐步提升，力争建成产业兴旺、生态宜居、乡风文明、治理有效、生活富裕的美丽乡村。

（一）生态建设与资源保护并重，助推以生态保护为优先的绿色发展

以生态文明建设为抓手，以改善民生、惠及民生为主线，使人工建设、围封禁牧和自然封育相结合，以自然恢复为主，有效保护与合理利用相结合，提高森林覆被率和植被覆盖率。科学确定科尔沁沙地歼灭战的作战时间图，发挥农牧民在防沙治沙中的主体作用。要改变以往就生态建设而生态建设的做法，加强生态建设的多目标一致性，即防沙治沙中可以选种有经济效益的林草、选择农牧民能获得收益的产业等，兼顾经济效益和生态效益，调动广大人民群众的防沙治沙积极性。要因地制宜地落实草原生态保护补助奖励机制，合理划定禁牧区和草畜平衡区，加大对严重退化区禁垦禁牧政策的支持力度，使草原生态保护与民生改善实现"双赢"，努力实现人与自然的

和谐共生。保护并建设好大青沟、双合尔湿地、乌旦塔拉五角枫等重点生态资源，整体推进集山水林田湖草沙湿于一体的美丽科左后旗实现以生态保护为优先的绿色发展。建立稳定的应急救援协调联动机制，做到全灾种应对、全链条防范、全天候守护，扎实做好防汛抗旱工作。积极推进智慧水利工程、标准化堤防建设，大力开展河道整治，控导河势，加强河口整治和管理。

（二）推进开展畜牧业结构转型升级，发展以黄牛为主的现代畜牧业

夯实畜牧业发展基础。充分发挥科左后旗农牧相结合的优势，按照农牧结合、适度规模、优势互补、生态优先的原则，使畜禽养殖空间规划与国土利用规划、生态红线保护规划、粮食生产规划及乡村振兴规划等有效衔接。不断加强牲畜棚圈、储草棚、青贮窖等建设。按照适度规模养殖、工厂化标准化养殖的要求，提高农牧户养殖圈舍、设施设备的机械化、智能化程度，转变农牧户的生产经营方式，加强标准化养殖小区建设。提倡中小散户少养精养，且散养与圈养相结合，改善全镇养殖业生产设施条件，提高畜牧业综合生产能力。

紧紧围绕国家、自治区和通辽市产业发展方向，大力发展以科尔沁黄牛为主的现代畜牧业。以养牛大户为重点，充分发挥示范带头作用，辐射带动全旗广大农牧民发展养殖业。积极推行"协会+基地+农户"养殖模式，推进基础母牛扩繁和基础育肥养殖专业户、专业小组、专业嘎查村建设。同时建立育肥牛协会并充分发挥其作用，建设基础育肥示范基地，重点抓示范户，以点带面。推动畜牧养殖业向市场化、专业化、纵深化发展。加大科技投入，实施畜牧良种工程。

适度发展以散养为主、舍饲为辅的生态畜牧业，做强精品生态牛产业。依托得天独厚的沙地草场优势，启动扶持以北部苏木镇为重点的生态牛产业发展。利用蒙、辽、吉三角区域的区位优势，面向中高端消费市场，通过引进、培育龙头企业和合作社方式，努力创建优质牛肉全产业链

追溯体系，实现肉牛养殖—屠宰加工—物流配送—消费终端等全产业链的无缝对接。逐步树立"科左后旗黄牛"即生态牛的信誉品牌，加大对品牌的扶持、宣传和推广力度，鼓励企业、合作社在节点城镇设立专营店、进驻超市专柜，与京东、淘宝等知名电商平台进行合作。启动科左后旗绿色农畜产品品牌建设计划，优先在肉牛、杂粮杂豆等优势主导产业培育生态有机品牌。

坚持生态优先、绿色发展，规避肉牛产业可能出现的"猪周期"。近几年牛肉价格连续下跌，2024年更是出现了小牛犊没人买的现象，很多养殖户因出现亏空而退出肉牛养殖。供需不平衡导致的价格下跌现象不可忽视。当然，当价格下跌到一定程度后，可能因供不应求而出现价格上涨，从而出现养殖规模再度扩大的类似"猪周期"现象。有三个问题值得注意：一是牛肉并非猪肉，不是必需品，很容易被替代；二是牛的繁殖率和出栏周期不同于猪；三是受到进口牛肉的冲击和人均肉类消费量的增加，牛肉消费会回归理性。目前，我国人均肉类消费量超过日韩等周边国家。为此，牛肉价格再反弹的周期会更长，只有绿色生态的适度规模经营才能持续。

（三）及时进行种植业结构转型升级，推动以玉米为主、杂粮杂豆为优势的种植业发展

夯实种植业发展基础。积极响应国家"藏粮于地、藏粮于技"战略，落实最严格的耕地保护制度，加快土地整治、中低产田改造和高标准农田建设。坚持生态优先、用养结合，实施耕地质量保护和提升计划，逐步在适宜区域全面推广应用保护性耕作，推广测土配方精准施肥、秸秆覆盖还田免耕少耕、高性能免耕播种机械等，提高土壤有机质含量，培肥地力。继续加大农田水利基本建设投入，加快甸子地和平缓沙地水利配套设施建设，发展高效节水灌溉。

提升种植业装备和信息化水平。面向种植业规模化、专业化、标准化发展需求，继续推进玉米种植的农机装备和农业机械化转型升级，积极开展以玉米、水稻为重点的农业机械装备集成配套，构建全程机械化技术体系；研

发杂粮杂豆等作物生产配套机械装备，实现机械化与多种形式适度规模经营融合、机械化信息化融合，提高农机装备智能化水平。积极推进信息进村入户，依托通辽市农牧业发展平台，探索"互联网+"现代农业模式，及时监测和发布农业信息，提高农业综合信息服务水平。

准确把握生态资源禀赋和绿色产业基础，推动以玉米为主、杂粮杂豆为优势的种植业发展，不断增加粮豆就地转化、就地加工、就地增值比重。强化农牧循环、种养结合的发展思路，继续推进"粮改饲""粮改经"，不断调整玉米外售与自我消化关系，提高玉米生产效益。积极发展产业化经营，引进玉米产业化龙头企业，重点发展烘干、储藏、脱壳、去杂、磨制等初加工，推进玉米饲料、玉米淀粉、玉米胚芽油、玉米蛋白等加工。适度扩大青贮玉米（包括制种玉米）、杂粮杂豆种植规模，提高杂粮杂豆单产，做强"科左后旗大米"生态品牌。引进一批农产品加工中小微企业及农牧民专业合作社，以"企业+基地""合作社+基地"形式加工转化杂粮杂豆等特色农产品，不断提高初步干燥、分级分拣、初级包装、储藏保鲜等环节的水平和能力。融入地方特色农产品品牌建设中，共享标准化生产和品牌化经营的发展红利。

（四）注重生态旅游、民俗旅游等项目开发，带动以旅游业为驱动的第三产业发展

要充分发挥大青沟、阿古拉、乌旦塔拉五角枫、僧格林沁王府、草甘沙漠等自然资源和佛教、萨满、（叙事）民歌等文化资源优势，全力发展壮大旅游产业，在旅游关联产业项目建设上取得实质性进展，争取把科左后旗生态文化旅游打造成内蒙古、吉林、辽宁三角州地区乃至全国生态文化旅游胜地。

大力发展生态旅游业。要结合科左后旗丰富多样的旅游资源，大力发展生态旅游，拓宽融资渠道，集中力量开发建设大青沟、阿古拉、乌旦塔拉五角枫、僧格林沁王府、草甘沙漠等特色景点，使自然景观与民族风情融为一体，景点更趋生态化、体验更加真实化，要使每个景点都成为旅游"目的

地"而不是"过渡带"。要认识到旅游产业是政府贴钱、百姓受益的产业，积极参与或举办旅游推介会等活动，加大旅游目的地宣传力度。

加强民俗文化旅游。紧抓以"双合尔楚古兰"为主的非物质文化遗产，以双福寺为主的佛教文化，以博为载体的萨满文化，以"整骨"为品牌的蒙医疗养，以"中国马王"为标签的速度马、马具及马文化，以四胡为载体的蒙古族说唱文化等与当地生态旅游的融合，使旅游成为宣传科左后旗文化的主阵地、群众增收的新渠道。

以旅游带动第三产业发展。通过生态旅游、民俗旅游的开发，加快发展旅游周边产品及服务，如民族工艺品、纪念品、餐饮、交通、游乐项目、住宿等。推动当地特色农畜产品加工、推介、销售，以及特色动植物资源的可持续开发利用。积极发展移动通信网络、商贸流通等。通过建设民族风情商贸一条街、游客一条街等特色平台，引进和鼓励一批具有较强带动能力的民营、私营企业和个体工商户发展。通过扩展现有集贸市场规模、增加交易商品品种等，扩大集贸市场影响力，提升集贸市场对当地群众生产生活的服务水平。

充分挖掘并利用网络资源，大力发展网络经济等新经济业态。实施"互联网+"农畜产品销售计划，在农牧业生产、加工、流通等环节，加快互联网技术应用与推广，引导电商、物流、商贸、金融、供销、邮政、快递等各类电子商务主体到科左后旗布局，构建科左后旗购物网络平台。依托农家店、农村综合服务社、村邮站、快递网点、农畜产品购销代办站等电商末端网点实现"村村通"。充分挖掘并发挥网络渠道的宣传推介作用。

（五）努力实现硅砂产业转型升级，塑造地区经济发展的新增长点

科左后旗已探明硅砂储量超过 350 亿吨，占通辽市硅砂资源储量的 64%，占全区硅砂资源储量的 50%，开采储量达 2 亿吨，而且硅砂中二氧化硅的含量高达 90% 以上、精洗砂中二氧化硅的含量在 99% 以上等。科左后旗现有硅砂企业的主要产品为石油压裂砂、覆膜砂、型砂、铸砂、玻璃砂等，主要销往吉林、黑龙江、辽宁、山东、天津、重庆、浙江等地，部分铸

造用砂、石英砂等产品出口至美国、日本、东南亚等国家和地区。然而，科左后旗硅砂产业的年产值只有 1 亿元左右，纳税额度在 1000 万元左右。反观毗邻的彰武县，其硅砂探明储量仅 8.5 亿吨，远景储量 13 亿吨，但其硅砂产业已成为全国性产业，2023 年硅砂产业产值高达 27 亿元。探究两者之间的差距，关键在于产业转型升级。因此，只有在产业转型升级上做足文章，科左后旗硅砂产业才具有更广阔的发展前景。硅砂不仅在玻璃、陶瓷、铸造、建筑等传统领域有着广泛的应用，在新能源、新材料等新兴领域也有更广阔的发展空间。

附　录
党的十八大以来内蒙古自治区
生态文明建设大事记
（2012 年 11 月至 2024 年 8 月）

郝百惠*

2012年

11 月 8 日　中国共产党第十八次全国代表大会在京开幕，会议强调要大力推进生态文明建设：一要优化国土空间开发格局，二要全面促进资源节约，三要加大自然生态系统和环境保护力度，四要加强生态文明制度建设。

12 月 14 日　呼和浩特市通过生态环境部考核验收，成为国家环境保护模范城市。

12 月 17 日　自治区环保厅、政府金融办、保监局联合发布《内蒙古自治区关于开展环境污染责任保险试点工作的意见》，进一步提高全区环境污染风险管理水平。

根据对一批重点监管企业的监督检查结果，自治区生态环境厅印发《关于违法行为从严查处的通知》，要求各企业积极采取有效措施，切实维护污染防治设施与在线监控设施正常稳定运行，确保达标排放。

---

* 郝百惠，博士，内蒙古自治区社会科学院牧区发展研究所助理研究员，主要研究方向为生态修复和生态经济。

12 月 27 日　环保部（现生态环境部）公告内蒙古自治区 24 个乡镇获得 "国家级生态乡镇" 称号。

2013年

9 月 18 日　自治区人民政府办公厅发布全面开展和谐矿区建设通知，进一步规范全区矿业开发秩序，保护环境，保障矿区农牧民利益，促进全区矿业经济科学发展、和谐发展。

10 月 8 日　自治区人民政府办公厅下达各盟市 2013 年节能和碳排放强度降速目标任务。

10 月 19 日　自治区人民政府发布《关于进一步加强城镇园林绿化工作的意见》，加强全区城镇园林绿化工作，提高城镇园林绿化水平，改善人居环境，提升城镇品位。

11 月 18 日　国家重点林业生态建设工程——京津风沙源治理二期工程内蒙古项目启动。

12 月 18 日　自治区政府办公厅印发《内蒙古自治区京津风沙源治理二期工程建设规划》，全区二期工程基本建设总投资 334.64 亿元，其中，中央基本建设投资 196 亿元，地方配套 138.64 亿元。

2014年

1 月 4 日　自治区 2014 年度国家重点功能区县域生态环境质量监测评价与考核工作培训会议在呼和浩特市召开，会议部署了全区 2013 年享受国家重点生态功能区财政转移支付资金的 35 个旗（县）的生态环境质量监测、评价与考核工作。

1 月 20 日　自治区人民政府批转水利厅组织制定的《内蒙古自治区盟市间黄河干流水权转让试点实施意见（试行）》，对河套灌区进行节水工程改造，将农业节约的水量转给沿黄工业项目。

1 月 26 日 习近平总书记到阿尔山市、锡林浩特市、呼和浩特市调研，在了解草产业发展、干旱地区生态恢复和生态环境建设情况后指出，内蒙古大草原是重要生态屏障，保护好这片大草原具有重大战略意义；耐寒耐旱的乡土草种有助于保护内蒙古草原生态环境，要探索一条符合自然规律、符合国情的绿化之路。

8 月 29 日 自治区人民政府办公厅印发《内蒙古自治区 2014—2015 年节能减排低碳发展行动方案》，确保完成全区"十二五"节能减排降碳目标任务。

12 月 19 日 环保部（现生态环境部）信息中心下发通知，授予内蒙古自治区环境信息中心"环境信息化推进示范单位"荣誉称号。

12 月 23 日 国务院办公厅印发《关于公布内蒙古毕拉河等 21 处新建国家级自然保护区名单的通知》，审定内蒙古毕拉河与乌兰坝为新建国家级自然保护区。

2015年

7 月 17 日 自治区人民政府授予呼伦贝尔市阿荣旗、赤峰市喀喇沁旗、鄂尔多斯市伊金霍洛旗首批"内蒙古自治区生态宜居县城示范旗县"称号。

8 月 24 日 呼和浩特市举行"内蒙古环保世纪行"宣传活动启动仪式。

9 月 30 日 自治区人民政府办公厅发布《关于切实加强环境监管执法的通知》，要求严格依法保护环境，推动监管执法全覆盖；强化环境监管，积极推动环境监管网格化建设；推行"阳光执法"，严格规范和约束执法行为；明确各方职责任务，营造良好执法环境；增强基层监管力量，提升环境监管执法能力。

10 月 19 日 自治区人民政府发布《关于水污染防治行动计划的实施意见》，强化源头控制、水陆统筹、河湖兼顾，对江河湖库实施分流域、分区域、分阶段科学治理，系统推进水污染防治、水生态保护和水资源管理。

12 月 27 日 自治区环保厅举行内蒙古重污染天气监测预报预警系统启

动仪式。

12 月 31 日 自治区人民政府办公厅印发《内蒙古自治区农村牧区垃圾治理实施方案》，加快推进全区农村牧区垃圾治理，提高农村牧区垃圾减量化、资源化和无害化水平，全面改善农村牧区人居环境。

自治区人民政府办公厅印发《内蒙古自治区水污染防治工作方案》，切实加大水污染防治力度，改善全区水环境质量，保障水环境安全。

2016年

4 月 19 日 自治区人民政府通告划分水土流失 8 个重点防御区和 7 个重点治理区，提出预防为主、保护优先和因地制宜、综合治理方针，从而有效预防和治理水土流失，保护和合理利用水土资源。

7 月 6 日 自治区人民政府办公厅印发《内蒙古自治区生态环境监测网络建设工作方案（试行）》，围绕"全面设点、全区联网、自动预警、依法追责"，推动加快自治区生态环境监测网络建设。

7 月 14 日 中央第一环境保护督察组对内蒙古自治区开展环境保护督察，并形成督察意见。

10 月 1 日 《内蒙古自治区呼伦湖国家级自然保护区条例》正式实施，对呼伦湖进行 5 年休渔限产，制定每年 1000 吨捕捞限额。

12 月 19 日 自治区人民政府办公厅发布《关于健全生态保护补偿机制的实施意见》，要求森林、草原、湿地、荒漠、水流、耕地等重点领域和禁止开发区、重点生态功能区等重要区域实现生态保护补偿全覆盖，补偿水平与经济社会发展相适应；探索建立起跨地区、跨流域补偿试点，初步建立多元化补偿机制。

12 月 21 日 自治区人民政府办公厅发布《关于进一步加强林业有害生物防治工作的实施意见》，要求切实加强自治区林业有害生物防治工作，有效遏制林业有害生物灾害高发、频发势头，严密防范和控制外来有害生物，保护林业建设成果。

12 月 24 日　自治区人民政府发布《关于全面推进土地资源节约集约利用的指导意见》，要求落实最严格的耕地保护制度和节约集约用地制度，深入推进供给侧结构性改革，提升自治区节约集约用地水平。

2017年

2 月 16 日　自治区人民政府发布《关于构建绿色金融体系的实施意见》，要求积极构建自治区绿色金融体系，创新绿色金融服务，支持绿色产业发展。

5 月 27 日　自治区人民政府办公厅印发《内蒙古自治区生态环境保护"十三五"规划》。

7 月 17 日　自治区环保厅联合发改委发布《关于划定并严守生态保护红线的工作方案》，促进区域生态恢复治理和自然资源保护利用，提高生态产品供给能力和生态系统服务功能，健全生态文明制度体系。

8 月 4 日　自治区人民政府印发《内蒙古自治区绿色矿山建设方案》，推动提高全区矿山资源集约节约利用水平，有效保护矿山生态环境，全面提升矿区土地复垦水平。

9 月 14 日　自治区人民政府授予阿拉善盟阿拉善左旗、通辽市奈曼旗、霍林郭勒市、赤峰市翁牛特旗、赤峰市克什克腾旗、鄂尔多斯市准格尔旗、鄂尔多斯市鄂托克旗"内蒙古自治区生态宜居县城示范旗县（市）"称号。

2018年

3 月 5 日　习近平总书记参加十三届全国人大一次会议内蒙古代表团审议时强调，内蒙古要加强生态环境保护建设，统筹山水林田湖草治理，精心组织实施京津风沙源治理、"三北"防护林建设、天然林保护、退耕还林、退牧还草、水土保持等重点工程，实施好草畜平衡、禁牧休牧等制度，加快呼伦湖、乌梁素海、岱海等水生态综合治理，加强荒漠化治理和湿地保护，加强大气、水、土壤污染防治，在祖国北疆构筑起万里绿色长城。

4 月 2 日　自治区人民政府办公厅印发《关于禁止洋垃圾入境推进固体废物进口管理制度改革工作方案》，全面推进全区固体废物进口管理制度改革，实行固体废物无害化、资源化利用，禁止洋垃圾入境。

6 月 6 日　中央第二环境保护督察组对内蒙古自治区第一轮中央生态环境保护督察整改情况开展"回头看"，针对草原生态环境问题统筹进行了专项督察，并形成督察意见。

6 月 28 日　自治区政府新闻办召开《关于深化环境监测改革提高环境监测数据质量实施方案》新闻发布会，介绍实施方案并回答记者问。

9 月 5 日　自治区人民政府办公厅发布健全完善保护发展森林资源目标责任制的通知，加快建立健全森林资源保护发展长效机制，促进林业可持续发展。

12 月 13 日　生态环境部办公厅发布第二批国家生态文明建设示范区和"绿水青山就是金山银山"实践创新基地名单，阿尔山市被命名为国家生态文明建设示范县；鄂尔多斯市杭锦旗库布其沙漠亿利生态示范区被命名为"绿水青山就是金山银山"实践创新基地。

12 月 20 日　自治区人民政府办公厅发布关于进一步加强全区自治区级及以上工业园区环境保护工作的通知，推动科学优化工业园区规划、产业结构和环评工作，严格项目准入，推进大气污染防治，强化水污染防治，妥善处置工业固废，有效管控环境风险，强化执法监管，认真落实各方责任，全方位保障园区环境质量。

2019年

1 月 11 日　自治区人民政府办公厅印发《内蒙古自治区土壤污染防治三年攻坚计划》，坚决守住影响农畜产品质量和人居环境安全的土壤环境质量底线，以土壤污染状况详查为基础，强化源头监管，加大防治力度和规范化管理，确保全区土壤环境质量持续改善。

自治区人民政府办公厅印发《内蒙古自治区水污染防治三年攻坚计划》，以改善水环境质量为核心，系统推进水污染防治、水资源管理和水生态保护，解决存在的突出水环境问题。

1月14日 自治区人民政府印发《〈呼包鄂榆城市群发展规划〉内蒙古实施方案》，要求呼包鄂地区实施生态工程、联防联治、联合执法制度和重点生态功能区产业准入负面清单制度，推进生态环境共建共保，共筑生态屏障、共治环境污染、共促绿色发展。

3月5日 习近平总书记参加十三届全国人大二次会议内蒙古代表团审议时强调，内蒙古保持加强生态文明建设的战略定力，深化生态文明建设"四个一"的战略地位认识，探索以生态优先、绿色发展为导向的高质量发展新路子，加大生态系统保护力度，打好污染防治攻坚战，守护好祖国北疆这道亮丽风景线。

4月16日 "乌梁素海流域山水林田湖草生态保护修复国家试点工程"启动，包括乌兰布和沙漠治理、乌拉山南北麓林草生态修复、矿山地质环境综合治理、乌梁素海海堤综合整治等在内的17个项目38个子项目相继启动实施。

7月15日 习近平总书记在呼和浩特市、赤峰市，深入社区、林场、农村、高校、机关单位，就经济社会发展、生态文明建设进行考察调研时强调，内蒙古要筑牢祖国北方重要的生态安全屏障，守好这方碧绿、这片蔚蓝、这份纯净，要坚定不移走生态优先、绿色发展之路，世世代代干下去，努力打造青山常在、绿水长流、空气常新的美丽中国。

11月14日 生态环境部办公厅发布第三批国家生态文明建设示范区和"绿水青山就是金山银山"实践创新基地名单，鄂尔多斯市康巴什区、根河市、乌兰浩特市被命名为国家生态文明建设示范市县，兴安盟阿尔山市被命名为"绿水青山就是金山银山"实践创新基地。

11月26日 呼伦贝尔生态环境监测站成立并开启运行。

12月10日 自治区人民政府办公厅发布《关于加强重点湖泊生态环境保护工作的指导意见》，要求以改善湖泊水环境质量为主要目标，从根本上解决湖泊水环境突出问题。

2020年

3月30日 自治区人民政府办公厅印发《坚决打赢污染防治攻坚战2020年重点工作任务责任分工方案》，精准治污、科学治污、依法治污，进一步细化任务、压实责任，确保全区污染防治攻坚战圆满收官。

4月18日 自治区12盟市生态环保公益宣教活动"十百千万"生态环保公益宣教在包头启动。

5月22日 习近平总书记参加十三届全国人大三次会议内蒙古代表团审议时强调，内蒙古要保持加强生态文明建设的战略定力，牢固树立生态优先、绿色发展的导向，持续打好蓝天、碧水、净土保卫战，把祖国北疆这道万里绿色长城构筑得更加牢固。

6月1日 自治区人民政府办公厅印发《内蒙古自治区重污染天气应急预案（2020年版）》，完善自治区重污染天气应急响应体系，加强区域应急联动和联防联控，及时有效应对重污染天气，切实减缓污染程度、保护公众健康。

8月5日 自治区人民政府办公厅印发《内蒙古自治区矿山环境治理实施方案》，进一步加强全区矿山环境治理，加快矿业转型和绿色发展。

10月10日 生态环境部办公厅发布第四批国家生态文明建设示范区和"绿水青山就是金山银山"实践创新基地名单，兴安盟、呼和浩特市新城区、鄂尔多斯市鄂托克前旗被命名为国家生态文明建设示范盟区旗；兴安盟科右中旗、巴彦淖尔市乌兰布和沙漠治理区被命名为"绿水青山就是金山银山"实践创新基地。

11月13日 自治区人民政府印发《内蒙古自治区绿色矿山建设方案》，构建三级联创的工作机制、绿色矿山标准体系制度、生态保护与建设政策保障体系，开展生态脆弱区保护、修复与产业示范，编制相关发展规划，加快绿色矿山建设进程。

12月20日 自治区党委办公厅、自治区政府办公厅印发实施《各级党委和政府及自治区有关部门生态环境保护责任清单》，推动落实生态环境保护党政同责、一岗双责，进一步明确各级党委和政府以及自治区各有关部门生态环境保护工作职责，构建内容完善、边界清晰的生态环境保护责任体系。

12 月 31 日　自治区人民政府发布《关于实施"三线一单"生态环境分区管控的意见》，要求建立以"三线一单"为核心的生态环境分区管控体系，提升生态环境治理体系和治理能力现代化水平。

自治区人民政府发布《关于进一步做好煤田（煤矿）火区采空区灾害治理管理工作的意见》，要求加快治理火区采空区灾害，促进煤矿安全生产，有效保护和治理矿区生态环境，促进矿区土地复垦和生态修复。

2021年

1 月 22 日　自治区生态环境厅召开生态环境新闻发布会，对自治区污染防治攻坚战目标任务完成情况进行发布。

2 月 9 日　自治区人民政府办公厅发布《关于矿产资源开发中加强草原生态保护的意见》，落实最严格草原生态保护制度，切实从制度机制上加强矿产资源开发领域的草原保护管理工作。

2 月 19 日　自治区人民政府办公厅印发《内蒙古自治区生态环境领域自治区与盟市财政事权和支出责任划分改革实施方案》，优化政府间事权和财权划分，建立权责清晰、财力协调、区域均衡的生态环境领域自治区和盟市财政关系，形成稳定的政府事权、支出责任和财力相适应的制度，推进污染防治工作，推动生态文明体制改革。

3 月 5 日　习近平总书记参加十三届全国人大四次会议内蒙古代表团审议时强调，要保护好内蒙古生态环境，筑牢祖国北方生态安全屏障。坚持"绿水青山就是金山银山"的理念，坚定不移走生态优先、绿色发展之路。要继续打好污染防治攻坚战，加强大气、水、土壤污染综合治理，持续改善城乡环境。要强化源头治理，推动资源高效利用，加大重点行业、重要领域绿色化改造力度，发展清洁生产，加快实现绿色低碳发展。要统筹山水林田湖草沙系统治理，实施好生态保护修复工程，加大生态系统保护力度，提升生态系统稳定性和可持续性。

4月1日　自治区生态环境厅联合财政厅印发《内蒙古自治区生态环境违法行为举报奖励办法（试行）》，鼓励公众积极参与环境监督管理，解决人民群众身边的突出生态环境问题，依法惩处违法行为。

4月28日　自治区生态环境厅发布开展内蒙古自治区级低碳试点工作的通知，计划创建一批能发挥示范带头作用的低碳旗县、园区、社区，打造一批近零碳企业、园区示范工程项目，形成可复制、可推广的样板。

6月8日　自治区生态环境厅印发《内蒙古自治区生态环境监督执法正面清单管理制度（试行）》，进一步加强生态环境治理体系现代化建设，推进生态环境监督执法正面清单常态化、制度化，全面提高执法效能。

9月26日　自治区人民政府办公厅印发《内蒙古自治区"十四五"生态环境保护规划》。

10月12日　生态环境部办公厅发布第五批国家生态文明建设示范区和"绿水青山就是金山银山"实践创新基地名单，包头市达尔罕茂明安联合旗被命名为国家生态文明建设示范旗；兴安盟、呼伦贝尔市根河市被命名为"绿水青山就是金山银山"实践创新基地。

11月1日　自治区人民政府印发《内蒙古自治区生态环境厅审批环境影响评价文件的建设项目目录（非辐射类）》，优化全区环评审批权责规定，落实国家和自治区坚决遏制"两高"行业盲目发展的决策部署。

11月9日　自治区人民政府印发《呼包鄂乌"十四五"一体化发展规划》，明确呼包鄂地区统筹水利基础设施建设，共筑黄河"几"字湾生态安全屏障，推动生态共建共保，加强污染协同防治，共促绿色循环低碳发展。

11月16日　自治区人民政府发布《推进气象事业高质量发展的意见》，要求聚焦"监测精密、预报精准、服务精细"，充分发挥气象防灾减灾第一道防线作用，切实保障生命安全、生产发展、生活富裕、生态良好。

11月26日　自治区人民政府发布《内蒙古自治区气象设施和气象探测

环境保护办法》，保护气象设施和气象探测环境，确保气象探测信息的代表性、准确性、连续性和可比较性。

12月24日 自治区人民政府办公厅发布《关于科学绿化的实施意见》，要求科学开展国土绿化行动，有效增强生态系统功能和生态产品供给能力，提升生态系统碳汇增量，促进生态环境改善。

2022年

1月11日 自治区人民政府办公厅发布《关于加强草原保护修复的实施意见》，进一步加大草原生态保护修复力度，加快草原生态恢复，提升草原生态服务功能。

1月30日 自治区人民政府办公厅印发《内蒙古自治区生态环境损害赔偿工作规定（试行）》，推动自治区生态环境损害赔偿工作规范化，依法依规推进行政区域内生态环境损害赔偿案件调查、生态环境损害鉴定评估、赔偿磋商、修复监督管理等工作。

3月5日 习近平总书记参加十三届全国人大五次会议内蒙古代表团审议时强调，内蒙古要积极稳妥推进碳达峰碳中和工作，立足富煤贫油少气的基本国情，按照国家"双碳"工作规划部署，增强系统观念，坚持稳中求进、逐步实现，坚持降碳、减污、扩绿、增长协同推进，在降碳的同时确保能源安全、产业链供应链安全、粮食安全，保障群众正常生活，不能脱离实际、急于求成。

3月17日 兴安盟率先发布内蒙古首份盟市级生态产品总值（GEP）核算成果，"生态身价"达4718.7亿元。

3月25日 中央第三生态环境保护督察组对内蒙古自治区开展第二轮生态环境保护督察，并形成督察意见。

4月28日 自治区生态环境厅印发《生态环境损害赔偿管理规定》。

6月6日 自治区人民政府印发《内蒙古自治区"十四五"节能减排综合工作实施方案》，推动节能减排，协同推进降碳、减污、扩绿、增长，助力实现碳达峰碳中和目标。

6 月 15 日　国家重点林业生态建设工程——京津风沙源治理二期工程内蒙古项目竣工验收。

9 月 16 日　自治区生态环境厅印发《内蒙古自治区生态环境法治宣传教育第八个五年规划》，进一步提高生态环境部门依法行政、依法治污的意识和能力；引导企业树立生态环境法治观念，自觉做到知法懂法、守法经营；增强公众生态环境法律意识，共同参与和监督生态环境保护工作，依法维护自身生态环境权益。

11 月 7 日　内蒙古"三区三线"划定成果通过自然资源部审核启用，将全区超过一半的土地面积划入生态保护红线，72%的土地面积划入生态空间。

11 月 18 日　生态环境部办公厅发布第六批国家生态文明建设示范区和"绿水青山就是金山银山"实践创新基地名单，呼和浩特市、锡林郭勒盟被命名为国家生态文明示范区；巴彦淖尔市五原县、锡林郭勒盟乌拉盖管理区被命名为"绿水青山就是金山银山"实践创新基地。

11 月 21 日　自治区人民政府办公厅印发《内蒙古自治区推动城乡建设绿色发展实施方案》，促进形成绿色发展空间格局、产业结构、生产方式和生活方式，推进碳减排，实现现代化城乡建设。

12 月 30 日　自治区人民政府办公厅印发《内蒙古自治区突发环境事件应急预案（2022 年版）》，完善自治区突发环境事件应对工作机制，严密防控环境风险，有效应对突发环境事件，保障人民群众生命财产安全和生态环境安全。

2023年

2 月 7 日　自治区人民政府办公厅发布《关于进一步做好社会资本参与生态保护修复工作的实施意见》，全面构建社会资本参与生态保护修复体制机制，动员全社会力量参与生态保护修复工作。

2月27日　自治区生态环境厅与市场监督管理局发布《内蒙古自治区加强生态环境监测社会化服务机构质量管理暂行办法》，加强对自治区生态环境监测社会化服务机构质量管理，规范生态环境监测社会化服务行为，提高监测数据质量。

3月1日　自治区人民政府办公厅印发《内蒙古自治区新污染物治理工作方案》，对高关注、高产（用）量的化学物质环境风险筛查及一批化学物质环境风险评估，对重点管控新污染物实施禁止、限制、限排等环境风险管控措施，逐步完善有毒有害化学物质环境风险防控体系，全面提升新污染物调查、监测、筛查、评估、管控、治理能力。

4月27日　自治区教育厅印发《内蒙古自治区绿色低碳发展国民教育体系建设工作方案》，倡导绿色低碳生活方式，引导公众有序参与生态环境治理，推动生态环境保护理念进一步落地生根。

6月6日　习近平总书记在巴彦淖尔市考察并主持召开加强荒漠化综合防治和推进"三北"等重点生态工程建设座谈会，强调加强荒漠化综合防治，深入推进"三北"等重点生态工程建设，筑牢我国北方重要生态安全屏障，是内蒙古必须牢记的"国之大者"。

6月8日　自治区生态环境厅印发《内蒙古自治区排污单位生态环境信用评价管理办法（试行）》，切实推进内蒙古自治区生态环境领域信用体系建设。

6月9日　自治区生态环境厅印发《内蒙古自治区2023年夏秋季臭氧污染防治攻坚行动方案》，对石化、化工、工业涂装、医药、包装印刷、油品储运销等重点行业VOCs进行再排查、再整治，继续实施钢铁、焦化等行业以及锅炉、炉窑、移动源氮氧化物治理，控制自治区夏秋季臭氧浓度上升趋势。

7月4日　自治区生态环境厅印发《内蒙古自治区生态环境综合行政执法实战实训基地建设方案》，加强生态环境综合行政执法队伍建设。

7月13日　自治区政府新闻办召开新闻发布会，发布2022年自治区生态环境状况公报，宣布2022年全区环境空气质量、国考断面优良水体比例均达到有监测记录以来最好水平。

8月8日　自治区生态环境厅公开征集专家人选，预备建立全区生态环境监测专家库。

9月5日　自治区政府新闻办召开内蒙古"三北"工程攻坚战和三大标志性战役阶段性成果新闻发布会，向社会各界通报内蒙古"三北"工程攻坚战和三大标志性战役取得的阶段性成果。

10月16日　自治区人民政府办公厅印发《内蒙古自治区生物灾害应急预案》，建立健全生物灾害应急机制，保证应急处置工作高效有序进行，及时有效预防、控制突发生物灾害的危害，最大限度地减少影响。

11月10日　自治区人民政府办公厅印发《关于加强生态保护红线管理的实施意见（试行）》，要求落实最严格的生态环境保护制度，保障和维护生态功能，严守生态保护红线，明确有限人为活动类型、规范有限人为活动管控、规范国家重大项目占用生态保护红线不可避让论证、加强临时用地管理、严格生态保护红线调整、强化生态保护红线监管。

12月7日　自治区生态环境厅发布进一步深化生态环境安全风险隐患排查治理的通知，强化责任意识和底线思维，切实提高安全风险隐患排查整治成效，坚决防范重特大突发环境事件发生。

自治区生态环境厅印发《内蒙古自治区生态环境监测专家库管理办法（试行）》，进一步规范专家的选取和使用。

12月13日　自治区生态环境厅印发《内蒙古自治区生态环境推荐性地方标准制修订工作流程》，加强内蒙古自治区生态环境推荐性地方标准制修订工作的管理，指导自治区生态环境推荐性标准立项、起草、审核、实施。

12月14日　自治区人民政府发布关于推动呼包鄂乌一体化发展若干举措的通知，要求呼包鄂乌地区合力打好黄河"几字弯"生态环境系统治理攻坚战，落实盟市间黄河流域横向生态补偿机制，强化联防联控、流域共治和保护协作，共同实施大青山生态保护综合治理，支持呼和浩特市、乌兰察布市联合开展大黑河流域生态综合治理。

12月18日　自治区生态环境厅印发《内蒙古自治区环境空气质量自动

监测站运行管理办法》，依据当前法律法规与相关标准规范，加强内蒙古自治区环境空气质量自动监测站运行管理。

12月25日 自治区生态环境厅印发《内蒙古自治区突发环境事件应急能力建设实施方案》，统筹推进环境风险防控、应急响应、应急支持、污染处置、事件调查、应急队伍优化支撑等体系建设，着力提升突发环境事件应急保障、应急准备和响应处置水平。

12月29日 自治区人民政府办公厅印发《内蒙古自治区湿地保护规划（2022—2030年）》。

2024年

4月25日 自治区人民政府办公厅发布持续推进绿色矿山建设公告，推进优化绿色矿山遴选和监管工作，明确了自治区绿色矿山建设目标、建设标准、评价指标、申报评估遴选流程和要求，进一步压实各级政府的领导责任、各相关部门的监管责任。

5月6日 自治区发展改革委与生态环境厅联合公布2024年度实施强制性清洁生产审核企业名单，并要求加强清洁生产审核监督和指导，落实企业清洁生产审核主体责任，明确管理单位和清洁生产验收审核依据，全部开展评估验收工作。

5月8日 自治区人民政府办公厅印发《内蒙古自治区重污染天气应急预案（2024年版）》，进一步建立健全自治区重污染天气应急响应体系，提高对重污染天气的预防、预警、应对能力，落实应急减排措施，及时有效控制、减少或消除重污染天气带来的危害。

5月17日 自治区人民政府印发《内蒙古自治区空气质量持续改善行动实施方案》，推动全区大气污染防治工作，实现全区环境空气质量持续改善。

7月5日 自治区人民政府办公厅印发《内蒙古自治区自然灾害救助应急预案（2024年版）》，建立健全自然灾害救助体系和运行机制，提升救灾救助工作的法治化、规范化、现代化水平，提高防灾减灾救灾和灾害处置保障能力，最大程度减少人员伤亡和财产损失，保障受灾群众基本生活，维护受灾地区社会稳定。

7 月 19 日　自治区生态环境厅印发《内蒙古自治区生态环境领域"双随机、一公开"监管工作实施细则》，推动随机抽查工作全覆盖、常态化。

自治区生态环境厅公布实施《内蒙古自治区生态环境系统行政处罚裁量基准规定》，确保规范正确行使生态环境行政处罚自由裁量权。

自治区人民政府印发《内蒙古自治区国土空间规划（2021—2035年）》。

7 月 22 日　自治区生态环境厅印发《内蒙古自治区生态环境监督执法正面清单管理制度》。

8 月 13 日　自治区党委、自治区人民政府印发《关于全面推进美丽内蒙古建设的实施意见》，要求牢固树立"绿水青山就是金山银山"的理念，统筹产业结构调整、污染治理、生态保护、应对气候变化，协同推进降碳、减污、扩绿、增长，推动生态环境根本好转，加快形成绿色低碳发展新格局，切实筑牢我国北方重要生态安全屏障，加快推进美丽内蒙古建设，实现人与自然和谐共生的现代化。

8 月 15 日　自治区生态环境厅会同财政厅印发《内蒙古自治区生态环境违法行为举报奖励办法》，推进靶向发力、精准治污，鼓励公众积极参与环境监督管理，解决人民群众身边的生态环境突出问题，依法惩处生态环境违法行为。

皮 书

智库成果出版与传播平台

❖ 皮书定义 ❖

皮书是对中国与世界发展状况和热点问题进行年度监测，以专业的角度、专家的视野和实证研究方法，针对某一领域或区域现状与发展态势展开分析和预测，具备前沿性、原创性、实证性、连续性、时效性等特点的公开出版物，由一系列权威研究报告组成。

❖ 皮书作者 ❖

皮书系列报告作者以国内外一流研究机构、知名高校等重点智库的研究人员为主，多为相关领域一流专家学者，他们的观点代表了当下学界对中国与世界的现实和未来最高水平的解读与分析。

❖ 皮书荣誉 ❖

皮书作为中国社会科学院基础理论研究与应用对策研究融合发展的代表性成果，不仅是哲学社会科学工作者服务中国特色社会主义现代化建设的重要成果，更是助力中国特色新型智库建设、构建中国特色哲学社会科学"三大体系"的重要平台。皮书系列先后被列入"十二五""十三五""十四五"时期国家重点出版物出版专项规划项目；自2013年起，重点皮书被列入中国社会科学院国家哲学社会科学创新工程项目。

皮书网

（网址：www.pishu.cn）

发布皮书研创资讯，传播皮书精彩内容
引领皮书出版潮流，打造皮书服务平台

栏目设置

◆ **关于皮书**

何谓皮书、皮书分类、皮书大事记、
皮书荣誉、皮书出版第一人、皮书编辑部

◆ **最新资讯**

通知公告、新闻动态、媒体聚焦、
网站专题、视频直播、下载专区

◆ **皮书研创**

皮书规范、皮书出版、
皮书研究、研创团队

◆ **皮书评奖评价**

指标体系、皮书评价、皮书评奖

所获荣誉

◆ 2008 年、2011 年、2014 年，皮书网均
在全国新闻出版业网站荣誉评选中获得
"最具商业价值网站"称号；
◆ 2012 年，获得"出版业网站百强"称号。

网库合一

2014 年，皮书网与皮书数据库端口合
一，实现资源共享，搭建智库成果融合创
新平台。

皮书网

"皮书说"
微信公众号

权威报告·连续出版·独家资源

皮书数据库
ANNUAL REPORT(YEARBOOK)
DATABASE

分析解读当下中国发展变迁的高端智库平台

所获荣誉

- 2022年，入选技术赋能"新闻+"推荐案例
- 2020年，入选全国新闻出版深度融合发展创新案例
- 2019年，入选国家新闻出版署数字出版精品遴选推荐计划
- 2016年，入选"十三五"国家重点电子出版物出版规划骨干工程
- 2013年，荣获"中国出版政府奖·网络出版物奖"提名奖

皮书数据库

"社科数托邦"
微信公众号

成为用户

登录网址www.pishu.com.cn访问皮书数据库网站或下载皮书数据库APP，通过手机号码验证或邮箱验证即可成为皮书数据库用户。

用户福利

- 已注册用户购书后可免费获赠100元皮书数据库充值卡。刮开充值卡涂层获取充值密码，登录并进入"会员中心"—"在线充值"—"充值卡充值"，充值成功即可购买和查看数据库内容。
- 用户福利最终解释权归社会科学文献出版社所有。

社会科学文献出版社 皮书系列
SOCIAL SCIENCES ACADEMIC PRESS (CHINA)
卡号：228764429469
密码：

数据库服务热线：010-59367265
数据库服务QQ：2475522410
数据库服务邮箱：database@ssap.cn
图书销售热线：010-59367070/7028
图书服务QQ：1265056568
图书服务邮箱：duzhe@ssap.cn

中国社会发展数据库（下设 12 个专题子库）

紧扣人口、政治、外交、法律、教育、医疗卫生、资源环境等 12 个社会发展领域的前沿和热点，全面整合专业著作、智库报告、学术资讯、调研数据等类型资源，帮助用户追踪中国社会发展动态、研究社会发展战略与政策、了解社会热点问题、分析社会发展趋势。

中国经济发展数据库（下设 12 专题子库）

内容涵盖宏观经济、产业经济、工业经济、农业经济、财政金融、房地产经济、城市经济、商业贸易等 12 个重点经济领域，为把握经济运行态势、洞察经济发展规律、研判经济发展趋势、进行经济调控决策提供参考和依据。

中国行业发展数据库（下设 17 个专题子库）

以中国国民经济行业分类为依据，覆盖金融业、旅游业、交通运输业、能源矿产业、制造业等 100 多个行业，跟踪分析国民经济相关行业市场运行状况和政策导向，汇集行业发展前沿资讯，为投资、从业及各种经济决策提供理论支撑和实践指导。

中国区域发展数据库（下设 4 个专题子库）

对中国特定区域内的经济、社会、文化等领域现状与发展情况进行深度分析和预测，涉及省级行政区、城市群、城市、农村等不同维度，研究层级至县及县以下行政区，为学者研究地方经济社会宏观态势、经验模式、发展案例提供支撑，为地方政府决策提供参考。

中国文化传媒数据库（下设 18 个专题子库）

内容覆盖文化产业、新闻传播、电影娱乐、文学艺术、群众文化、图书情报等 18 个重点研究领域，聚焦文化传媒领域发展前沿、热点话题、行业实践，服务用户的教学科研、文化投资、企业规划等需要。

世界经济与国际关系数据库（下设 6 个专题子库）

整合世界经济、国际政治、世界文化与科技、全球性问题、国际组织与国际法、区域研究 6 大领域研究成果，对世界经济形势、国际形势进行连续性深度分析，对年度热点问题进行专题解读，为研判全球发展趋势提供事实和数据支持。